Saneamiento Para Todos: Una perspectiva de mujeres

Saneamiento Para Todos: Una perspectiva de mujeres

Blanca Elena Jiménez Cisneros,
Akissa Bahri, Juliana Calabria de Araújo,
Claudia Campos, María Luisa Castro de
Esparza, Bettina Genthe, Paula Kehoe,
Corinne Schuster-Wallace, Kwanrawee
Sirikanchana y Maria Inês Zanoli Sato

Publicado por   **IWA Publishing**
Unit 104–105, Export Building
1 Clove Crescent
London E14 2BA, UK
Teléfono: +44 (0)20 7654 5500
Fax: +44 (0)20 7654 5555
Email: publications@iwap.co.uk
Web: www.iwaponline.com

Primera edición (en inglés) 2024
Edición en español 2025
© 2025 IWA Publishing

British Library Cataloguing in Publication Data
Un catálogo CIP catalogue de este libro está disponible en la British Library

ISBN: 9781789065046 (paperback)
ISBN: 9781789065053 (eBook)
ISBN: 9781789065060 (ePub)

Doi: 10.2166/9781789065053

Este eBook fue hecho Open Access en mayo de 2025.

© 2025 IWA Publishing

Contenido

Capítulo 3
Quienes elaboran las políticas y toman las decisiones: son la clave para implementar un 'saneamiento para todos'.

Capítulo 4
Es necesario gestionar la percepción, las actitudes y el conocimiento sobre el saneamiento

Las autoras desean agradecer a la Fundación Gates, en particular al Dr. Doulaye Koné, Director Interino de Agua, Saneamiento e Higiene, por su apoyo para permitir que la publicación de este libro sea de acceso libre.

Las autoras agradecen a la Asociación Nacional de Empresas de Agua y Saneamiento de México, la ANEAS, su apoyo para la traducción de este libro.

Las Autoras

Blanca Elena Jiménez Cisneros es una Ingeniera Ambiental con Doctorado en tratamiento de agua residual. Actualmente es la Embajadora de México en Francia e Investigadora Titular del Instituto de Ingeniería de la Universidad Nacional Autónoma de México (UNAM). Fue Directora de la División de Ciencias de Agua y Secretaria del Programa Hidrológico Intergubernamental de la UNESCO así como Directora General de la Comisión Nacional del Agua. Es miembro de los grupos de Especialistas de Reúso de Agua, Desinfección y Biosólidos de la IWA, habiendo sido presidenta de los dos primeros.

Akissa Bahri posee un Doctorado en Ingeniería de Recursos Hídricos. Fue Ministra de Agricultura, recursos Hídricos y Pesca en Túnez. Ha trabajado en las áreas de Manejo de Recursos Hídricos y de Reúso de Agua en diferentes puestos, como Profesora y Directora de Investigación en Túnez, Coordinadora de la Unidad de Agua para África del Banco de Desarrollo Africano, y Directora para África del *International Water Management Institute*. También, es parte del Grupo de Especialistas de Reúso de la IWA.

Juliana Calábria de Araújo es Profesora Asociada en Microbiología de Agua Residual de la Universidad Federal de Minas Gerais, Brasil. Es editora Asociada de la revista *Cleaner Water*, ha coordinado diversos proyectos nacionales con contrapartes internacionales, entre los cuales se encuentra el de Vigilancia del SARS-CoV-2 en el agua residual de Belo Horizonte. Actualmente, coordina el proyecto de Vigilancia Genómica en Agua Residual, es miembro del consorcio Climade (Enfermedades y Epidemia Amplificadas por el Clima) y cuenta con una Beca de productividad para la Investigación del CNPq.

Claudia Campos tiene un Doctorado en Microbiología Ambiental. Fue profesora de la Pontificia Universidad Javeriana en Bogotá, Colombia. Se especializa en el Reúso del Agua y de Biosólidos en la Agricultura, así como en la Evaluación de la Toxicidad en Agua. Es autora de cerca de 60 artículos en revistas científicas, y trabajó para el Programa de Naciones Unidas para el Desarrollo y el Ministerio de Ciencia y Tecnología de Colombia.

María Luisa Castro de Esparza es Química con estudios de Ingeniería Sanitaria y Ambiental, posee una Maestría en Gestión Ambiental y Doctorado en Salud Pública. Trabajó durante 40 años para el Centro Panamericano de Ingeniería Ambiental y Ciencias Ambientales (CEPIS/PAHO/WHO) como consultora regional prestando asesoría técnica a laboratorios de América Latina y del Caribe en Calidad del Agua y Salud Ambiental. También, es consultora para el Banco Mundial, la *Agencia de Cooperación Internacional de Japón* (JICA, por sus siglas en inglés), el Centro *Internacional de Desarrollo* (IDRC, por sus siglas en inglés) y la *Agencia de Protección Ambiental de Estados Unidos* (USEPA, por sus siglas en inglés).

Bettina Genthe es Microbióloga e Investigadora Titular con alrededor de 40 años de experiencia en Salud Ambiental, Calidad de Agua y Evaluación de Riesgos a la Salud. Es miembro independiente del panel para el Reúso de Agua Residual de Sudáfrica. Ha sido consultora temporal para la Organización Mundial de la Salud (WHO por sus siglas en inglés) y para la USEPA. Posee una amplia experiencia en el Desarrollo de Criterios de Calidad del Agua basadas en Evaluación de Riesgos.

Paula Kehoe es Directora de Recursos de Agua de la Comisión de Servicios Públicos (PUC, por sus siglas en inglés) de San Francisco, Estados Unidos y es la responsable de diversificar el portafolio de fuentes de suministro de agua para San Francisco por medio de programas para la Conservación del Agua, Gestión del Acuífero, Reciclado y Reúso *in situ* de Agua, Innovación y Purificación de Agua. Paula es la encrgada del programa *OneWaterSF*, Presidenta de la Comisión Nacional *Blue Ribbon* para sistemas de agua in situ, y miembro del cuerpo directivo de la Asociación *WateReuse*.

Corinne Schuster-Wallace es la Directora Ejecutiva del Instituto Global de Seguridad Hídrica y miembro del Departamento de Geografía y Planeación de la Universidad de Saskatchewan, Canadá. Entre los puestos que ha ocupado se encuentra la beca de Investigadora Titular del Instituto de Agua y del Ambiente de la ONU, y de la *Public Health Agency of Canada*. Fundó la *Women Plus Water Community* y es la primera persona en poseer la Cátedra Cansu Global referente a una iniciativa sobre Ciencia, Innovación, Tecnología y Educación.

Kwanrawee Sirikanchana es Investigadora Titular del Instituto de Investigación de Chulabhorn, Tailandia. Tiene experiencia en las áreas de Control de la Contaminación del Agua, Agua y Salud, Desinfección, Resistencia Antimicrobiana y Estimación Cuantitativa de Riesgos Microbiológicos. Pertenece al Comité Nacional para establecer Estándares de Calidad de Agua y para la Descarga de Efluentes y es parte del cuerpo directivo del grupo de Especialistas de Microbiología de Agua relacionada con la Salud de la IWA.

Maria Inês Zanoli Sato es una Científica Biomédica con Doctorado en Microbiología Ambiental. Estuvo a cargo del departamento de Análisis Ambiental de la Compañía Ambiental (CETESB, por sus siglas en portugués) de

São Paulo Brasil durante 20 años, en donde dirigió un complejo de laboratorios responsables de los análisis y del apoyo de investigación a programas de monitoreo de calidad ambiental, de inspección y para otorgar licencias. Ella es consultora técnica para el Ministerio de Salud de Brasil, la *American Health Organization* (PAHO)/*World Health Organization* (WHO)/*United Nations Environment Programme* (UNEP) y pertenece al grupo de Especialistas sobre Microbiología de Agua relacionada con la Salud de la IWA.

Acrónimos y abreviaturas

AFBD	Banco de Desarrollo Africano, en inglés *African Development Bank*
AIT	Instituto de Tecnología Asiática, en inglés *Asian Institute of Technology*
AOD	Asistencia Oficial Externa para el Desarrollo, en inglés *Official Development Asistant* or ODA.
APP	Asociación Público-Privada
ANA	Asociación Nacional de Agua y Saneamiento Básico de Brasil
AUA	Asociación de Usuarios de Agua
BNBC	Código Nacional de Construcción de Bangladesh, en inglés *Bangladesh National Building Code*
NHB	Banco de Vivienda Nacional, en inglés *National Housing Bank*
BM	Banco Mundial
CCOT	Contrato de Construcción- Operación-Transferencia
CESB	Compañías Estatales de Saneamiento Básico, en Brasil
CHP	equipo para generación conjunta de calor y energía, en inglés *Combined Heat and Power*
CONAGUA	Comisión Nacional del Agua, en México
COVID-19	Enfermedad del coronavirus 2019
CBR	Contratos Basados en el Rendimiento
RSC	Responsabilidad Social Corporativa
DBO	Demanda Bioquímica de Oxígeno
DCO	Contrato de Diseño, Construcción y Operación, por sus siglas en inglés *Design, Construction and Operation*
DHAS	Derecho Humano al Agua y al Saneamiento (HRtWS, en inglés)
EFSA	Autoridad Europea de Seguridad Alimentaria, por sus siglas en inglés *European Food Security Authority*
AEA	Agencia Externa de Apoyo

ESAWAS	Asociación de Agua y Saneamiento del Este y Sudeste de África, por sus siglas en inglés.
FAT	Fondo de Apoyo a los Trabajadores
FBR	Financiamiento con Base en Resultados
FGTS	Fondo de Garantía de Tiempo y Servicio,
GEI	Gases de Efecto Invernadero
GLAAS	Análisis y Evaluación Global del Agua Potable y Saneamiento, en inglés *Global Analysis and Assessment of Sanitation and Drinking Water* de *UN Water*
GLP	Gas Licuado de Petróleo
GWP	Partenariado Global del Agua, en inglés *Global Water Partnership.*
H_2S	ácido sulfídrico
JAC	Junta de Acción Comunal
JMP WHO/UNICEF	Programa Conjunto de Monitoreo de Agua Potable, Saneamiento e Higiene, en inglés *Joint Monitoring Programme de WHO y UNICEF.*
KCC	Corporación de la Ciudad de Khulna, en inglés *Khulna City Corporation*
KWASA	Autoridad de Suministro de Agua y Drenaje de Khulna, en inglés *Khulna Water Supply and Sewerage Authority*
MLF	Manejo de Lodos Fecales
MoLGRD&C	Ministerio del Gobierno Local, Desarrollo Rural y Cooperativas, en inglés *Ministry of Local Government, Rural development and Co-operatives*
N	nitrógeno
n	tamaño de la muestra
NBRC	Comisión Nacional del Moño Azul, en inglés *National Blue Ribbon Commission.*
ODS	Objetivo de Desarrollo Sustentable
OECD	Organización de Cooperación para el Desarrollo Económico, en inglés *Organisation for Economic Co-operation and Development*
ONG	Organización no gubernamental
OMS	Organización Mundial para la salud, *WHO* en inglés.
O&M	Operación y Mantenimiento
OPS	Organización Panamericana de Salud, en inglés *Panamerican Health Organisation* or PAHO
P	fósforo
PAC	Programa de Aceleración del Crecimiento
PIB	Producto Interno Bruto
PLANASA	Plan Nacional de Saneamiento, en Brasil
PLANSAB	Plan Nacional para Saneamiento Básico, en Brasil
PTAR	Planta de Tratamiento de Aguas Residuales
PUB	Administración de Empresas Públicas de Singapur.
RAFA	Reactor Anaerobio de Flujo Ascendente, en inglés *Upflow Anaerobic Sludge Blanket*

RPC	República Popular de China
RSE	Responsabilidad Social Empresarial
RWI	Instituto de Bienestar Rural, en inglés *Rural Welfare Institute*
SARS-CoV-2	Síndrome Respiratorio Agudo por Coronavirus 2
SBN	Soluciones Basadas en la Naturaleza
SFPUC	Comisión de las Empresas Públicas de San Francisco, en inglés *San Francisco Public Utilities Commission*
SIS	Sistemas de Saneamiento *in situ*
SITC	Saneamiento Inclusivo para toda la Ciudad, en inglés *City Wide Inclusive Sanitation* or CWIS
SSD	Sistemas de Saneamiento sin Drenaje
SUDS	Sistema Urbano de Drenaje Sostenible
TMCO2e	Toneladas Métricas de Dióxido de Carbono equivalente
ONU	Organización de Naciones Unidas por sus siglas, en inglés *United Nations* or UN
PNUD	Programa de Naciones Unidas para el Desarrollo, en inglés *United Nations for the Development Programme* or UNDP
UNEP	Programa de Naciones Unidas para el Ambiente, en inglés *United Nations Environmental Programme*
UNESCO	Organización para la Educación, la Ciencia y Cultura de las Naciones Unidas, por sus siglas en inglés.
ONU	Habitat Programa para los Asentamiento Humanos de Naciones Unidas, *UN-Habitat* en inglés.
UNICEF	Fondo Internacional de las Naciones Unidas para Emergencias Infantiles, por sus siglas en inglés.
ONU	Agua 'Mecanismo de coordinación' en el cual las entidades (miembros) de las Naciones Unidas y de las organizaciones internacionales (socios) trabajan en agua y saneamiento en forma colaborativa. *UN-Water* en inglés
USD	Dólar de Estados Unidos
WASH	Agua, Saneamiento e Higiene, en inglés *Water, Sanitation and Hygiene*
WERF	Fundación para la Investigación del Agua y el Ambiente, en inglés *Water Research Foundation*
WRF	Fundación para la Investigación en Agua, en inglés *Water Research Foundation*
WWAP	Programa para la Evaluación Mundial del Agua, en inglés *World Water Assessment Programme*

doi: 10.2166/9781789065053_0001

Introducción

¿Es posible que las mujeres aporten una perspectiva nueva al suministro de los servicios de agua? Nosotras creemos sí, y por ello hicimos este libro. El texto pretende compilar, con un punto de vista crítico y complementario, los retos, soluciones y dilemas que enfrentamos (hombres y mujeres) para que todos contemos con saneamiento[1]. El objetivo es mostrar que las mujeres no sólo tenemos puntos de vista diferentes, sino que organizamos la información de manera distinta, llegando así a conclusiones que pueden contrastar. Más aún, la meta no sólo fue mostrar que pensamos diferente, sino que también diferimos en los procesos de pensamiento y de toma de decisiones.

Suministrar servicios de saneamiento que funcionen adecuadamente es un reto mucho mayor que el proveer los servicios de agua potable. El capítulo que describe el avance logrado en la materia confirma esta idea: la cobertura del servicio de saneamiento es más baja que la del agua potable y su avance es más lento. La 'escalera del saneamiento'[2] elaborada por el Programa Conjunto de Monitoreo de WHO–UNICEF, explicada en el Capítulo 1, ejemplifica la complejidad de este tema a nivel mundial. Como lo explican los expertos y organizaciones, debido a la variedad de contextos políticos, económicos, sociales y culturales existen diferentes niveles de servicios de saneamiento que son descritos en dicha escalera.

---

[1] Como se verá a lo largo del texto, existen muchas definiciones del saneamiento. Todas son buenas y reflejan la inequidad social que prevalece por las diferentes maneras con las cuales se presta el servicio, en particular en el Sur Global. Por esta razón no seleccionamos una definición en específico.

[2] La escalera del servicio de saneamiento del JMP se elaboró para establecer puntos de referencia y comparar los niveles de servicio entre países, pero también para ligar servicios a clasificaciones previas hechas por estas organizaciones (WHO-UNICEF JMP, 2016).

Así la escalera muestra, de una manera simple, que el saneamiento inadecuado está estrechamente relacionado con la pobreza e inequidad.

Los servicios de agua potable al igual que los del saneamiento avanzaron en los países con ingresos elevados en una época en la cual muchos otros permanecían colonizados o eran económicamente dependientes. Para cerrar la brecha actual, se requiere realizar importantes inversiones y encontrar arreglos para que la infraestructura funcione adecuadamente. Sin embargo, es difícil convencer a los políticos para que inviertan en el saneamiento, pues con frecuencia consideran que este subsector es sólo una fuente de quejas y considera que el hablar en público del tema es desagradable. Ello, a pesar de que las pérdidas económicas por muertes prematuras, atención médica, menoscabo a la productividad y el tiempo empleado para defecar al aire libre representan en promedio el 2.5% del producto interno y en algunos países pueden ascender hasta del 7.2% (World Bank, 2023a). El valor promedio incrementa en caso de que se presenten brotes epidémicos, pérdida de ingresos por comercio y turismo, afectaciones a la calidad de los recursos hídricos por la disposición insegura del excremento o efectos de largo plazo en el desarrollo de niños expuestos a un saneamiento deficiente desde edades tempranas (WWAP, 2015).

La sociedad ejerce mucho más presión por recibir agua potable que por tener saneamiento; después de todo, nadie puede vivir sin agua. La forma en la cual se presta el servicio de agua potable está, cultural y tecnológicamente, relativamente bien estandarizado y los políticos reaccionan muy rápido a su solicitud pues los resultados se reflejan rápido en votos. Por el contrario, el saneamiento, en especial en zonas rurales y en los asentamientos informales del Sur Global, consiste en una panoplia de servicios prestados no sólo por el gobierno, sino también por diversos tipos de empresas – grandes y pequeñas (incluso unipersonales)-, organizaciones comunitarias, e incluso organizaciones no gubernamentales por medio de lo que se conoce como la cadena de servicios del saneamiento. Adicionalmente, y una vez más en contraste con los servicios de agua potable, el saneamiento es un servicio que se presta después del usuario.

Cómo se podría avanzar en un tema que:

- ¿Concierne principalmente a regiones de medios y bajos ingresos, las cuales tienen una larga lista de otras necesidades apremiantes?
- ¿Es, por mucho, un servicio técnica, social y financieramente mucho más complejo que la provisión de agua potable?
- No solamente es un derecho humano *per se*, sino que además es indispensable para lograr otros derechos humanos. Tan sólo dentro de la Agenda 2030, el saneamiento se requiere para lograr los objetivos referentes a la pobreza, salud, educación, equidad de género, agua y ciudades ambiente sustentables.
- Es un problema que está en constante crecimiento, no sólo por el crecimiento poblacional sino también por la necesidad de incrementar el nivel de los servicios que existen para alcanzar el estándar de los servicios que hay las regiones con altos ingresos.
- Los recursos humanos y financieros son insuficientes y no existe voluntad política para atender el reto.

Reconociendo la necesidad de contar con nuevos enfoques para proveer los servicios de saneamiento, este libro presenta el estado actual del tema, así como los retos y enfoques propuestos para avanzar en particular en el Sur Global y, lo hace empleando la experiencia de mujeres que han trabajado en el tema. El texto analiza la política de saneamiento y su estructura gubernamental, el papel de quienes elaboran políticas y toman decisiones, las mejores formas para promover la participación pública, así como ideas para la gestión y el financiamiento. El libro no es un texto clásico de ingeniería, sino que está dirigido a quienes toman decisiones y elaboran políticas para gestionar programas, proyectos y sistemas. Por ello, no abarca temas de diseño, operación y mantenimiento de los sistemas de tratamiento de agua residual o lodos fecales. Adicionalmente, el libro contiene varios recuadros, porque esta es la forma en la que las mujeres frecuentemente discuten sus ideas, presentando e ilustrando las mismas con ejemplos concretos. El esfuerzo resulta oportuno pues únicamente cerca de un tercio de los países en el mundo han elaborado planes y estrategias nacionales de saneamiento (reporte GLAAS 2021/2022, WHO, 2022). Al escribir este libro, nos dimos cuenta de que muchas soluciones y puntos de vista provienen de sociedades más ricas que tratan de atender las necesidades de las más pobres, en algunos casos, sin entender completamente el contexto social y cultural. Y, aunque no siempre proponemos alternativas, intentamos guiar a los lectores a la reflexión de los diferentes retos que se tienen que enfrentar para proveer el saneamiento en un contexto local.

Lograr un 'Saneamiento para Todos' implica que los escasos formuladores de políticas y tomadores de decisiones que laboran en el tema realicen esfuerzos especiales, y que, de lograrlo, podrán cambiar la vida de muchas personas en todo el mundo. Por ello, es un esfuerzo que no debe ser realizado en forma aislada, sino que es necesario que todos nos involucremos: políticos, otros sectores, donadores y la sociedad en su totalidad, incluyendo especialmente a las mujeres.

doi: 10.2166/9781789065053_0005

Capítulo 1

Situación y retos del saneamiento a nivel mundial: ¿por qué los servicios de saneamiento avanzan más lento que los de agua potable?

MENSAJES CLAVE:

- El saneamiento es fundamental para el bienestar y la vida diaria de las personas, por ello es un derecho humano.
- La falta de saneamiento afecta negativamente a la salud, la educación, la equidad de género, al ambiente y al crecimiento económico. En términos de salud y educación, la falta de saneamiento pone en riesgo el cumplimiento de los objetivos de desarrollo sustentable (ODS) asociados con éste.
- La cobertura y la calidad de los servicios de saneamiento son un indicador de la inequidad, de la misma forma que también lo son los otros subsectores del WASH (agua potable, saneamiento e higiene).
- En regiones con ingresos medios y bajos, la cobertura de saneamiento es baja y su avance es lento. Es muy poco probable que se cumplan a tiempo las metas de saneamiento de la Agenda 2030 pues para ello la tasa actual de avance se debería multiplicar por cinco (16 veces en el Sur Global[1], 15 veces en contextos frágiles; JMP, 2023).

---

[1] En este libro, estamos evitando emplear los términos país 'desarrollado' y 'en desarrollo', a menos que sea la cita de un texto. En su lugar, de acuerdo con el contexto, se usan los términos 'países de bajo, medios o altos ingresos' o 'Norte Global y Sur Global'. La manera con la cual se usa el idioma le da forma a cómo percibimos el mundo. Los términos países 'en desarrollo' y 'desarrollados' construyen una narrativa falsa del concepto de desarrollo, la misma que se ha usado para justificar acciones y políticas que se basan en el supuesto de que el puro desarrollo económico conlleva a disminuir la pobreza; sin embargo, con frecuencia el 'desarrollo' ha llevado a la destrucción del

- Cumplir con la meta 6.2 del ODS 6, en particular en lo que se refiere a 'para todos', implica considerar a los refugiados, a quienes buscan asilo, a personas sin nacionalidad y a los desplazados internos. Por ello, la estrategia que se emplee para implementar los servicios de saneamiento también debe considerar las deficiencias del contexto institucional así como las carencias y vulnerabilidades que sufren todas las personas que viven en una región/país.
- Prestar servicios de saneamiento es muy diferente a prestar servicios de agua potable. Para los primeros, las diferentes condiciones sociales, culturales y ambientales son determinantes para poder completar la cadena de servicios que implica el manejo del agua residual y de los lodos fecales, así como el reúso de agua y subproductos. Para todos estos servicios, existe una amplia variedad de tecnologías, mismas que ofrecen servicios de calidad muy diferente, particularmente, desde el punto de vista del confort. También, y más importante, es que los servicios de saneamiento se ubican después del usuario, lo que implica que hay una amplia variedad de entes involucradas en su prestación.
- El saneamiento es un tema complejo, con definiciones que evolucionan constantemente y que son empleadas por distintas organizaciones. Ello conlleva a problemas de comunicación entre todos los involucrados pero también con los políticos de quienes se requiere su apoyo.

1.1 AVANCE ACTUAL DEL SANEAMIENTO

De acuerdo con el Programa Conjunto de Monitoreo (Joint Monitoring Programme, JMP, 2023), sólo el 57% de la población mundial tiene acceso a un saneamiento manejado de forma segura, esto es, 3.5 billones de personas (Figura 1.1). En total, 1.9 billones de personas carecen de servicios básicos, para 570 millones el acceso al servicio es limitado, 545 millones tienen un servicio no mejorado y 419 millones practican la defecación al aire libre (ver definiciones al final de este libro).

1.1.1 Saneamiento basado en sistemas sin drenaje (SSD) e *in situ* (SIS)

Desde el año 2000, la población conectada al drenaje ha incrementado a una tasa de 0.41% de personas al año. El incremento de los sistemas *in situ* supera al de los tanques sépticos, con 0.54% personas por año (JMP, 2023). En las zonas urbanas por el crecimiento poblacional, la proporción de gente que cuenta con conexiones al drenaje permaneció prácticamente constante entre 2000 (62%)

---

ambiente y de las relaciones sociales. Adicionalmente, no reconoce el manejo adecuado que las comunidades indígenas hacen de su propio ambiente. La primera opción empleada deja claro que las diferencias nacen por la carencia y acceso inadecuado a recursos económicos. Los términos de Norte Global y Sur Global evitan la idea de que los 'países en desarrollo' necesitan volverse 'desarrollados', pero, desafortunadamente, mantienen una naturaleza binaria. Alejarse de la yuxtaposición de los términos llevaría a tener un lenguaje más adecuado para poder considerar a quienes son expertos, valorar el conocimiento que se tenga y reconocer a quienes buscan soluciones.

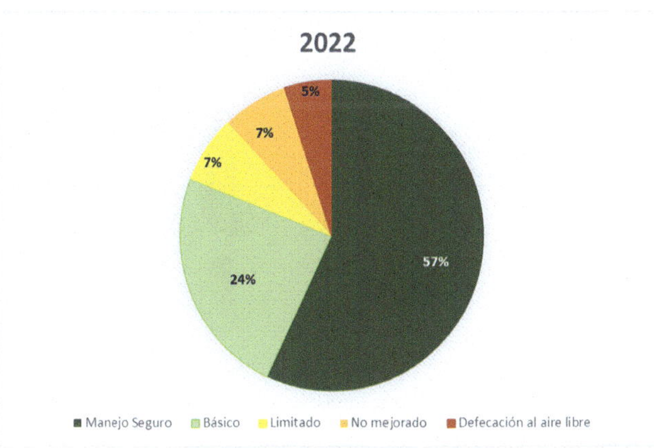

Figura 1.1 Acceso a diferentes tipos de servicios de saneamiento y defecación al aire libre a nivel mundial en 2022 (*Fuente*: JMP, 2023).

y 2022 (63%), a pesar de que se construyó nueva infraestructura. De hecho, en las zonas urbanas, la proporción de gente usando tanques sépticos incrementó de 15 a 22% (JMP, 2023), y, para 2022 a nivel mundial, había mucha más gente empleando sistemas de saneamiento *in situ* (SIS[2], 46%) que conexiones al drenaje (42%), aunque la mayoría de los servicios de saneamiento clasificados con manejo de forma segura era para los hogares conectados al drenaje (33%) y no para los que contaban con sistemas *in situ* (24%). La información actualizada sobre el tipo específico de tecnología que en cada caso se emplea es limitada. A pesar de ello, la Figura 1.2 proporciona alguna indicación

Contar con un acceso al saneamiento básico no es el único reto, ya que hay por lo menos 2700 millones de personas (450 millones de ellas en África) que requieren además el manejo adecuado del lodo fecal. Cifra que se espera aumente para el 2030 a nivel global a cerca de 5,000 millones de personas (Cairns-Smith *et al.*, 2014; JMP, 2023; Peal *et al.*, 2014a, b; Strande *et al.*, 2018).

Un estudio realizado para 12 ciudades de África, Asia y América del Sur, demostró que aun cuando el contenido de los SSD y los SIS rebose saliéndose de los tanques y contaminando cuerpos de agua o suelo, la mayor parte de los lodos fecales contenidos casi siempre se quedan adentro (Mills *et al.*, 2014; Strande *et al.*, 2018). Por la falta de recursos económicos para extraerlos y disponer adecuadamente de ellos, la limpieza de fosas/letrinas es retardada lo más que se pueda (Jenkins *et al.*, 2015) y cuando finalmente es efectuada, el agua residual, los lodos fecales y los desechos sépticos son descargadas sin tratamiento alguno a drenes abiertos, áreas periurbanas, zonas pobres, o bien, a plantas de tratamiento de agua residual que no funcionan.

---

[2] Para que un SIS sea considerado como saneamiento con manejo seguro es preciso asegurar que, por lo menos, la excreta está bien contenida y no sea descargada al agua superficial o al suelo poniendo en riesgo a la salud humana y ambiental (JMP, 2023).

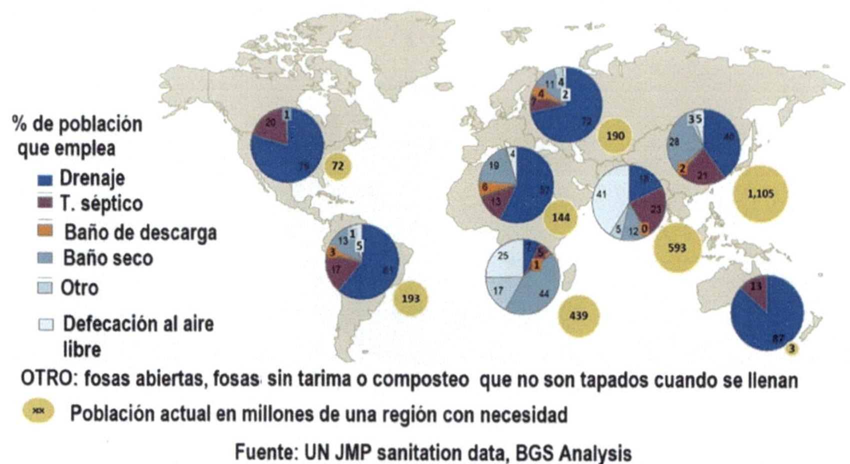

Figura 1.2 Tipo de tecnología empleada para el saneamiento como porcentaje y por región (*fuente*: Strande *et al.* 2014).

Entre el servicio de agua potable y el de saneamiento existen por lo menos tres diferencias claras. La primera es que para prestar los servicios de saneamiento las condiciones sociales, culturales y ambientales son determinantes para poder completar la cadena de servicios que se requiere desde los usuarios hasta la disposición en el ambiente, incluyendo el reúso de subproductos. La segunda es que para el saneamiento existe una amplia gama de tecnologías que se pueden emplear, pero con niveles de confort muy diferentes para los usuarios y no todas socialmente aceptables. La tercera, es que, para el agua potable, tanto servicios como la infraestructura se ubican antes de los usuarios y ambos son manejados básicamente por el gobierno (eventualmente algunas tareas pueden ser realizadas por empresas privadas); en cambio, para el saneamiento los servicios y sistemas se ubican después de los usuarios y ambos son construidos y operados tanto por el gobierno como por una amplia variedad de entes involucradas. Todas estas características, en parte son la causa principal de la mayor complejidad que existe para suministrar servicios de saneamiento, pero también, explican el por qué hay tantas definiciones empleadas por diversas organizaciones para describir los procesos que conforman el saneamiento, así como la dificultad para comunicar de manera simple las tareas que se tienen que realizar y obtener el apoyo requerido por parte de políticos e interesados.

1.1.2 Tratamiento del agua residual

A nivel mundial, no existe una base de datos que contenga estadísticas sobre el agua residual, y la información disponible no es homogénea. Los datos con los que se cuenta corresponden principalmente a países con medios y altos ingresos y en ellos se observa una clara subestimación de la cantidad de agua residual generada que se reporta (UN-Habitat & WHO, 2021). La información disponible del total de agua residual generada (industrial y doméstica) concierne sólo al 22% de la población mundial y es de cerca de 132 millones m³ por año; de este volumen sólo el 32% aproximadamente recibe tratamiento. Debido al crecimiento poblacional y al uso más intensivo del agua, se estima que la generación de agua residual incremente en 56% para el 2050 en relación con la cantidad generada en 2015 (Qadir *et al.*, 2020). La cobertura de conexiones al drenaje, la cual se limita básicamente a las ciudades, no necesariamente implica que el agua que se colecte sea tratada. De hecho, la cantidad de agua colectada y tratada varía de <1% hasta 99% en los países de los cuales se dispone de datos (JMP, 2023). De acuerdo con el JMP (2023), para poder considerar que el agua residual colectada es manejada en forma segura, ésta debe tener por lo menos un tratamiento a nivel secundario. Lo anterior no considera si el agua tratada es dispuesta en el suelo o en cuerpos de agua, para los cuales el tratamiento y manejo apropriado es completamente diferente (Jiménez Cisneros, 1995).

1.2 DIFERENCIAS EN SANEAMIENTO

1.2.1 Por ingreso y regiones

Considerando el ingreso per cápita existen disparidades pronunciadas en la cobertura de saneamiento por región (Figura 1.3) y por país (Figura 1.4). Dichas diferencias se observan no sólo en la cobertura de sistemas de saneamiento con manejo seguro, uso de instalaciones básicas, vaciado y limpieza de los SIS y el tratamiento de agua residual, sino también, en la eficiencia y calidad de los servicios, esto último asociado con la disponibilidad de recursos suficientes para la operación.

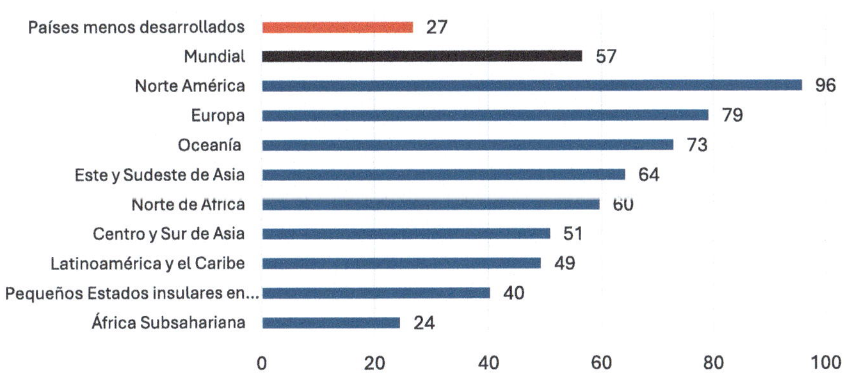

Figura 1.3 Porcentaje de la población que emplea saneamiento con manejo seguro (*fuente*: con información de JMP, 2022).

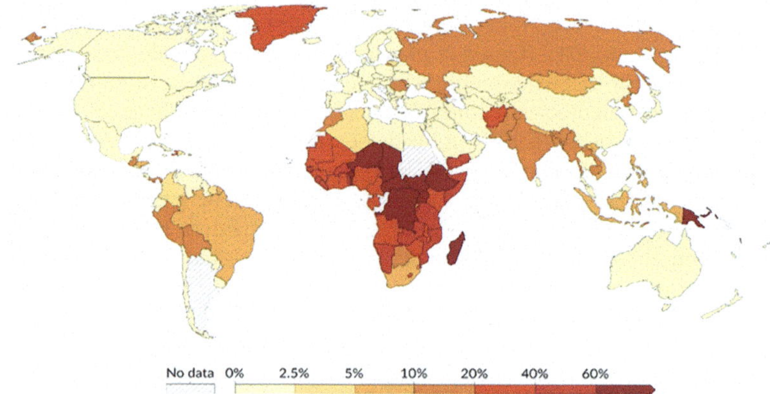

Figura 1.4 Población sin acceso al saneamiento mejorada por país en 2022 (*fuente*: Our world data, 2023, el cual emplea información de JMP, 2022).

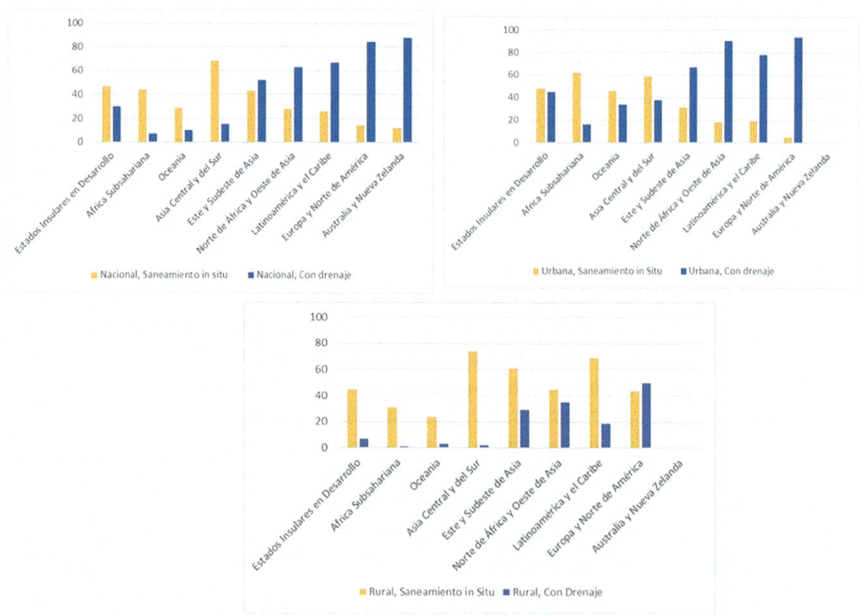

Figura 1.5 Distribución de la población (%) que emplea SIS y SID a nivel nacional, zonas rurales y urbanas para el 2020 en diferentes regiones del mundo (*fuente*: WHO & UNICEF, 2020).

1.2.2 Zonas rurales y urbanas

Cerca de dos tercios de las personas que carecen de los servicios básicos viven en zonas rurales. De ellas, aproximadamente la mitad habita en África subsahariana. La diferencia más notoria entre las zonas urbanas y las rurales es el uso de drenaje y es mucho más marcada en ciertas regiones que en otras. Ello se ilustra con la información disponible para 2020 en la Figura 1.5.

1.3 IMPACTOS DEL SANEAMIENTO INSEGURO

Un saneamiento deficiente está relacionado con la transmisión de enfermedades diarreicas como el cólera, la disentería, la tifoidea, las infecciones por lombrices intestinales y la polio. Además, afecta el desarrollo físico (estatura baja), favorece la resistencia antimicrobiana. La defecación al aire libre (practicada por el 6% de la población mundial) es la que más contribuye a estos problemas (De Shay *et al.*, 2020). En países con bajos ingresos, el 5% de los decesos se relacionan con un saneamiento inseguro (Ritchie *et al.*, 2019), siendo un problema en especial en algunos países de África Subsahariana y del sur de Asia (Figura 1.6). El saneamiento deficiente afecta el bienestar mental de los individuos, así como la seguridad personal, especialmente de mujeres y niños, quienes cuando practican la defecación al aire libre arriesgan sus cuerpos, sufren de acoso y violencia (De Shay *et al.*, 2020).

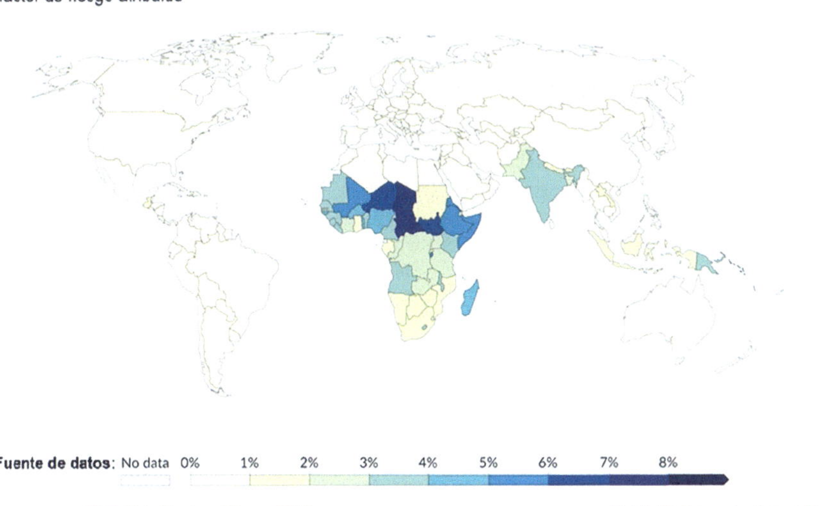

Figura 1.6 Porcentaje de muertes atribuidas a un saneamiento no seguro. De Ritchie *et al.* (2019) quien emplea información de IHME, Global Burden of Disease (2019).

Por la baja cobertura de saneamiento, la contaminación del agua ha empeorado en casi todos los ríos de África, Asia y Latinoamérica. En muchos países se espera que el deterioro aumente en las próximas décadas poniendo en riesgo la salud humana y ambiental, así como el desarrollo sustentable. Por la ausencia del tratamiento del agua residual, en muchas regiones la cantidad coliformes fecales en ríos es alta o muy alta. Sin embargo, la solución no sólo consiste en construir drenajes o sistemas SIS, sino también en forzosamente tratar el agua residual y manejar adecuadamente los lodos fecales que se produzcan. A nivel mundial, el problema predominante de calidad del agua es la elevada carga de nutrientes, la cual, en función de la región se asocia también con la presencia de patógenos, materia orgánica biodegradable y contaminantes químicos tóxicos. El agua residual es una de las principales causas de la contaminación de los océanos, ya que más del 80% de esta llega a los mares sin tratamiento alguno (Big Blue Ocean Clean up, 2023). El agua residual también es una de las fuentes de plásticos en los océanos.

Las pérdidas económicas por un saneamiento inadecuado equivalen a 1–2.5% del producto interno bruto anual y se deben a muertes prematuras, la necesidad de cuidados para la salud, la pérdida de productividad y al tiempo que se emplea en practicar la defecación al aire libre. El costo real puede resultar aún mucho mayor si se consideran los costos que existen por brotes epidémicos, pérdidas de ingresos por afectaciones al comercio y al turismo, el impacto en la calidad de los recursos hídricos por la disposición insegura de excretas y los efectos de largo plazo en el desarrollo de los niños expuestos desde temprana edad (UN-Water, 2015a).

1.4 SANEAMIENTO Y LA AGENDA 2030

Un acceso al saneamiento seguro es esencial para disminuir enfermedades y muertes por infecciones, prevenir la desnutrición y asegurar una vida digna. También, mejora el desarrollo cognitivo e incrementa los días de trabajo y el desarrollo económico (Freeman *et al.*, 2017; Sclar *et al.*, 2017; Speich *et al.*, 2016; Wolf *et al.*, 2014). Es por ello que el saneamiento es parte del Objetivo de Desarrollo Sustentable (ODS) 6 'Garantizar la disponibilidad de agua y su gestión sostenible y el saneamiento para todos' (UNDESA, 2015). De las ocho metas que conforman el ODS 6, las que están claramente relacionadas con el saneamiento son:

- **Meta 6.2** Terminar con la defecación al aire libre y proveer acceso al saneamiento e higiene
  Para el 2030, alcanzar un acceso adecuado al saneamiento y la higiene con equidad y para todos así como terminar con la defecación al aire libre, prestando atención especial a las necesidades de mujeres, niñas, y de quienes se encuentran en situaciones vulnerables.
- **Meta 6.3** Mejorar la calidad del agua, tratar el agua residual y hacer un reúso seguro

Para el 2030, mejorar la calidad del agua por medio de disminuir la carga contaminante evitando vertidos y minimizando la descarga de compuestos químicos y materiales peligrosos al agua, reduciendo a la mitad la cantidad de agua residual que no es tratada e incrementando sustancialmente a nivel mundial el reciclado y reúso seguro de agua.

- **Meta 6.a** Ampliar el apoyo para el agua potable y el saneamiento en países en desarrollo
  Para 2030, ampliar la cooperación internacional y el apoyo a la construcción de la capacidad en países en desarrollo para actividades y programas relacionados con el agua potable y el saneamiento, lo que debe incluir la cosecha de agua de lluvia, la desalación, el uso eficiente del agua, el tratamiento del agua residual, el reciclado y el reúso.
- **Meta 6.b** Promover el compromiso local para la gestión del agua potable y del saneamiento.
  Apoyar y reforzar la participación de las comunidades locales para mejorar la gestión del agua potable y la del saneamiento.

Cumplir con la meta 6.2 de los ODS en lo referente a la parte que dice 'para todos', implica incluir a los refugiados, quienes solicitan asilo, personas sin nacionalidad y desplazados al interior de un mismo país. Por lo que se requiere que la estrategia para implementar los servicios de saneamiento considere las deficiencias de los contextos institucionales para poder llegar a todos los diferentes sectores de la población, así como las características, carencias y vulnerabilidades de éstos (UN-ESCAP, UN-HABITAT & AIT, 2015; WHO & UNICEF, 2020).

El saneamiento particularmente es importante para cumplir con el ODS 4 'Garantizar una educación con equidad y de calidad y promover las oportunidades de aprendizaje a lo largo de la vida para todos'. La meta 4a se refiere a la infraestructura escolar, en particular a la necesidad de 'construir y adaptar la infraestructura educativa tomando en cuenta las necesidades de los niños, las personas con habilidades diferentes y las diferencias de género, y el que se provea un aprendizaje seguro en un ambiente libre de violencia, incluyente y efectivo para todos', por ello uno de los indicadores propuestos para medir el avance de dicha meta es la proporción de escuelas que cuentan con acceso a sanitarios separados por sexo.

A pesar de que el interés político y el financiamiento para el saneamiento ha aumentado, aún falta mucho para poder cumplir con las metas planteadas para el 2030 (Figura 1.7) ya que para ello se requeriría multiplicar por cinco la tasa actual de crecimiento del saneamiento con manejo seguro (16 veces en los países con menor desarrollo, 15-veces en los contextos frágiles; JMP, 2023). Esto en sí ya es un reto, pero se hace aún mucho mayor cuando se considera que también hay que terminar con la defecación al aire libre y transitar de un saneamiento básico no mejorado y limitado a otro con manejo seguro y sustentable.

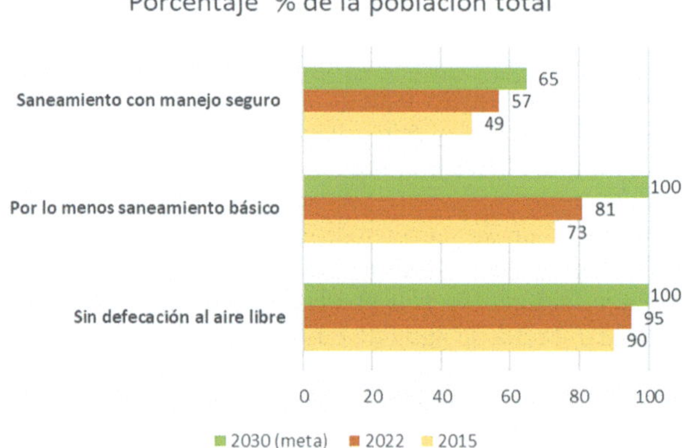

Figura 1.7 Progreso en el cumplimiento del Saneamiento para todos en 2022 en comparación con el 2015 y para la meta ODS 6.2 para 2030, con información de JMP (2023).

1.5 EL DERECHO HUMANO AL SANEAMIENTO

Cinco años antes de adoptar la Agenda 2030 para el Desarrollo Sustentable (UNDSSA, 2015), la resolución de la Asamblea General de Naciones Unidas 64/292 (UNGA, 2010) y la del Consejo de Derechos Humanos 15/9 (UNHRC, 2010) reconocieron los derechos humanos al agua potable y al saneamiento (DHAS). Sin embargo, Brown y Heller (2017) señalaron que, a pesar de que los Estados miembros de Naciones Unidas reconocieron al saneamiento como un derecho humano éste es 'aun un concepto en construcción que necesita ser atendido e interpretado de manera consensual entre todos los involucrados' y de ahí, también, la complejidad para su cumplimiento. Pero también, gracias al reconocimiento del DHAS se han podido establecer diálogos entre gobiernos, grupos de la sociedad civil, prestadores de servicios y desarrolladores respecto de la forma en la cual los principios de los derechos humanos deben ser integrados en políticas y planes, al igual que la formulación de los ODS en lo referente a 'No dejar a nadie afuera' (Heller *et al.*, 2020).

1.6 APLICACIÓN DEL ENFOQUE DE LA ECONOMÍA CIRCULAR A LA CADENA DEL SANEAMIENTO

Un aspecto por reflexionar es que aun cuando se provea el saneamiento de forma cada vez más sofisticada (recolección del agua residual en el drenaje y su 'manejo seguro') no es posible aún asegurar una completa protección del ambiente. Ello, porque las plantas de tratamiento (PTARs) no remueven toda la materia orgánica, los nutrientes, los patógenos y otros compuestos específicos, tornándose en una fuente puntual de contaminantes residuales para las aguas superficiales.

Un estudio reciente (Ehalt Macedo *et al.*, 2022) demostró que 1.2 millones de km de la red mundial de ríos recibe agua residual tratada que proviene de PTARs que están aguas arriba. De éstos, más de 90,000 km reciben efluentes de PTARs con sólo tratamiento primario del agua residual. En más de los 72,000 km de los ríos, la mayor parte de ellos en zonas con elevada densidad poblacional de Europa, EUA, China, India y Sudáfrica, más del 10% de su agua proviene de PTARs. En muchos de estos cursos de agua se han encontrado contaminantes emergentes como son los productos farmacéuticos humanos y veterinarios, los productos de cuidado personal y disruptores endócrinos (Branchet *et al.*, 2021; Garduño-Jiménez *et al.*, 2023; Gaw *et al.*, 2014; Khan *et al.*, 2020; Madikizela *et al.*, 2017; Mezzelani *et al.*, 2018; Mo *et al.*, 2022; Peña-Guzmán *et al.*, 2019; Świacka *et al.*, 2022). Para atender este nuevo reto que se presenta, una opción es transitar hacia el concepto de la economía circular, reduciendo la cantidad de agua residual que se genera, mejorando su calidad, evitando el uso y la descarga de contaminantes recalcitrantes así como reusando el agua en forma intencional y planeada; ya que, después de todo, el agua residual es un recurso que no se destruye ni se crea y siempre ha sido reusada.

doi: 10.2166/9781789065053_0017

Capítulo 2

El saneamiento: una responsabilidad pública ineludible

MENSAJES CLAVE:

- El 'gobierno del saneamiento' tiene cuatro componentes: el primero provee la ideología (política); el segundo la estructura con la cual se opera (marco institucional); el tercero, está estrechamente relacionado con el segundo, y provee las reglas y formas de operación con las cuales las otras tres componentes se conectan (marco legal), y el cuarto, es el componente social, que incluye a todos los interesados y a los socios.
- Existen muchas definiciones de saneamiento, reflejando la complejidad del servicio y que están ligadas a la pobreza, la inequidad y al contexto cultural.
- Para crear un ambiente que permita el desarrollo, mejore y logre implementar un saneamiento sustentable para todos, se requiere diseñar, operar y mantener, paso a paso, una estructura de gobierno operacional y capaz de gestionar toda la cadena de servicio.
- Para prestar los servicios de saneamiento intervienen diversos sectores y entidades gubernamentales a nivel nacional, regional y local (marco institucional). Es importante que todos -entidades y sectores- tengan claro sus mandatos operacionales y que mecanismos de coordinación entre ellos estén reflejados en los marcos legales e institucionales.
- Quienes elaboran las políticas y toman las decisiones no tienen el mismo papel que los académicos e investigadores; cada uno tiene su propio nicho. Los primeros deben actuar en plazos determinados con la información y conocimiento disponibles, tomando en cuenta aspectos políticos; los segundos, suministran conocimiento e información, y sugieren decisiones de las cuales no son ni responsables ni están sujetos a rendir cuentas.
- Para implementar eficientemente el saneamiento es imperativo definir quién es el responsable de la coordinación. En dicha definición se debe tener

presente que la implementación se realiza a nivel local y, por tanto, es el gobierno de este nivel el responsable directo. A pesar de ello, con frecuencia el gobierno local carece de fondos, recursos humanos y apoyo político.

- Los mandatos y funciones legales casi siempre están mejor definidos para el agua potable que para el saneamiento. Contrario a los servicios de agua potable, los servicios de saneamiento se ubican después de los usuarios y no todos son suministrados por el gobierno. Muchas entidades participan en la cadena de servicios de saneamiento incluyendo al sector del agua, una amplia variedad de instituciones, empresas privadas, organizaciones sociales e internacionales.

- Para implementar un saneamiento sustentable para todos existen retos técnicos, socioculturales, políticos y financieros, pero también se debe tener capacidad para adaptarse a los cambios futuros a lo largo de toda la cadena de saneamiento.

- Para desarrollar estrategias de saneamiento existen enfoques innovadores que tanto tomadores de decisiones como quienes desarrollan políticas podrían considerar.

- Entre los enfoques novedosos e inteligentes que pueden contribuir a un progreso más rápido del saneamiento se encuentran el manejo del agua residual como recurso y en un contexto de la economía circular, el empleo de soluciones basadas en la naturaleza así como las híbridas que sean amigables con el ambiente junto con una planeación de las ciudades.

2.1 EL SANEAMIENTO Y LA CADENA DE SANEAMIENTO

Existen muchas definiciones del 'saneamiento' en función del país, organización y enfoque (Wikipedia, 2024; https://en.wikipedia.org/wiki/Sanitation). Está fuera del alcance de este libro el analizar cada una de ellas. Para el propósito de este texto, se empleará la definición operativa siguiente: 'el saneamiento es el manejo en condiciones seguras de la excreta humana y del agua residual, así como su disposición incluyendo el reúso del agua y el reciclado de subproductos'. Un manejo seguro implica la recolección, el transporte y el tratamiento antes de disposición o de la revalorización del agua residual, de los lodos, de la materia fecal y del material extraído de los sistemas de saneamiento in situ (SIS). El principal objetivo del saneamiento es proteger la salud humana y evitar la transmisión de enfermedades, en particular, por la vía fecal-oral[1]. También, el saneamiento es útil para proteger al ambiente, en especial, para evitar la contaminación de los cuerpos de agua para lo cual es necesario tratar el agua residual y el material que contenga heces fecales antes de su disposición

---

[1] La ruta fecal-oral es el camino para la transmisión de enfermedades provocadas por patógenos. Las principales causas de transmisión de enfermedades fecal-orales es la falta de un saneamiento adecuado, la higiene deficiente y el manejo antihigiénico de la comida. Algunos ejemplos de enfermedades transmitidas por falta de saneamiento son el cólera, las helmintiasis (enfermedades provocadas por lombrices como la ascariasis), la hepatitis y la tifoidea.

o reúso. Un sistema de saneamiento o 'cadena de saneamiento'[2] incluye infraestructura para la defecación, colección, almacenamiento, tratamiento, disposición o reúso de excretas humanas o del agua residual y la revalorización de subproductos asociados. Proveer saneamiento implica dar seguimiento a la cadena completa de servicios, enfocándose no sólo en los aspectos técnicos sino también en los sociales, ambientales y económicos.

El Programa Conjunto de Monitoreo (JMP) de WHO-UNICEF (2016) recientemente reconoció que existen diversos niveles de servicios de saneamiento en los países y, con base en ello, construyó una escalera[3] con prácticas que son bien conocidas en el Sur Global. A pesar de que tanto la terminología como la clasificación desarrollada son complejas y no son universales, la escalera es útil para mostrar las diferentes soluciones de saneamiento que se emplean en diversas partes del mundo. La escalera se basa en clasificar los sistemas de saneamiento primero en términos de si son o no mejorados. La infraestructura de saneamiento mejorada[4] es aquella que está diseñada para separar higiénicamente la excreta del contacto humano. El siguiente nivel consiste en considerar si una práctica catalogada como con manejo en forma segura comparte o no la infraestructura entre hogares, y si la excreta producida es: (a) tratada y dispuesta *in situ*; (b) almacenada temporalmente para luego ser extraída y tratada en otro sitio, o bien, (c) evacuada por medio del drenaje junto con el agua residual hasta un sitio en donde sea tratada. Si la excreta que proviene de los baños no es manejada en forma segura, la práctica se considera como un sistema de servicio básico de saneamiento. La escalera de saneamiento, del nivel más bajo al más alto, es como sigue:

(1)   Defecación al aire libre: disposición de heces fecales en el campo, bosques, arbustos, cuerpos de agua, playas o cualquier otro espacio abierto o como parte de los desechos sólidos.

(2)   No mejorado: empleo de letrinas de fosa sin tarima o plataforma, letrinas colgantes o cubetas.

(3)   Limitado: uso de saneamiento mejorado pero que se comparte entre dos o más hogares.

(4)   Básico: empleo de instalaciones de saneamiento mejorado que no son compartidas entre hogares.

(5)   Manejo seguro: empleo de instalaciones mejoradas, que no son compartidas entre hogares y en donde la excreta es dispuesta de manera segura *in situ* o removida y tratada en otro lugar (*ex situ*).

---

[2] En la literatura, con frecuencia la revalorización del agua o de subproductos se denomina 'cadena de valor del saneamiento'. A pesar de ello, nosotras no diferenciamos entre la 'cadena de saneamiento' y la 'cadena de valor del saneamiento', debido a que hoy en día simplemente la cadena de saneamiento debe considerar las actividades de reúso y revalorización.

[3] Clasificación que se elaboró considerando además el poder seguir usando datos que el JMP (Joint Monitoring Programme) había colectado en el pasado.

[4] La infraestructura de saneamiento mejorado incluye los baños de descarga automática o manual que están conectados a la red de drenaje, los tanques sépticos o letrinas de fosa, las letrinas con tarima (incluyendo las letrinas ventiladas) y los baños de composteo.

2.2 UBICACIÓN DEL SANEAMIENTO DENTRO DEL SECTOR DEL AGUA

Es importante identificar en dónde se debe ubicar el saneamiento dentro del sector del agua, debido a que éste abarca servicios que, *per se*, son servicios de agua[5] en tanto que el reúso es parte de la gestión del recurso, toda vez que éste es una fuente de agua. El sitio en donde se coloque al saneamiento es delicado, ya que en algunos países el manejo de los recursos hídricos y el de los servicios de agua (agua potable y saneamiento) se encuentran separados en diferentes instituciones (Cuadro 2.1), afectando la forma con la cual se maneje la cadena de saneamiento.

Cuadro 2.1 Consolidación de la gestión de los recursos hídricos y de los servicios en una sola institución: explorando ventajas y desventajas

Algunos gobiernos han consolidado diversos ministerios con funciones relativas al agua en una sola institución. Ello para promover una mejor coordinación y el manejo integral del recurso. Al juntar diversas funciones del gobierno del agua – tales como el saneamiento, agua potable, riego, control de la contaminación ambiental-, es posible identificar sinergias e intercambiar funciones. En el contexto del saneamiento, ubicar en una sola institución, la gestión del reúso del agua y el control de la contaminación conlleva a un manejo más efectivo, completo y sustentable del agua.

En 1989, México consolidó la gestión de los recursos hídricos y de los servicios en una sola institución con alta especialización, la Comisión Nacional del Agua (CONAGUA). La CONAGUA abarca la gestión del uso incluyendo el 'uso' ambiental), los permisos de descargas para municipios, industrias y agricultores, la coordinación federal de servicios de agua (agua potable, saneamiento y reúso), el manejo del riego y de la infraestructura hidráulica nacional (canales, presas, transferencias de agua, etc.), la gestión de riesgos por inundaciones y sequías, y el servicio meteorológico. Su objetivo es administrar, regular, controlar y proteger el agua nacional con participación de la sociedad civil para lograr el manejo sustentable del recurso. La CONAGUA es una institución desconcentrada que promueve la participación pública por medio de organismos de cuenca en los cuales todos los interesados preparan planes hidrológicos a nivel nacional, regional y local (Política Nacional de Agua). En términos de los servicios de agua, la CONAGUA establece programas específicos y adjudica fondos para asegurar el derecho humano al agua potable y al saneamiento (DHAS). También administra la adjudicación de recursos financieros para mejorar la calidad de los servicios de agua para todos. Los Ministerios del Ambiente, Finanzas, Bienestar Social, Economía, Salud, Agricultura, Ganadería y Pesca, así como la Comisión Forestal junto con representantes relevantes del sector social y académico forman parte de su consejo consultivo (CONAGUA, 2023).

La CONAGUA está sectorizada dentro del Ministerio del Ambiente, pero las diferencias de presupuesto y políticas entre este ministerio y

---

[5] i.e., los servicios de prestación de agua potable y de saneamiento.

CONAGUA afecta la armonía entre las organizaciones. El Ministerio representa solo un usuario del agua (el ambiente) y realiza principalmente funciones burocráticas, mientras que CONAGUA maneja la distribución del agua para todos los usuarios, implementa tareas presidenciales y construye infraestructura federal de relevancia.

En 2009, Malasia consolidó sus Ministerios de Agua y de Ambiente en un solo creando el Ministerio de Energía, Tecnología Verde y Agua. Ello llevó a una mayor coordinación entre los sectores del agua y del ambiente, resultando en un manejo más efectivo de los recursos hídricos y mejorando la protección ambiental. De manera similar, en Filipinas, con la creación del Departamento del Ambiente y Recursos Naturales se logró una integración más eficiente del manejo del recurso natural y del ambiente (Department of Environment & Natural Resources, 2023).

La consolidación de las funciones de la gestión del agua en una sola institución conduce a una mayor transparencia y rendición de cuentas ya que es un solo ministerio o departamento el responsable de todo el sector de agua y del saneamiento. Esto ayuda a disminuir la duplicidad y fragmentación de funciones, mejorando la eficiencia y la efectividad. Adicionalmente, el contar con un único punto de contacto para el sector del agua potable y el del saneamiento es útil para unificar la comunicación y coordinación con los diferentes socios e interesados (AFBDB, UNEP & GRID-Arendal, 2020). Sin embargo, al reunir las funciones de la gestión del agua también existen posibles desventajas. Una es que al combinar funciones, potencialmente se puede perder especialización y el enfoque en áreas específicas de la gestión del agua, lo que conlleva a políticas y programas menos efectivos. Por ejemplo, en Sudáfrica, la consolidación del Departamento de Asuntos de Agua y Bosques con el Departamento de Asuntos Ambientales y Turismo en 2009 fue criticado por la pérdida de la visión para el manejo del agua potable y del saneamiento. De manera similar, en India, la unificación del Ministerio de Recursos de Agua, Desarrollo de Ríos y Rejuvenecimiento del Ganga con el Ministerio de Agua Potable y Saneamiento enfrentó problemas por crear conflictos entre prioridades y la falta de claridad de las responsabilidades.

Otro reto posible es la burocracia y complicación de los trámites para la toma e implementación de decisiones. Ello porque los procesos tienen que pasar por más niveles para su aprobación y manejo. Más aún, se corre el riesgo de que existan conflictos de interés y de prioridades entre departamentos, resultando en políticas y programas menos eficientes. Por ejemplo, la Agencia de Protección Ambiental (EPA, en inglés) de Estados Unidos es la responsable de establecer estándares de calidad del agua, pero es el Departamento de Agricultura (USDA, en inglés) el responsable de otorgar el apoyo financiero para los agricultores, incluyendo actividades que contribuyen a la contaminación del agua (USDA, 2024).

Es esencial planear, comunicar y evaluar de manera cuidadosa y constante para asegurar que la consolidación de funciones del agua conlleve a un manejo más efectivo y sustentable de la misma.

Fuente: en parte con información de AFBD, UNEP & GRID-Arendal (2020).

2.3 EL GOBIERNO DEL SANEAMIENTO

Para gobernar adecuadamente el saneamiento (GWP, 2008; Lautze *et al.*, 2011; Özerol *et al.*, 2018; Rogers & Hall, 2003) se requiere contar con cuatro componentes mismas que se pueden estructurar de diferentes maneras (Figura 2.1): uno es para la política nacional del saneamiento, otro para el marco institucional, un tercero para el marco legal y un último es el conformado por los interesados. La política de saneamiento nacional contiene la visión del subsector y define las metas del servicio. Esta política establece qué se debe hacer, cuáles son los procedimientos generales para lograr las metas y quién es el responsable de cada una de las tareas. El marco institucional lo conforma el conjunto de organizaciones públicas formales (dentro del sector del agua o de otros sectores, grupos privados públicos o sociales) y que funcionan de acuerdo con sus propios mandatos. El marco legal abarca las leyes, reglamentos, normas y estándares específicamente desarrollados por el sector del agua, pero también por otros sectores. El marco legal contiene las reglas con las cuales todos los componentes de la cadena operan y establece los derechos y obligaciones que tienen todos los involucrados. Los involucrados son un conjunto muy amplio de personas (individuales o morales) y de organizaciones del sector público, privado y social que participan a todo lo largo de la cadena de saneamiento ya sean usuarios, prestadores de servicios, o bien, personas indirectamente impactadas por el servicio. En casi todos los países los cuatro componentes ya existen y funcionan con diverso grado de eficiencia.

2.3.1 Política nacional de saneamiento

La política nacional de saneamiento abarca cuatro aspectos principales: (a) cuál es el papel del gobierno; (b) cuál pudiera ser el papel de las terceras partes; (c) qué tipo de modelo se desea implementar, y (d) cuál es el papel de los interesados y socios.

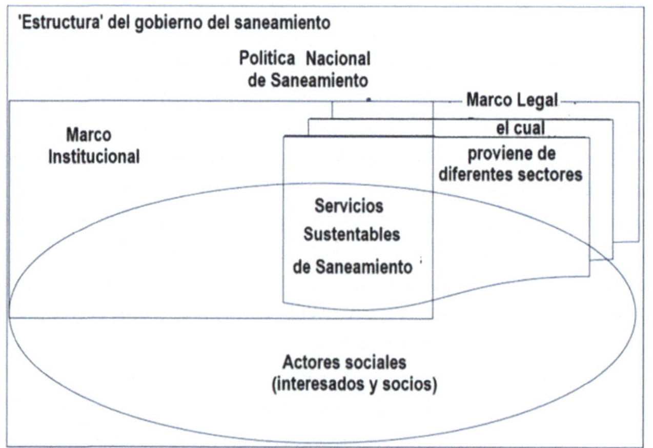

Figura 2.1 Componentes del gobierno del saneamiento.

2.3.1.1 El papel del gobierno

El saneamiento es una responsabilidad de gobierno simplemente porque tanto la salud humana y ambiental, así como el bienestar de la sociedad son parte de sus obligaciones y las debe cumplir independientemente de que se generen beneficios económicos o no. Entre las tareas de las cuales el gobierno es responsable se encuentran:

- Asegurar la provisión de saneamiento para toda la población.
- Implementar y gestionar, en general, la cadena completa de los servicios de saneamiento; lo que abarca el que los usuarios reciban el servicio, el tratamiento del agua residual, la gestión de los lodos fecales y la revalorización o el reúso de agua y subproductos, entre otras tareas.
- Elaborar regulaciones y estándares para la prestación de los servicios.
- Supervisar la calidad de los servicios que interesados y socios prestan como parte de la cadena de saneamiento y que se requieren para asegurar la salud humana y ambiental.
- Mantener al público informado y promover la participación social a todo lo largo de la cadena de servicios del saneamiento.
- Asegurar que existan mecanismos de financiamiento apropiados y accesibles para todos y que el costo del saneamiento sea accesible para la población completa.

Para realizar las tareas de regulación, supervisión e implementación, algunos países deciden crear instituciones autónomas y especializadas (a veces públicas otras privadas). La justificación para ello es el interés por contar con contrapesos. Sin embargo, como se comenta en el Cuadro 2.1, ello no conduce al uso eficiente de los recursos económicos y humanos. Más aun, la creación de instituciones autónomas (públicas, privadas u organizaciones no gubernamentales (ONGs)) que realizan la función de supervisión frecuentemente, conduce a una distribución no equilibrada de poder, e incluso de salarios. Ello termina en que la agencia de supervisión se torna una organización poderosa, con profesionales que trabajan en el escritorio alejados de los problemas diarios y vigilando a los que tienen la responsabilidad directa de proveer el servicio (Cunha Marques, 2010). El uso de agencias independientes para proveer el servicio ha demostrado, además, que incrementa los costos, que los servicios no siempre mejoran, que no se desarrolle nueva tecnología ni que se logre siempre la universalización del servicio. En general, la creación de organizaciones privadas autónomas debilita la especialización de la entes públicas puesto que éstas usualmente otorgan mejores salarios, y las personas con más experiencia y que laboran en el sector público poco a poco se van moviendo a las entidades autónomas (Neves-Silva *et al.*, 2023; Post & Athreye, 2016; World Bank, 2023b; Wu *et al.*, 2016). Por ello, al dividir funciones y crear nuevas agencias es importante analizar el costo total, la rendición de cuentas, la eficiencia, el tamaño de los servicios que se van a suministrar y las características regionales y del país.

Aun cuando el gobierno no puede delegar las funciones básicas de saneamiento, si hay tareas que pueden ser llevadas a cabo con éxito por terceros. Algunos ejemplos son la subcontratación de la evaluación del papel que juegan las tarifas y el monto que deban tener, las comparaciones entre servicios, la resolución de conflictos y la evaluación de la eficiencia de los mecanismos de financiamiento. Pero, para lograr que haya buenos resultados mediante una subcontratación se debe definir bien los papeles y las responsabilidades que cada parte deba jugar (Halpern & Trémolet, 2006; IWRM Action Hub, 2023).

2.3.1.2 Papel de las terceras partes

Los servicios de saneamiento usualmente se prestan por medio de 'empresas de agua'[6]. En caso de que el marco legal administrativo de un país lo permita y en qué medida, los responsables de elaborar políticas o tomar decisiones pueden optar por hacer uso de la privatización y contar con el apoyo de empresas privadas para prestar el servicio (Tabla 2.1). Esto se conoce como participación privada, debido a que el gobierno permanece siempre como el responsable y se encuentra sujeto a rendir cuentas por la prestación del servicio. La participación privada puede ir desde la planeación hasta el diseño de la infraestructura, la construcción y operación. Los entes privados abarcan empresas, ONGs, y organizaciones sociales o privadas, internacionales y nacionales. Ninguno de estos entes mencionados debe rendir cuentas a la sociedad, ya que no tiene la

Tabla 2.1 Ventajas y desventajas de la participación pública y privada.

Modelo	Ventajas	Desventajas
Participación completamente privada (diseño, construcción y operación)	Respuesta más rápida para incrementar los servicios de saneamiento. Mayor flexibilidad para implementar soluciones innovadoras.	Costo más elevado al del servicio completamente público. Rápido incremento de la cobertura pero sólo su hay fondos para hacerlo. Se requiere una buena definición de las tareas por realizar al elaborar el contrato, así como efectuar una estrecha supervisión. Con frecuencia, es rechazada por el público, en particular en el Sur Global.
Participación completamente pública	Menor Costo. Mayor transparencia ya que el gobierno está obligado a rendir cuentas y hay menores estratos por investigar.	Por lo general, lentitud para atender las solicitudes de usuarios.
Gestión pública con tareas específicas realizadas por la iniciativa privada	Cuando está bien diseñada, su operación es buena y puede combinar las ventajas de ambos modelos.	Más compleja de operar.

Fuente: en parte con información de GWP (2008), WB (2023b), OECD (2009) y Gupta & Pahl-Wostl (2013).

---

[6] En las zonas rurales de algunos países del Sur Global (o Mayoría del Mundo), los servicios son provistos por organizaciones comunitarias independientes del gobierno.

responsabilidad de trabajar por el bien público (GWP, 2008), aunque sí rinden cuentas a sus consejos directivos o a las organizaciones a las que pertenecen.

Debido a que las compañías privadas son movidas por la generación de ganancias, en el sector agua ello implica que no estén motivadas por atender nuevas demandas del público, introducir tecnologías innovadoras, reducir la emisión de gases de efecto invernadero, proteger por completo al ambiente o adaptar la infraestructura a los impactos del cambio climático. Más aún, no buscan invertir sus ganancias para financiar una ampliación de la cobertura del servicio, ni tampoco, para revertir la inequidad. Hoy en día se reconoce que: (a) la 'industria' del agua es una industria de capital intensivo con un bajo y lento retorno de sus inversiones, y (b) la infraestructura del agua no puede estar sujeta a una política de recuperación de costos, toda vez que las tarifas de agua residual rara vez logran recuperar tan solo los costos del servicio (OECD, 2015, 2019). Lo anterior implica, que el gobierno tiene que continuar invirtiendo en mantener, aumentar, mejorar y resolver las inequidades en la prestación de los servicios de saneamiento.

2.3.1.3 *Interesados no gubernamentales en el saneamiento y su coordinación con las instituciones públicas*

Como se mencionó, la cadena de servicios de saneamiento se ubica después de los usuarios[7] y, por ello, forzosamente existe participación pública, social y privada. Por tanto, a diferencia del servicio de agua potable, la participación de los interesados que no son parte del gobierno no sólo es relevante sino necesaria para el saneamiento. Los interesados que no pertenecen al sector público provienen del sector privado (desde grandes empresas hasta negocios unipersonales), la sociedad civil, organizaciones nacionales e internacionales, organizaciones de base comunitaria, ONGs, universidades, centros de investigación y muchos otros, sean del sector del agua o de otros sectores (GWP, 2008). Todos contribuyen de forma independiente, o bien, como parte de comités o comisiones creadas en apoyo al papel que juega el gobierno.

La amplia variedad de actores requiere mecanismos de coordinación bien definidos y eficientes, en los cuales las autoridades del saneamiento juegan un papel fundamental. Para ello es necesario que todos, gobierno y no gobierno, entiendan sus papeles, responsabilidades y derechos, así como el crítico papel que las agencias de coordinación tienen (Tabla 2.2). Un aspecto que no es trivial es que, de todos los involucrados y socios, sólo los que son parte del gobierno rinden cuentas, y es por ello que la coordinación recae en ellos. Empoderar a cualquier otro actor, por ejemplo, empresas, asociaciones sociales, la academia o las ONGs, es una forma de privatizar el servicio, ya que ninguno de ellos son entidades que tengan la responsabilidad de velar por el interés público.

---

[7] En los servicios de agua potable, las necesidades de los usuarios son todas atendidas por el gobierno, antes de que el producto (agua potable) les llegue. En contraste, en la cadena de saneamiento, los servicios se prestan una vez que los usuarios descargan el agua usada o la materia fecal; la serie de servicios que siguen, en particular cuando el reúso está involucrado, se ubican aguas abajo del usuario y no todas las funciones son responsabilidad del sector del agua del gobierno.

Tabla 2.2 Funciones esenciales que las organizaciones y los actores (interesados) deben cumplir para asegurar un saneamiento sustentable y gestionar el agua.

Organizaciones y Actores	Funciones
Autoridades Nacionales	Coordinación Nacional. Establecer condiciones para lograr e implementar el derecho universal al agua y al saneamiento. Definir si se permite o no la participación privada, en qué condiciones y para cuáles actividades. Supervisar la operación de los servicios de saneamiento. Reportar datos nacionales de saneamiento. Analizar la información nacional y definir indicadores para evaluar los servicios con participación de los interesados. Establecer líneas internacionales para financiar el saneamiento que se requiera.
Autoridades regionales	Coordinación regional. Proveer financiamiento y la política de apoyo para que las autoridades locales cumplan con sus tareas de saneamiento. Definir el marco legal para el saneamiento a nivel regional. Establecer procedimientos administrativos y detalles prácticos para implementar las tareas de saneamiento. Participar en procesos para conseguir financiamiento internacional.
Autoridades locales	Coordinación local, específicamente para la implementación en campo. Identificar prioridades de saneamiento y apoyar la definición de metas regionales y nacionales. Ser responsable de la provisión del saneamiento y, por lo tanto, directamente responsable de rendir cuentas ante la ciudadanía. Supervisar en forma directa organizaciones e instituciones públicas que presten los servicios de saneamiento. Apoyar y guiar el desarrollo de los reglamentos para los servicios. Participar en la colecta de fondos.
Entes para regular y fomentar el cumplimiento de leyes y reglamentos	Definir las funciones de los interesados y las herramientas necesarias para el manejar sustentablemente el saneamiento.

(Continuada)

Tabla 2.2 Funciones esenciales que las organizaciones y los actores (interesados) deben cumplir para asegurar un saneamiento sustentable y gestionar el agua (*Continuada*).

Organizaciones y Actores	Funciones
Prestadores de servicios (incluyendo departamentos de gobierno, consejos municipales, corporaciones públicas, compañías del sector privado, organizaciones de base comunitarias, grupos de agricultores y otros)	Proveer, de acuerdo con el marco legal, los diversos servicios de los componentes de toda la cadena de servicio del saneamiento.
Sector privado	Proporcionar el servicio como parte de los prestadores de este. Participar en el financiamiento, suministro de equipo y construcción de infraestructura, todo de acuerdo con el marco legal.
Instituciones de la Sociedad civil, ONGs, organizaciones de base comunitaria	Proporcionar el servicio como parte de los prestadores de éste. Jugar un papel de defensa de la sociedad en la formulación de políticas. Crear conciencia, realizar campañas de comunicación y movilizar comunidades locales. Desarrollar nuevos modelos y herramientas para el saneamiento y apoyar la realización de pruebas piloto para su implementación en campo. Abogar por aspectos específicos relacionados de manera directa o indirecta con el saneamiento, por ejemplo, la protección ambiental o cualquier otro interés que se tenga.
Universidades y centros de investigación (incluyendo centros educativos y de investigación públicos y privados)	Son clave para proveer información sobre el impacto y avance de los programas de saneamiento a nivel de país, local y de las comunidades. Contribuir a probar en campo nuevos modelos y tecnologías. Apoyar los programas de evaluación del avance del saneamiento midiendo la evidencia. Proporcionar explicaciones de porqué ocurren problemas y proponer soluciones. Apoyar en la correcta selección y operación de diferentes tecnologías. Apoyar la integración del conocimiento local y tradicional en las prácticas convencionales. Evaluar el impacto de los programas de saneamiento en la salud, la educación, la equidad de género, la seguridad alimentaria y otros aspectos.

Fuente: en parte con información de Peters (2011), Gupta & Pahl-Wosll (2013) y WHO (2006).

2.3.1.4 Modelos para la prestación de los servicios de saneamiento

Existen tres modelos para el servicio de saneamiento: completamente centralizado, completamente descentralizado y mixto.

> *Modelo completamente centralizado.* Este modelo aplica también para el suministro de agua potable. En él se diseñan redes extensas de agua para transportarla a grandes distancias, requiriendo con frecuencia importantes cantidades de energía para el bombeo hasta los centros urbanos. Para descargar el agua usada ('agua residual') y alejarla de las ciudades, en general, se emula este tipo de sistemas de suministro de agua al emplear otra red de tuberías. Así, la forma 'tradicional'[8] de saneamiento usa extensas redes de tuberías que terminan en grandes plantas de tratamiento (cuando están disponibles, como ocurre en regiones con ingresos medios y altos). Este enfoque histórico lineal de 'agua para adentro y agua para afuera' se tornó la norma al final del siglo 19, y continuó siéndolo a todo lo largo del siglo 20. El modelo se emplea por diversas razones que pueden ser buenas: una de ellas es que es más fácil contar con una agencia altamente especializada para su manejo. Hoy en día, en todo el mundo, muchos sistemas centralizados de agua potable y de saneamiento representan costos significativos para las comunidades en las que se encuentran, los cuales incrementan con el tiempo y se asocian con otros aspectos económicos, sociales y ambientales. Además, los drenajes y plantas de depuración de gran calado se han ido transformado en fuentes puntuales de contaminación con impactos de diferente naturaleza y magnitud.
>
> *Modelo completamente descentralizado.* También es conocido como modelo de solución local. Este modelo se aplica principalmente en comunidades pequeñas o remotas tanto para sistemas de agua potable como de agua residual. En las últimas décadas, los sistemas descentralizados se han aplicado con creciente éxito en áreas urbanas de ingresos medios y bajos al igual que en zonas rurales (Cuadro 2.2).

Cuadro 2.2 Saneamiento descentralizado en zonas rurales: lecciones aprendidas del éxito en Japón

Japón logró un éxito remarcable en la implementación de sistemas de saneamiento *in situ* en zonas rurales. Ello se atribuye a la planeación meticulosa, reglamentaciones estrictas, el compromiso institucional para formar recursos humanos y efectuar una gestión ambiental. La implementación del programa se basó en cinco ejes principales: desarrollo de infraestructura, regulación y su cumplimiento, operación

---

[8] Tradicional en el contexto de los países desarrollados.

y mantenimiento (O&M), formación de recursos humanos, así como gestión y monitoreo ambiental.

(1) *Desarrollo de la infraestructura*: En Japón, fue fundamental que antes de conectar los sistemas al drenaje se desarrollaran cerca de 1000 instalaciones para manejar los lodos. Estas instalaciones se usaron para tratar los lodos de los sistemas *in situ* Johkasou. En paralelo, se aseguró que los establecimientos comerciales instalaran grandes sistemas *in situ* y que éstos cumplieran con los estándares y no provocaran daños ambientales.

(2) *Regulación y su cumplimiento*: Japón desarrolló regulaciones estrictas para la O&M de los sistemas *in situ*. El Acta Sistemas *in situ* define tanto la frecuencia de O&M como la necesidad de contar con supervisores técnicos cuando el usuario alcanza un determinado nivel (tamaño). Los grandes sistemas *in situ*, especialmente los de edificios de oficinas y comercios, son rigurosamente monitoreados de acuerdo con diversas leyes que aseguran el cumplimiento de requisitos para la protección ambiental.

(3) *Operación y mantenimiento*: De manera regular, en Japón, se supervisa el mantenimiento, así como el ajuste y recarga de desinfectantes como una forma de contribuir a la sustentabilidad de los sistemas *in situ* avanzados. Este procedimiento incluye una revisión ambiental mediante la cual periódicamente se evalúa la calidad del efluente de cualquier tipo de sistema *in situ* para confirmar su cumplimiento con los estándares de protección ambiental.

(4) *Desarrollo de recursos humanos*: Para asegurar que el mantenimiento de los sistemas *in situ* se realiza por personal calificado, se implementaron sistemas de entrenamiento y certificación de operadores en Japón. Adicionalmente, el gobierno hace énfasis continuo en los programas de concientización y formación de recursos humanos en el sector. Instituciones como el Centro para la Educación en Saneamiento Ambiental de Japón juegan un rol significativo para evaluar y preparar cursos de capacitación para cerca de 3000 técnicos por año.

(5) *Gestión y monitoreo ambiental*: Como parte del cumplimiento ambiental, todos los sistemas *in situ* están sujetos a inspecciones anuales diseñadas por una agencia especializada. Dichas inspecciones contemplan no sólo la calidad del efluente sino también la frecuencia de extracción de los lodos y las labores de mantenimiento. Este monitoreo cuidadoso se usa también para la rendición de cuentas tanto por parte de los operadores de los sistemas como por los usuarios.

Fuente: ADB (2021a).

La idea fundamental del modelo de saneamiento completamente descentralizado se basa en construir y gestionar sistemas que sean más sustentables y resilientes. El modelo consiste en colectar y tratar el agua residual/lodo fecal *in situ*. También puede incluir el reúso de agua en diversas actividades, como el riego de áreas verdes, el lavado de automóviles, las fuentes de ornato y similares, o bien, contribuir a la seguridad alimentaria mediante el reúso de agua para riego de cultivos. El lodo fecal una vez hecho composta se puede emplear para mejorar la productividad del suelo. En principio, los SIS tiene potencial también para: (a) reducir la demanda energética al tener un menor consumo de energía para el bombeo cuando el reúso se realiza *in situ*, (b) responder a las necesidades de comunidades con rápido crecimiento, contrastando con la infraestructura centralizada la cual por las inversiones que representan requiere más tiempo para su construcción, (c) proporcionar beneficios adicionales por la recuperación de recursos, como la energía térmica, (d) movilizar y comprometer a la comunidad, sociedad civil y corporaciones en el manejo del agua, y (e) disminuir los costos de la inversión inicial en infraestructura y movilizar inversión privada en beneficio público (Massoud *et al.*, 2009). A pesar de estas ventajas, la adopción de un modelo completamente descentralizado para el saneamiento enfrenta aún retos importantes ya que su implementación demanda procesos que todavía deben ser mejor afinados. El Cuadro 2.3 describe estos procesos para un ejemplo del Japón presentado éste en el Cuadro 2.2.

Modelo centralizado-descentralizado. Hoy en día, casi todas las ciudades emplean sistemas convencionales de drenaje, por lo que los servicios de agua potable y de saneamiento tienden a desarrollarse empleando una combinación de modelos centralizados y descentralizados. El interés por contar con sistemas descentralizados o híbridos ha ido en aumento debido al incremento del costo financiero para preservar la viabilidad de los sistemas centralizados antiguos, la falta de terreno para construir grandes plantas de tratamiento de agua residual y por la dificultad para construir cañerías en el subsuelo de los centros urbanos que carecen de servicios (World Bank, 2017).

La Tabla 2.3 presenta la comparación entre los diferentes modelos para el saneamiento.

Cuadro 2.3 Un asunto público: El éxito de Japón en la implementación de sistemas *in situ*

Una amplia proporción de la población del Japón emplea sistemas *in situ*, particularmente en ciudades medianas y pequeñas. Sin embargo, estos sistemas tienen el problema de que son un asunto en 'tierra de nadie': los políticos y funcionarios de gobierno tienden a pensar que no son tema público, mientras que, la mayoría de la gente no se preocupa por ellos. Así que el hacer que los sistemas *in situ* fueran un asunto público resultó fundamental en el desarrollo de marcos regulatorios para el saneamiento inclusivo de toda la ciudad (SITC). Ello fue un asunto de relevancia no sólo en la parte técnica sino también en la legal.

Para hacer que los SIS efectivamente fueran un asunto de dominio público, Japón desarrolló respuestas a diferentes retos:

(a) Diseño inapropiado → Establecimiento de estándares estructurales y de procedimientos de gobierno para aprobar y realizar pruebas en campo.

(b) Falta de monitoreo del cumplimiento de los estándares de construcción → Establecimiento de un cuerpo de inspectores.

(c) Instalación deficiente → Implementación de sistemas para registro y certificación de empresas y trabajadores del saneamiento.

(d) Manejo inadecuado del lodo → Promulgación de un acta para los sistemas SIS (Acta Johkasou de Japón) e implementación de la obligación de regular la extracción del lodo.

(e) Falta de regulación de los operadores que extraen los lodos y que trabajan en condiciones difíciles → Establecimiento de un sistema para la aprobación de negocios que presten el servicio de la extracción de lodos.

(f) Tratamiento inadecuado/disposición *in situ* del lodo → Desarrollo de infraestructura para el tratamiento de lodo en todo el país.

(g) O&M inadecuados → Promulgación del Acta Johkasou de Japón para los SIS en el en la cual se establece la responsabilidad legal de que los usuarios den la O&M, el que los propietarios de sistemas grandes (≥501 equivalente habitante) cuenten con supervisión técnica para ello y el que haya un sistema registro de los prestadores servicios de O&M.

(h) Fata de recursos humanos para proporcionar mantenimiento → Puesta en marcha de sistemas de entrenamiento, certificación y supervisión de técnicos de O&M.

(i) Falta de conciencia por parte de los propietarios y gobiernos locales sobre los SIS → Establecimiento de instituciones de capacitación para los profesionales que laboran en asuntos relacionados con los SIS.

(j) Falta de rendición de cuentas → Realización de inspecciones.

(k) O&M deficiente por parte de los usuarios comerciales de SIS de gran tamaño → Monitoreo de acuerdo con las Leyes para el Control de la Contaminación del Agua (cumplimiento con los estándares de descarga, monitoreo, reporte e inspección).

Fuente: adaptado de Hachimoto (2021).

Tabla 2.3 Comparación entre los modelos que se emplean para establecer los planes nacionales de saneamiento.

Modelo	Ventajas	Desventajas
Completamente centralizado	• En general, menor costo por m³ de agua procesada de construcción y operación. • Buen funcionamiento en áreas urbanas. • Más fácil de operar por parte de una agencia especializada.	• Puede no estar adaptado a condiciones locales, por ejemplo, cuando el terreno carece de pendiente o el suelo es muy duro como para poder instalar drenajes a costo accesible. • Las agencias especializadas pueden estar ubicadas lejos de regiones con carencias y necesidades de servicios • En zonas rurales se pueden presentar problemas para la operación. • Muy poca flexibilidad.
Descentralizado	• Buen funcionamiento en zonas rurales con población dispersa. • Buena opción para zonas rurales con características especiales, por ejemplo, en donde el suelo es muy permeable y cualquier fuga del drenaje implica la contaminación de fuentes locales de suministro de agua. • Muy flexible.	• Mayor costo de operación, y para grandes regiones, elevados costos de inversión. • Requiere profesionales con diferente tipo de capacidades.
Centralizado/ descentralizado	• Si el diseño y la operación son bien realizados, se puede combinar las ventajas de ambos sistemas.	• Mayores costos de operación que para los sistemas centralizados pero menores que para los descentralizados.

Fuente: en parte, con Información de AFBD, UNEP & GRID-Arendal (2020).

2.3.2 Marco institucional para el saneamiento

El marco institucional es el conjunto de instituciones formales de gobierno y su funcionamiento acorde con la política nacional de saneamiento a nivel nacional, regional y local. La forma en la cual todas las instituciones de gobierno funcionan debe estar bien definida y delimitada, con mandatos claros y procedimientos de cooperación. Todos estos arreglos deben estar reflejados en el marco legal. Note que con frecuencia los marcos institucionales para el saneamiento y el agua potable son los mismos.

2.3.2.1 Participación de los diferentes sectores

Para tratar el agua residual e implementar proyectos de reúso es necesario contar con permisos de los Ministerios de Salud, del Ambiente y del sector en el cual el reúso se llevará a cabo. Por ejemplo, si se desea que el agua y/o los lodos producidos durante el tratamiento sean empleados en tierras agrícolas, se requieren permisos del Ministerio de Agricultura. De hecho, en la prestación de servicios de saneamiento, además del sector del agua, otros departamentos/ministerios de gobierno intervienen, como son el de la Salud, el del Ambiente, el de Vivienda y Construcción, el de Bienestar, el de las Comunidades Originarias, el de la Agricultura y el de la Energía. Cada una de estas instituciones trata aspectos específicos de acuerdo con su campo de competencia y desde la perspectiva de las políticas nacionales de cada ministerio. Más aún, estos ministerios pueden tener diversos tipos de departamentos involucrados a nivel nacional, regional o local. Además, en la práctica, no todos los ministerios operan de acuerdo con sus propios marcos institucionales. De hecho, y principalmente en el Sur Global, los diferentes ministros y Ministerios no tienen el mismo poder, apoyo político y capacidad institucional. Ello depende del tipo de sector, así como de las personalidades y antecedentes de cada ministro. A pesar de ello, contar con un marco institucional robusto constituye un paso importante para lograr la gestión requerida para el saneamiento (AFBD, UNEP & GRID-Arendal, 2020). Todas las instituciones involucradas deben contar con mandatos claros y mecanismos generales de coordinación adecuadamente expresados en sus marcos legales e institucionales administrativos para asegurar que cada uno pueda cumplir eficientemente con sus funciones (Heller *et al.*, 2020). Dichas funciones se basan en sus propias políticas y estrategias de saneamiento, en la forma con la cual se coordinan con actores relevantes, la planeación, la implementación, el monitoreo, la evaluación y la retroalimentación de los programas que operen, la definición y operación de sus procedimientos administrativos, lo establecido y las propuestas de mejora para sus marcos legales e institucionales, así como de los recursos humanos capacitados y de la capacidad institucional que tengan. Algunas de estas instituciones, también pueden tener funciones para operar y construir infraestructura. Entre los ministerios que contribuyen a todo lo largo de la cadena de saneamiento se encuentran:

- El Ministerio/vice-ministerio/Comisión/Departamento de agua (para la planeación, coordinación en implementación),
- El Ministerio de Salud (para prevenir efectos negativos en la salud humana),
- El Ministerio del Ambiente (para controlar la contaminación del agua y del suelo),
- El Ministerio de Vivienda/Desarrollo urbano (para proporcionar información sobre las necesidades de los usuarios y proveer los códigos de construcción),
- El Ministerio del Interior (para coordinar la participación de los diferentes gobiernos regionales y locales, así como con los interesados de relevancia, como son las asociaciones de agricultores y algunas organizaciones de la sociedad civil)
- El Ministerio de Agricultura (para decidir cuándo se puede revalorizar el agua y el lodo en suelos productivos),
- El Ministerio de Pueblos Originarios y Personas Vulnerables (para asegurar que se están atendiendo las necesidades de todos), y
- El Ministerio de Economía (para controlar la contaminación industrial).

2.3.2.2 Niveles nacional, regional y local

La estructura institucional para el saneamiento opera en tres niveles, que son: (i) nacional, (ii) provincial, regional o federativo, y (iii) local. Se debe analizar con cuidados qué tipo de tareas se requieren para el saneamiento público con objeto de poder mantenerlas en el nivel adecuado (nivel central regional, de cuenca, municipal /comuna) de acuerdo con las condiciones políticas, sociales y legales de cada contexto. La Figura 2.2 presenta un ejemplo de tareas por realizar en cada nivel para algunas de las instituciones participantes y de acuerdo con sus funciones principales.

Nivel Nacional. A nivel nacional, la principal función es crear un ambiente favorable para implementar el saneamiento. El nivel nacional debe retener el papel de liderazgo, definido en la política nacional y, desarrollar completamente los marcos legales e institucionales correspondientes. Adicionalmente, el nivel nacional debe facilitar mecanismos de financiamiento. Contar con un mecanismo institucional adecuado no es tarea fácil ya que existen muchos modelos para ello (Cuadro 2.4). En diferentes países la gestión de los servicios de agua se encuentra centralizada en una sola organización, la cual es la autoridad, apoyada por autoridades regionales y locales.

Nivel Regional. El nivel regional con frecuencia emula la estructura nacional. Sin embargo, en este nivel, es donde casi siempre se decide si se permite o no la participación privada y en qué condiciones. También, a nivel regional se entiende mejor cómo se emplea el agua. En algunos países en donde el agua está integrada a un ministerio a nivel nacional (con frecuencia el del ambiente o el de infraestructura), a nivel regional, en donde el agua tiene mayor relevancia política, el agua es una secretaria en sí misma, observándose claras diferencias en el avance del sector. El

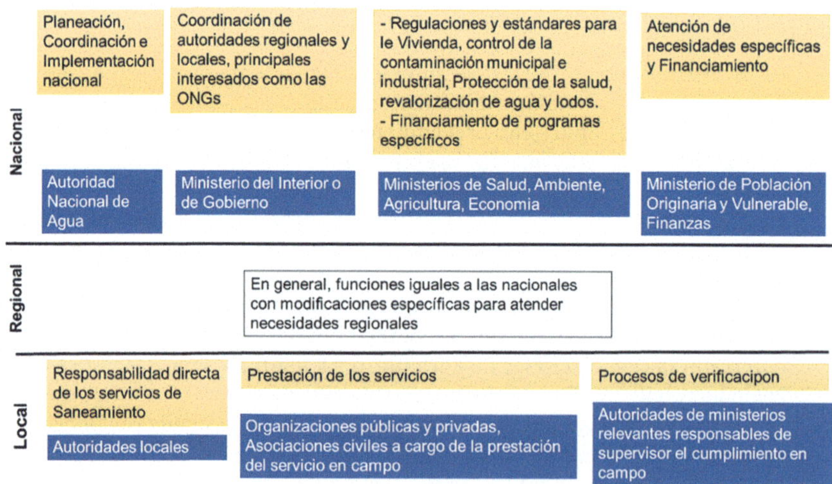

Figura 2.2 Funciones de servicios de saneamiento y responsabilidades por nivel y tipo de organización.

Cuadro 2.4 Una única agencia como marco para el servicio de saneamiento, pero con diferentes responsabilidades a nivel nacional, regional y local

México tiene 130 millones de habitantes y es la 14ava economía mundial. El país se divide en 32 entidades federativas (regiones) distribuidas en 1,964,375 km² (13avo país más grande del mundo). En México, la topografía y condiciones climáticas son muy variables. En general, el norte del país es árido o semi árido mientras que el sur es húmedo. El país tiene 69 lenguas oficiales. Del total de la población, el 79% vive en ciudades mientras que el resto se ubica en comunidades muy dispersas (5.6 millones de personas viven en poblados con menos de 249 habitantes). Todos estos factores crean condiciones bajo las cuales proveer 'Saneamiento para Todos' es un gran reto. Siguiendo un enfoque centralizado para el manejo del agua, México cuenta con una sola agencia nacional de agua (CONAGUA). Desde 2012, el DHAS es un derecho constitucional. El gobierno nacional debe garantizar este derecho, y la Ley Nacional del Agua define las condiciones y apoyos que tiene que proporcionar para lograrlo. El nivel local tiene la responsabilidad de su implementación, el nivel regional apoya y financia actividades asociadas y el nivel nacional es el que establece la Política Nacional, los procedimientos y estándares generales, presta asesoría técnica y apoya financieramente a los niveles regionales y locales, en función de sus capacidades económicas. Al nivel regional y local, es la misma organización la que presta los servicios de agua potable y de. En 2021, la cobertura de drenaje era del 95.2% y cerca del 67% del agua residual doméstica producida era tratada (i.e., 145.3 m³/s). Para reducir la sobre extracción del agua subterránea y superficial, el 93% del agua tratada era reusada, principalmente para riego agrícola y actividades industriales.

Fuente: con información de CONAGUA (2022).

---

nivel regional juega un papel relevante también para el financiamiento y la definición de regulaciones que permitan implementar el saneamiento en la práctica (Cuadro 2.5).

Nivel Local. Puesto que el saneamiento es un servicio que se presta a nivel de las casas, este nivel es fundamental. Desafortunadamente, casi siempre el nivel local es el factor limitante para que se pueda prestar un servicio bueno y confiable. Por ello, se recomienda que el diseño del arreglo institucional refleje su relevancia. A pesar de que son las autoridades locales las que deberían liderar la implementación de las actividades de saneamiento, con frecuencia carecen de personal y presupuesto, y por ello se observan fallas. Además, los gobiernos locales reciben una orientación escasa, pocas de sus responsabilidades reciben reconocimiento y muchas carecen de fondos. Esta situación es particularmente crítica en las zonas rurales de bajos ingresos. A nivel local, la complejidad que pueda tener el arreglo institucional para el saneamiento varía en función del tamaño de las municipalidades, pueblos y comunidades.

Cuadro 2.5 Ejemplo de un arreglo institucional a nivel regional para SIS en el Distrito de Khulna, Bangladesh y retos observados a nivel local (ciudad de Khulna)

A escala nacional, Bangladesh ha experimentado una mejoría remarcable en la cobertura de saneamiento y disminución de la defecación al aire libre pasando de un 1% en 2015 a 34% en 1990 y alcanzando una cobertura de saneamiento mejorado del 61%. Sin embargo, todavía el 28% de la población comparte letrinas y el 10% usa letrinas no mejoradas.

El Distrito de Khulna se localiza al sureste de Bangladesh, tiene 1.5 millones de personas y su densidad poblacional es de 32,859 personas/km^2. El distrito es un importante sitio para el comercio. Posee 36 municipios, 22 poblados, 31 barrios y 1134 asentamientos informales. El clima, por lo general, es húmedo en verano y templado en invierno, con una precipitación promedio anual de 1605 mm y temperatura entre 12.5 y 35.5°C. En Khulna, la estructura institucional para proveer los servicios de saneamiento sin drenaje, así como para el manejo de lodos fecales (MLF) está a cargo de dos organizaciones gubernamentales: la Corporación de la Ciudad de Khulna (KCC, por sus siglas en inglés) y la Autoridad de Agua Potable y Drenaje de Khulna (KWASA, por sus siglas en inglés), ambas parte de la División del Gobierno Local del Ministerio de Gobierno Local, Desarrollo Rural y Cooperativas (MoLGRD&C, por sus siglas en inglés). La sección de Conservación del KCC es la principal unidad responsable de suministrar los servicios de saneamiento, en particular, para vaciar los tanques SIS, barrer las calles, limpiar el drenaje superficial y manejar los desechos sólidos. El KCC junto con varias ONGs y prestadores informales de servicio privado son los principales entes involucradas en el servicio de limpieza de los SIS en diversas zonas de la zona urbana. KWASA es una empresa corporativa con el mandato de prestar servicios de suministro de agua, drenaje y alcantarillado. Básicamente, KWASA financia sus actividades a partir de las tarifas. Pero, las inversiones de capital usualmente son hechas por parte del gobierno central.

Los roles y responsabilidades de los diversos actores involucrados en los servicios de MLF se encuentran definidos en el Marco Institucional y Regulatorio para el Manejo de Lodos Fecales de 2017. Este instrumento especifica además de las tareas y responsabilidades para el MLF, el papel de liderazgo que el ministerio tiene para el desarrollo de la política, el papel del corporativo de las ciudades y de las municipalidades y la necesidad de colaborar con la KWASA, en todos los temas relevantes. Asimismo, el marco provee los criterios para diseñar instalaciones domésticas y comunales; especifica el papel de la participación privada, establece el requerimiento de que el MoLGRD&C cuente con una unidad como parte del KCC y el de las 36 municipalidades de Khulna para prestar los servicios de MLF, especialmente en cuanto al vaciado de los SIS.

El MoLGRD&C define las prioridades para: (i) el manejo de lodos fecales de tanques sépticos y letrinas de fosa de manera que todo el lodo recolectado sea transportado y dispuesto de manera periódica, segura y amigable con el ambiente; (ii) el desarrollo de tecnología innovadora y apropiada a las condiciones locales de vaciado, colección, tratamiento y disposición segura del lodo fecal; (iii) el desarrollo de las capacidades de los gobiernos locales para regular el MLF en Khulna; (iv) implementar políticas y leyes nacionales de saneamiento que sean relevantes al contexto local; (v) apoyar al sector privado en aspectos técnicos y de negocios para el manejo de lodos, reciclado y venta de composta o de otros subproductos (MoLGRD&C, 2017). El Código Nacional de Construcción de Bangladesh (BNBC, por sus siglas en inglés) es otro instrumento legal fundamental para el vaciado de los SIS con manejo mejorado, así como para otras actividades técnicas de operación y mantenimiento. Dicha reglamentación establece las especificaciones técnicas para la aprobación formal del diseño y construcción de letrinas con descarga controlada del efluente mediante disposición subsuperficial en suelo y/o control de fugas de las fosas en los sitios en donde se carezca de drenaje. Dicha regulación prohíbe descargar los efluentes de fosas sépticas a cuerpos de agua al aire libre y establece una capacidad mínima para los tanques sépticos de diferentes tipos de vivienda. También el BNBC especifica la frecuencia de vaciado de los tanques sépticos, con un mínimo de 6 meses y un máximo de una vez por año.

La ciudad de Khulna se encuentra a nivel local. Tiene una población de 31,883 personas y emplea sólo tecnologías SIS, como son los tanques sépticos, retretes de descarga y letrinas de fosa. Los tanques sépticos predominan en el centro de la ciudad y en los edificios de varios pisos, mientras que en las áreas periurbanas y comunidades de bajos ingresos principalmente se usan letrinas de fosa. La ciudad cuenta con una planta de tratamiento de agua residual descentralizada diseñada para manejar el lodo fecal que provienen de los SIS que ahí descargan. A pesar del marco institucional anteriormente descrito, la ciudad de Khulna experimenta problemas para vaciar los SIS. La KWASA necesita otras estrategias para mejorar su capacidad y competencias que logren asegurar la gestión de los servicios que los SIS requieren.

Fuente: con información de Cookey *et al.* (2020).

2.3.2.3 Participación de los interesados y 'socios'

La participación de los interesados y socios junto con la del gobierno en el proceso de toma de decisiones se debe dar cumpliendo cada uno con el rol específico que le toca jugar. Ello sólo es posible bajo un ambiente de confianza, en el cual, información, beneficios, tareas y riesgos son compartidos, y cada quien se aboca al cumplimiento de sus funciones y responsabilidades. Es posible que en la práctica se requiera aclarar con más detalle este papel, en particular, las responsabilidades, los derechos y las obligaciones de la sociedad civil (UN-Water, 2015a). Y, aunque los procesos participativos demandan más tiempo, reducen el riesgo de que el gobierno se equivoque en las actividades que requieren un involucramiento activo de las partes. Dicha participación debe estar claramente reconocida tanto en la política de saneamiento como en el diseño institucional.

Las instituciones que manejan el acceso y prestan los servicios de saneamiento incluyen: (i) las autoridades de agua potable/saneamiento, o municipalidades, (ii) los prestadores de servicios de agua potable/saneamiento, (iii) los intermediarios en los servicios de agua potable/saneamiento, y (iv) los consejos y comités de agua potable/saneamiento (Figura 2.3). Los procesos para la toma de decisiones se aplican en las actividades de saneamiento, de reúso de agua, así como para el manejo de agua residual y excreta. Por ejemplo, a nivel nacional, diversos ministerios e interesados colaboran en el manejo del agua de riego, la mejora o fertilización del suelo agrícola, de bosques, áreas verdes o de zonas protegidas públicas, así como en actividades de pesca en lo que concierne con el público, y con la protección de la salud ambiental y del comercio.

Es de notar que, a nivel local, las instituciones – en particular las de comunidades pequeñas- frecuentemente prestan de manera conjunta los servicios de agua potable y los de saneamiento. Ello debido a que la formación especializada requerida para el personal es similar y que el tener ambos servicios en una sola institución optimiza el uso de recursos humanos y económicos. En

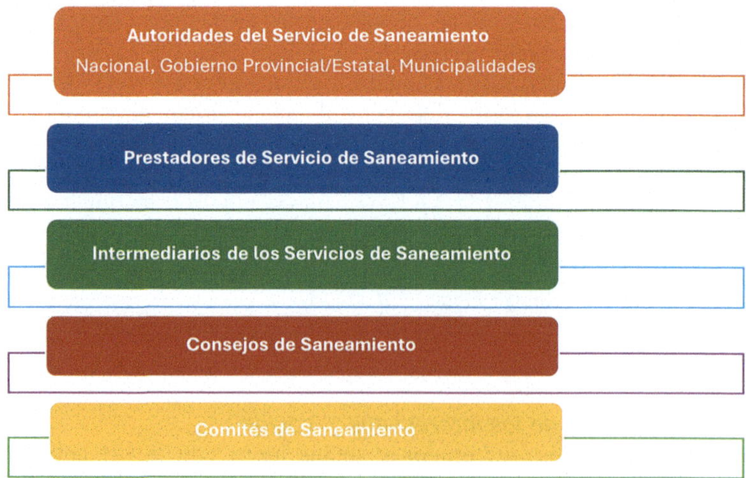

Figura 2.3 Estructura institucional general usada en la mayoría de los países para prestar servicios de saneamiento (y de agua). En todos los niveles existe la participación de grupos interesados como parte de comités y comisiones.

países con poblaciones indígenas, el manejo de los servicios de agua a nivel local se hace usando reglas y por medio de organizaciones tradicionales. Un reto importante que permanece es el cómo integrar al conocimiento científico y técnico convencional el conocimiento local e indígena para mejorar la selección, implementación y gestión del saneamiento.

2.3.3 Marco legal para el saneamiento

El propósito de este libro no es proporcionar consejos sobre cómo producir un marco legal, ya que casi siempre éste ya existe. El objetivo es hacer recomendaciones para mejorarlo o reformarlo. El marco legal debe estar hecho para dar soporte legal a los objetivos establecidos en la Política Nacional de Saneamiento al igual que en el Marco Institucional, y no a la inversa. Sin embargo, debido a que tanto la Política Nacional de Saneamiento como el Marco Institucional se diseñan una vez que el Marco Legal ha sido elaborado (en el mejor de los casos como una Ley de Agua), se tienen que hacer compromisos para el diseño de ambos. Este es una de las razones por las cuales, con frecuencia, el marco legal del saneamiento requiere mejoras, en particular, para asegurar que la Ley Nacional de Agua, la Política de Agua y la Política de saneamiento estén alineadas con las leyes constitucionales (Cuadro 2.6). El marco legal incluye la Ley Nacional De Agua (cuando existe) así como todos aquellos artículos que provengan de la Constitución y de diversas leyes, normas y estándares de otros sectores que operan a nivel nacional, regional y local y que se relacionen con el saneamiento. El articulado puede provenir de sectores como el de salud, el del ambiente, el de vivienda y construcción, el de zonas urbanas y el de pueblos indígenas, entre otros. En este contexto el principal papel del marco legal del saneamiento es definir de manera clara y factible el mandato para que la organización que lleve el liderazgo pueda implementar los mecanismos de coordinación para todos los sectores, instituciones e involucrados. Es importante que el marco legal establezca o permita establecer también procedimientos y definiciones claras para todos los procesos administrativos que se requieran para el suministro de los servicios de saneamiento.

Como parte del marco legal y de acuerdo con el tipo de política de saneamiento que se haya elegido existen tres temas fundamentales que deben ser desarrollados clara y detalladamente. El primero, son los mandatos de la institución incluyendo los mecanismos de coordinación, el segundo, los modelos bajo los cuales se involucra la iniciativa privada (empresas, ONGs y organizaciones internacionales) y el tercero, los criterios para proteger la salud humana y el ambiente de impactos causados la disposición de agua residual, lodo o materia fecal así como por el reúso seguro.

2.3.3.1 Mandatos y mecanismos de coordinación

Con frecuencia, mandatos y funciones son definidos de manera más clara para el agua potable que para el saneamiento porque este servicio se ubica antes de los usuarios y es prestado básicamente por el gobierno. En contraste, las actividades de saneamiento son realizadas después de los usuarios y por un amplio conjunto de entes públicas y privadas (compañías – grandes o

Cuadro 2.6 Política de saneamiento básico en Brasil: marcos legal e institucional

En las últimas cinco décadas en Brasil, y a partir del establecimiento del Plan Nacional Para Saneamiento Básico (PLANSAB) durante la dictadura militar en los años 1970s, los servicios de saneamiento básico han sufrido una serie de transformaciones institucionales y legales sustanciales. En este mismo periodo también, la cobertura de agua potable incrementó de 60% a 93% para las zonas urbanas y la de la red de drenaje de 22 a 63%; porcentajes que esconden las diferencias significativas que existen entre las macrorregiones y las áreas rurales del país (MDS & SNS, 2021). En efecto, el índice del servicio urbano de drenaje varía de menos de 10% para el norte del país a cerca de 70% en el sureste. Los valores de falta de saneamiento no incluyen el número de tanques sépticos, los cuales son muy comunes en el norte del país, debido a que éstos se consideran como adecuados en el PLANSAB. Adicionalmente, cerca del 80% del agua residual es tratada antes de su descarga, mientras que el resto se descarga sin tratamiento alguno provocando problemas de contaminación (MDS & SNS, 2021).

Para adaptarse a los cambios de la Política Nacional de Saneamiento, los marcos institucionales y legales han sufrido varias modificaciones. En 1971, mediante el Decreto No. 949/1969 se estableció el Plan Nacional de Saneamiento (PLANASA). Este plan se apoyaba en una estructura institucional que incluía:

- Planeación, a nivel nacional realizada por el Servicio Federal de Vivienda y Planeación Urbana (Serfhau) y, al nivel estatal, por diversas Empresas de Saneamiento Públicas (CESBs, Compañías Estatales de Saneamiento Básico),
- Implementación, llevada a cabo por las municipalidades, las cuales actuaban como las poseedoras del título,
- Regulación e inspección, llevada a cabo por el Ministerio del Interior (Minter) a nivel nacional,
- Operación, realizada por las CESBs con responsabilidad completa a nivel estatal, y
- Financiamiento, llevado a cabo a nivel nacional por el Banco Nacional de Vivienda, a nivel estatal por las CESBs y a nivel local por las municipalidades. En el financiamiento, los usuarios también contribuían por medio de las tarifas.

Este arreglo institucional y legal ayudó a reducir los déficits en los servicios de agua, incrementando la cobertura del suministro y del drenaje. Especialmente en las ciudades, en donde las municipalidades eran las únicas instituciones responsables de los servicios, se observó una notable mejoría. En este arreglo el proceso de planeación estaba centralizado a nivel nacional mientras que la ejecución de los servicios era bajo el control de empresas a nivel estatal.

En 2007, se desarrolló una nueva Política de Saneamiento Básico (Ley 11.445/2007) la cual fue complementada en 2013 con el PLANSAB. Este plan nacional contemplaba objetivos regionales establecidos para el corto, mediano y largo plazo. Adicionalmente, no imponía un mismo diseño institucional para todos, sino que permitía hubiese un mosaico de soluciones diferentes que pudieran ser harmonizadas con participación pública y privada y las necesidades regionales y locales. Este marco también permitía que hubiera un diseño institucional novedoso para el saneamiento básico, basado en un consorcio público en cual el poseedor del título (la municipalidad) podía delegar en un tercero parte de sus tareas, como son la organización, la regulación, la supervisión y la prestación del servicio. El plan, además, creó una agencia de regulación e inspección. La existencia de criterios nacionales junto con la posibilidad de otorgar contratos y concesiones promovieron el interés de los estados (nivel regional) por participar en tareas de saneamiento.

En 2020, con la Ley No. 14.026/2020 se estableció un nuevo marco legal que puso como meta el lograr el 90% de cobertura de drenaje y tratamiento para el 2033. Esta nueva ley, en lugar de mantener el monopolio para la prestación de los servicios por parte del estado, exige el que haya procesos de licitación para que empresas públicas y privadas compitan con las Compañías Básicas de Saneamiento (CEBs, por sus siglas en portugués) por la prestación del servicio. Este nuevo modelo amplia la privatización del sector del agua. Para establecer a nivel nacional los criterios de elegibilidad para recibir recursos federales, entre otras tareas, se creó la Agencia Nacional de Agua y Saneamiento Básico (ANA). Al igual que el PLANASA de los años 1970s, la ley 14.026/2020 promovió la regionalización de los servicios, pero ahora, dicha regionalización no es realizada exclusivamente por los CEBs sino también por cualquier compañía pública o privada. A pesar de ello, los Estados continúan jugando un papel fundamental, pues son los responsables de establecer los bloques de regionalización, los cuales se denominan Unidades Básicas de Saneamiento. En cuanto a la asignación de recursos federales, ésta está condicionada a que la provisión de servicios sea regionalizada y a que los poseedores de los títulos de los servicios de saneamiento cumplan con ella. En la ANA, se encuentran representadas las compañías privadas, el Sindicato, los Estados que son miembro y las Municipalidades, estas últimas de manera directa por medio de sus agencias y compañías públicas, pero también, de manera indirecta mediante otros entes de la administración pública. Actualmente, el país cuenta con una Agencia Nacional (Agência Nacional de Águas e Saneamento Básico – ANA) y cerca de 90 agencias infranacionales (Municipal, Intermunicipal y Estatal) que operan bajo la regulación del sector sanitario.

En términos de las fuentes de financiamiento, con el PLANASA (Fondo de Garantía de Tiempo en el Servicio – FGTS Y Fondos Estatales de

Agua y Drenaje– FAEs) el país pasó de emplear principalmente recursos públicos a una expansión de la participación privada. Ello ha sido una fuente de controversias para la nueva ley. Es bien conocido que los procesos de privatización son un riesgo para garantizar el cumplimiento de los derechos humanos (DHAS) ya que tienen características típicas como son el buscar la maximización de los beneficios, ser un monopolio natural de los mismos y crear desbalances de poder (Heller, 2020; Neves-Silva *et al.*, 2023). Otro asunto que preocupa de este nuevo marco es que va en contra de la tendencia mundial, pues en muchos países en donde se había optado por la privatización hoy en día están retornando al manejo público del sector, en un proceso conocido como 'remunicipalización' o 'desprivatización' (Kishimoto *et al.*, 2020; Neves-Silva *et al.*, 2023).

Fuente: con información de Costa (2023), Cunha (2011), Werneck *et al.* (2020).

pequeñas –, ONGs y organizaciones internacionales). En consecuencia, existe 'menos libertad para las definiciones', y tanto mandatos como responsabilidades terminan siendo formulados de manera menos clara. Incluso, aunque se trate de sólo el gobierno, contar con un marco legal bien definido es un reto. Ello porque el marco completo es elaborado por diferentes sectores. Y, a pesar de que se realizan esfuerzos para que las instituciones estén alineadas a una ley de agua, para definir sus responsabilidades, cada sector interpreta bajo diferentes perspectivas las diferentes leyes y reglamentos relacionados, así como la propia ley de agua; actividades que además se llevan a cabo en diferentes fechas. Lo anterior resulta en mandatos y definiciones poco precisas de las tareas que hay que realizar a nivel nacional, regional y local. En consecuencia, a la hora de la implementación se generan problemas. Por ello, se recomienda que para contar con un marco legal útil y amigable se establezca un grupo diverso que incluya al gobierno, interesados que no son parte del gobierno, así como de los socios para que todos juntos revisen y elaboren borradores de leyes y reglamentos, organizar reuniones públicas para establecer compromisos con diferentes sectores y solicitar a las empresas de agua el revisar los procedimientos administrativos. Contar con una buena definición de funciones y roles institucionales ayuda a evitar duplicidad de esfuerzos, sobreponer tareas y que haya conflictos entre mandatos (AFBD, UNEP & GRID-Arendal, 2020), en especial a nivel local, que es en donde se implementa el saneamiento. En este contexto, es de máxima importancia definir con precisión quién tiene la responsabilidad de coordinar los servicios de saneamiento y en qué niveles (GWP, 2008). Invertir tiempo para contar con un marco legal adecuado reditúa. Un ejemplo de ello es descrito por la Asociación de Reguladores del Agua y Saneamiento del Este y Sur de África (ESAWAS, por sus siglas en inglés) en el documento de ESAWAS, 2023, en donde se describe cómo simplemente adaptando el marco legal para aplicar un enfoque holístico de políticas, instituciones y regulaciones, el trabajo de los reguladores logró una mejora importante en el saneamiento de personas que carecían del servicio.

2.3.3.2 Condiciones para la prestación del servicio de saneamiento

Para gestionar el agua y prestar los servicios, algunos países establecen en la ley nacional de agua (en consonancia ésta con los criterios generales establecidos a nivel de las constituciones nacionales) especificaciones legales sobre la manera en la cual puede haber o no participación privada, mientras que en otros, las especificaciones y condiciones están dispersas en un conjunto amplio de instrumentos legales (GWP, 2008). El marco legal define la posibilidad y las condiciones para subcontratar o encargar tareas a terceros. Usualmente, las compañías privadas participan en la prestación del servicio mediante la delegación de tareas de gobierno por medio de licitaciones realizadas en concursos abiertos. El contrato es el instrumento con el cual se definen estas tareas al igual que los derechos de ambas partes. La infraestructura puede ser construida por la misma u otra compañía privada, pero siempre permanece como propiedad del gobierno (OECD, 2015). En cuanto al contrato, éste debe ser tan completo y claro en la relación cliente-prestador del servicio como sea posible. Al redactar un contrato, tanto quienes elaboran las políticas como quienes toman las decisiones, deben establecer las condiciones para que las compañías privadas operen toda o solo una parte de la cadena de saneamiento (Cuadro 2.7), los indicadores para medir la eficiencia y la calidad del servicio, los procedimientos para estimar los costos de operación, los mecanismos para reportar al gobierno, la forma con la cual los riesgos financieros deben ser manejados, los mecanismos de transparencia para que la sociedad pueda verificar el rendimiento de los socios públicos y privados en el marco del contrato y el tipo y rango de decisiones en el cual la industria privada puede

Cuadro 2.7 Asociaciones de agua público-privadas

Hoy en día, las asociaciones de agua públicos privadas (APPs) se enfocan a la gestión de actividades específicas, como, por ejemplo, el incremento de la eficiencia energética. Debido a que la mayoría de los contratos son de menor monto y menos complejos que en el pasado, se ha abierto la puerta para la participación de empresarios e industrias locales para cubrir los retos. La participación se basa en contratos de rendimiento mediante pagos contra entregas definidas. El diseño de APPs para el agua es muy específico en cada país, y los gobiernos buscan desarrollar sus propios esquemas de APP –empleando usualmente aspectos híbridos que no caben fácilmente en las clasificaciones tradicionales de renta/concesión/construcción-operación-transferencia (CCOT). A nivel mundial se identifican cinco tipos de CCOT:

(1) *Construcción-Operación-Transferencia (COT) y diseño-construcción-operación.* Se emplean para construir nueva infraestructura. El financiamiento privado por lo general se obtiene empleando herramientas para la mitigación de riesgos como son las garantías. Estos proyectos, por lo regular, no consideran el reto de que el

sector privado administre un bien público existente o el que haya una interfase con los clientes, pero proporcionan los beneficios de la inversión privada, la experiencia, tecnología y la sustentabilidad para la operación. En especial, se utilizan para construir desaladoras o grandes depuradoras de agua residual como se ha hecho en diversos países del Sur Global (Oriente Medio, China, México y Brasil). Existe una fuerte competencia por este tipo de contratos entre un número creciente de grandes empresas internacionales, así como de empresas regionales del Sur Global.

(2) *Contratos basados en el rendimiento (CBRs)*. Estos proyectos se enfocan en los resultados, y los pagos están condicionados al cumplimiento de entregas específicas. Con frecuencia el sector público permanece como responsable de la operación diaria, pero se beneficia de la experiencia del sector privado en áreas específicas y que son clave. Un elemento sustancial de este tipo de contratos es la transferencia del conocimiento y la construcción de la capacidad de la empresa de agua. Los contratos cubren una amplia gama de actividades que van desde reducir la cantidad de agua que no es facturada hasta el control de fugas para incrementar la conectividad. Un ejemplo exitoso de ello ocurrió en la ciudad de Ho Chi Minh, Vietnam, en donde mediante un contrato CBR para control de fugas se logró un ahorro de agua equivalente al volumen requerido para atender 500 000 personas y de energía de 23 000 kwh/d.

(3) *Contratos de gestión basados en rendimiento vs entregas*. Por lo regular, estos contratos se emplean para subcontratar la gestión de una empresa de agua o adquirir conocimiento especializado en la gestión pública. Son comunes en Oriente Medio, norte de África (Argelia, Arabia Saudita, Omán), Latinoamérica (Tegucigalpa, Honduras, Colón, Panamá) y África (República Democrática del Congo).

(4) *Contratos para operadores privados de pequeña escala*. Estos contratos son cada día más comunes en el Sur Global. Han sido usados con éxito por muchos donadores que han apoyado proyectos de saneamiento y de agua potable en zonas rurales y periurbanas mediante APPs, por lo que este tipo de contratos se generaliza cada vez más con operadores locales emergentes.

(5) *Contratos para operadores privados de gran escala*. Varios países del Sur Global lograron consolidar operadores privados de gran escala al establecer estándares de reúso para el agua, lodos estabilizados y materia fecal. Ello ocurrió en Filipinas (Manila Water, Maynilad), Brasil, Malasia, Rusia y también en algunas partes de África (e.g., SSE (Sénégalais des eaux, en francés, en Senegal, la cual se independizó de Saur).

Fuente: en parte con información de WB (2023a, 2023b).

participar. Muchos de estos aspectos de hecho son parte de los términos del concurso, el cual en el caso de que considere la construcción de infraestructura adicionalmente debe especificar las tecnologías aceptables, o bien, las características que deba tener la misma para que se ajuste al contexto local y considere, en particular, las condiciones sociales y económicas.

De acuerdo con el WB (2023a, b), el mercado actual es radicalmente diferente al de los años 1990s el cual estuvo dominado por modelos de grandes concesiones y de participación privada ya que hoy en día el mercado se orienta a proyectos más específicos. El mercado del agua si bien se caracteriza por la necesidad de contar con grandes inversiones, tiene un retorno financiero lento, en especial cuando se comparan con proyectos para otro tipo de infraestructura pública (minas, energía, caminos, por ejemplo). También, es importante destacar que los mercados para el suministro de agua potable y el del saneamiento son radicalmente diferentes, ya que para el primero, es mucho más fácil establecer tarifas que contribuyan o incluso que paguen completamente la operación del servicio que para el segundo.

2.3.3.3 Estándares para reúso de agua y de lodos o materia fecal estabilizados

Probablemente una de las principales tareas de quienes elaboran políticas o toman decisiones es la de revisar o desarrollar estándares para efluentes, lodos y materia fecal estabilizados. Adaptar estándares para la disposición de agua en contextos específicos a diferentes cuerpos de agua en lugar de aplicar estándares uniformes o arbitrarios para todo un país es un reto importante y que nunca termina. Los estándares, cuando el agua va para reúso en riego deben ser adaptados. Y, para los lodos o la materia fecal, la disposición *vs* la revalorización son dos opciones que se deben considerar. A continuación, se hacen algunos señalamientos respecto de los estándares y su cumplimiento:

- Para asegurar el cumplimiento de los estándares es relevante considerar si se cuenta con una capacidad institucional adecuada para aplicar y hacer cumplir las reglamentaciones ambientales a nivel nacional y regional para toda la cadena de saneamiento, es decir, para el control de la contaminación de agua, la disposición o el reúso de agua en cuerpos de agua y/o en suelo, las opciones de reúso y de reciclaje de agua y de subproductos, así como las posibles alternativas para estabilizar el lodo y el materia fecal.
- Revisar la factibilidad de cumplimiento para diferentes condiciones sociales, tecnológicas y culturales, así como para poblaciones de diferentes tamaños.
- Prever un cumplimiento gradual de los nuevos estándares, en particular si se hacen cambios mayores.
- Considerar que la definición de un estándar lleva consigo asociado cierto tipo de tecnologías para su cumplimiento. Por ello, es importante recordar que los esquemas de tratamiento reflejan decisiones históricas. Puesto que uno de los primeros problemas observados por el agua residual fue la acumulación de desechos y de arenas en drenajes y estaciones de

bombeo, se usó el tratamiento preliminar para remover basura y sólidos suspendidos gruesos (rejillas y desarenadores). Conforme avanzó el tiempo y se observó el impacto por descargar agua residual a los ríos (regiones de clima húmedo), se introdujeron opciones de tratamiento que remediaran la demanda de oxígeno por la biodegradación. Después de ello, y en especial, cuando el agua tratada era descargada en cuerpos de agua en lugar de al suelo, se observaron problemas de eutroficación acelerada en lagos, presas y canales de flujo lento. Se consideraron entontes los procesos para remover nutrientes. Todas estas etapas de tratamiento se reflejan en los parámetros y en los valores que se emplean convencionalmente para normar la descarga de efluentes. Pero cuando el agua es tratada para un reúso directo estos estándares pueden no ser los adecuados[9]. El definir diferentes objetivos de tratamiento abre nuevas opciones para los mismos y la configuración de los esquemas también puede cambiar.

2.3.3.4 Reformas a los marcos legales e institucionales

Para los funcionarios, el marco legal no sólo establece los criterios que deben ser seguidos, sino también establece los límites por respetar para evitar ser multado, inhabilitado para trabajar en el gobierno, o incluso ir a la cárcel (Cuadro 2.8). Por ello, en muchos casos al promover cambios de paradigmas, desarrollar enfoques novedosos o introducir nuevas tecnologías, los marcos legales e institucionales representan barreras que necesitan ser adaptadas. De hecho, el marco legal debe ser simplemente periódicamente actualizado. En estas actualizaciones se requiere considerar las necesidades específicas de una región, las tendencias actuales en el sector y los cambios de política gubernamental.

Cuadro 2.8 Un nuevo enfoque de política para implementar el saneamiento en las escuelas requiere reformas a los marcos legal e institucional

A inicios de 2019, la evaluación de las escuelas primarias en México reveló que a pesar de que por décadas se hicieron esfuerzos costosos para implementar programas que mejorasen la infraestructura en las escuelas, cerca del 64% carecía aún de conexión a internet, 27% no contaba con servicios de agua potable, sólo 17% contaba instalaciones adecuadas de

---

[9] El reúso de agua tratada para riego agrícola es otra opción de disposición, en especial en regiones áridas y semi áridas. Esta opción permite tener un contenido mayor de materia orgánica (medida como demanda biológica de oxígeno, DBO), nitrógeno y fósforo en el efluente ya que todos estos compuestos mejoran las características del suelo e incrementan su productividad.

saneamiento y el 14% carecía de electricidad. Más aún la mayor parte de la infraestructura de las escuelas públicas era deficiente y no estaba adaptada a las condiciones locales ni a las personas discapacitadas. Todos los programas que se habían empleado en el pasado para atender estos aspectos habían sido diseñados y financiados centralmente. Los programas trabajaban de manera temática empleando 'una solución única para todos' de manera que para atender todas las 'demandas se tenían soluciones prediseñadas' mismas que resultaban ser soluciones inefectivas y no siempre aceptadas por los usuarios.

Empleando un nuevo enfoque, en 2019, el presidente Andrés Manuel López Obrador, decidió directamente financiar a las asociaciones de padres de familia para que fueran ellos quienes decidieran cuáles eran sus necesidades y soluciones. De esta forma, los programas se apegaron a sus prioridades y los costos administrativos para operar programas complejos y temáticos de gobierno fueron minimizados puesto que las asociaciones de padres de familia quedaron a cargo de implementar su solución. El programa se llama 'La Escuela es Nuestra'. En este programa, los padres de familia pueden elegir entre atender: (a) la ampliación del horario de trabajo de las escuelas; (b) el suministro de alimentos a los estudiantes; y, (c) adquirir equipo educativo y, (d) rehabilitar o construir nueva infraestructura, la cual incluye el saneamiento. La cantidad de fondos disponible depende del número de estudiantes de cada escuela siendo de cerca 12,000 USD para 2–50 estudiantes; 14,500 USD para 51–150 estudiantes y 35,300 USD para más de 151 estudiantes.

El inicio de la implementación del programa fue muy difícil ya que los marcos legales e institucionales (incluyendo el del agua) estaban hechos para manejar los programas de manera central y sectorial, evitando que se diera dinero de manera directa a las asociaciones de padres de familia. Se tuvieron que implementar cambios en el marco legal para que el programa pudiese avanzar rápido y ahora está funcionando a tiempo para proveer de agua potable al 80% de las escuelas, de electricidad a 95% y un saneamiento adecuado a 90% e instalaciones para el lavado de manos a un 75% para 2024.

Fuente: con información de SEP (2024)

2.4 RETOS PARA LA REFORMA DE LA POLÍTICA DE SANEAMIENTO

Para reformar el gobierno del saneamiento existe tres grupos de elementos por considerar:

(a) *Sociales*. Asegurar que 'todos y todas' sean considerados en el nuevo programa de manera apropiada, y en plazos no discriminatorios. En la práctica, ello significa desarrollar y aplicar políticas que atiendan las necesidades de comunidades aisladas (indígenas, rurales, desplazados, etc.) para las cuales no es útil aplicar políticas nacionales, territoriales o

> ## Cuadro 2.9 El costo de la energía: una de las principales barreras para proveer el saneamiento
>
> En muchos países de medios y bajos ingresos, los servicios de agua son intermitentes debido al elevado costo de la energía eléctrica, el cual puede representar hasta el 65% de los costos de operación. Con frecuencia son estos costos elevados la causa por la cual las plantas de tratamiento no son operadas, aun cuando la infraestructura exista. Ello ocurre a pesar de que los beneficios por la inversión en agua y saneamiento son mucho mayores a los costos. Invertir 1 USD en saneamiento tiene un retorno de 5 a 28 USD por el ahorro en los costos de salud, entre otros beneficios.
>
> *Fuente*: con información de França Doria *et al.* (2021), Hutton & Haller (2004).

locales, sino que existe la necesidad de desarrollar políticas específicas como parte de la política nacional de saneamiento. Adicionalmente, se debe considerar cómo involucrar efectiva y eficientemente a los interesados a lo largo de la cadena de saneamiento.

(b) *Políticos y financieros*. Contar con apoyo político y fondos suficientes para construir, reemplazar y operar los sistemas de saneamiento, incluyendo los costos por revertir las inequidades y atender las necesidades de las poblaciones vulnerables, implica realizar esfuerzos especiales que estén debidamente reflejados en la política nacional. Se destaca que el saneamiento aun cuando resulta económicamente benéfico y es algo que se requiere, siempre resulta una tarea costosa (Cuadro 2.9).

(c) *Legales*. Para alinear los marcos legales e institucionales a las nuevas políticas de saneamiento y usar eficientemente la capacidad de los involucrados y socios es necesario establecer los aspectos en los que cada una de las partes deba contribuir.

Para un marco legal completo, el principal reto consiste en considerar toda la cadena de saneamiento en lugar de considerar, como tradicionalmente se hace, sólo las tareas que realiza el gobierno. Se requiere así clarificar todas las actividades que faltan o se sobreponen a lo largo de la cadena de saneamiento. Tarea que debe estar apoyada con referencias que describan en detalle las acciones, estableciendo o reforzando un ambiente que permita que el desarrollo del saneamiento e incluyendo la expansión del mandato de las autoridades regulatorias para que puedan actuar más allá de lo que actualmente abarca el 'saneamiento convencional con drenaje'.

2.5 NUEVOS ENFOQUES PARA LAS POLITICAS DE SANEAMIENTO

Para cumplir con las necesidades actuales y futuras de saneamiento, es necesario transformar la infraestructura y la concepción del saneamiento en sí mismos, además, cambiar la forma con la cual el agua es gestionada. Quienes elaboran las políticas y toman las decisiones están, o deberían estar, abandonando proactivamente las concepciones tradicionales para buscar nuevos enfoques y modelos de colaboración y de negocios. Tal y como los principios de Dublin señalan, la planeación del recurso hídrico debe ser regional, pero su manejo y acción, local: 'Piensa global, actúa local' (Seppala, 2002). Esto pude ser también interpretado como 'esté consciente de los nuevos enfoques internacionales y nacionales, pero básese en su propio contexto para decidir qué puede ser una solución adecuada para usted'. A continuación, algunas ideas por considerar:

- *Integración del saneamiento por completo al nivel de cuenca*. Los organismos de cuenca tienen capacidad para movilizar apoyo y promover la cooperación para mejorar la capacidad institucional, aplicar y hacer cumplir regulaciones ambientales y promover el saneamiento, el reúso de agua y la revalorización de subproductos. Por ello, acoplar el saneamiento del agua con su reúso, como parte de la planeación de las cuencas hidrográficas, ayuda a incrementar la disponibilidad del recurso, a maximizar los beneficios de la revalorización del agua residual, a incrementar la eficiencia del manejo del agua, a adjudicar mejor el recurso con apoyo de los interesados y, en general, a proteger el agua como recurso. El saneamiento y reúso como parte de la planeación de las cuencas de ríos resulta así en sistemas más sustentables y resilientes, y tiene el beneficio de poder contar con fuentes adicionales de financiamiento para su implementación.
- *Saneamiento inclusivo para toda la ciudad (SITC)*. El SITC es un enfoque bajo el cual el saneamiento urbano se desarrolla considerando que todos los miembros de una ciudad tienen el mismo derecho a tener un saneamiento adecuado y accesible que no contamine el ambiente a todo lo largo de la cadena del servicio. Este enfoque pretende mejorar los servicios públicos de las ciudades por medio de proveer un servicio de saneamiento confiable, inclusivo y sustentable. Su objetivo es asegurar que todos cuenten con el acceso seguro a un saneamiento gestionado, el cual resulta de combinar diferentes soluciones cada una adaptada a contextos específicos. Más que enfocarse en la construcción de infraestructura, el enfoque busca crear un ambiente que promueva el desarrollo del saneamiento adecuado. Esto se hace reforzando el diseño, implementan funciones fundamentales de responsabilidad pública y de rendición de cuentas, y efectuado una planeación conjunta del manejo de recursos y de sistemas. El SITC implica contar con una diversidad de soluciones técnicas apropiadas, combinar soluciones que usan drenaje con sistemas *in situ* y modelos centralizados y descentralizados, buscando en todo momento la recuperación de recursos como es el agua por medio del reúso. Para todo ello se requiere voluntad política, liderazgo técnico y administrativo, desarrollar nuevas e innovadoras fuentes de financiamiento de largo plazo, así como tener arreglos institucionales, regulaciones e incentivos para la O&M de toda la cadena de saneamiento. Se requiere también poder financiar aspectos que, aunque no son de infraestructura, son necesarios para prestar el servicio como la construcción de la capacidad, lograr el compromiso en los proyectos de los hogares, realizar campañas

de comunicación y mercadeo del saneamiento, pero también se requiere contar con servicios urbanos complementarios como son el suministro de agua, el drenaje, el manejo del agua gris y de los residuos sólidos. Todas lo anterior debe aplicar para todos, incluyendo quienes no cuentan con el servicio o lo reciben de manera deficiente (Narayan, 2022; Narayan *et al.*, 2021; Schertenleib *et al.*, 2021).

- *Reconceptualización de las plantas de tratamiento de agua residual.* Durante el diseño e instalación de las plantas de tratamiento éstas se deben reconceptualizar en el contexto de la economía circular para ser una infraestructura capaz de recuperar un recurso valioso. El agua revalorizada se puede usar para riego de áreas verdes, en la agricultura, en granjas domésticas, para protección ambiental, en actividades industriales, para producción de energía e incluso, para consumo humano. Así, la infraestructura de saneamiento puede ser percibida como una fábrica que tiene el potencial de generar productos. Ello ayudaría a disminuir el rechazo social que existe hacia las plantas de tratamiento, a la par de generar ingresos que financien el servicio de saneamiento.

- *Reconceptualización de la estructura, funcionamiento y diseño de edificios.* En las ciudades integrar sistemas de manejo de agua *in situ* en edificios y comunidades tiene sentido. Ello permite tomar en cuenta durante el proceso de toma de decisiones para la gestión del recurso, el interés y las necesidades específicas de demanda de agua incluyendo al saneamiento. En lugar de crear nuevos suministros de agua a nivel local, resulta más eficiente reusar el agua en sistemas descentralizados de tratamiento in *situ*. También, estas soluciones localizadas crean oportunidades para compartir la responsabilidad del manejo de los sistemas de agua entre el gobierno y la comunidad. Ello es fundamental para logar que estos sistemas sean instalados, vigilados y manejados adecuadamente y así asegurar la protección de la salud pública. Los edificios generan una amplia variedad de fuentes alternas de agua, como son el agua de lluvia, el agua de escorrentía, el agua de drenaje, el agua gris, el agua residual (agua negra) y los condensados. Cuando estas fuentes alternas de agua son colectadas y tratadas adecuadamente pueden ser usadas para fines no potables como son las descargas de baños, el riego o las torres de enfriamiento. Los sistemas de tratamiento *in situ* en principio representan poder dar el tratamiento necesario para un uso específico. Más aún, estos sistemas con capaces de transformar la forma con la cual el agua es aprovechada en edificios. Por ejemplo, los sistemas de agua *in situ* logran reducir el uso de agua potable en hasta un 45% en edificios habitacionales y hasta 75% en los comerciales (SFPUC, 2023).

- *Integrar la infraestructura verde con la gris.* Una manera más costo-eficiente y resiliente de prestar el servicio es integrando infraestructura verde en los planes. Sin embargo, esta infraestructura debe ser antes evaluada en términos técnicos, ambientales, sociales y económicos. Los humedales, por ejemplo, pueden filtrar descargas de agua residual y reducir los requerimientos de tratamiento. Además, en zonas rurales los humedales naturales pueden ser adaptados para servir como sitio de saneamiento (Rivera *et al.*, 1995).

- *Programas de 'Ciudades inteligentes'.* A pesar de todos los problemas que las poblaciones con alta densidad enfrentan, los asentamientos urbanos siguen creciendo. Es por ello por lo que la idea de una ciudad 'inteligente' es popular. A nivel local, las empresas de agua podrían trabajar junto con diseñadores urbanos para revisar el concepto de las soluciones centralizadas y al final del tubo para el saneamiento y buscar formas más sustentables de uso del agua y de recuperación de recursos (carbón, nitrógeno y fosforo) *in situ*.

- *Institucionalizar los proyectos de reúso de agua para cerrar ciclos ecológicos, incluyendo el saneamiento.* Es necesario institucionalizar el cierre de los ciclos ecológicos maximizando las ventajas de los proyectos de reúso de agua como parte de la cadena de saneamiento y como fuente de agua, y hacerlo esto con la participación de los interesados de otros sectores (Cuadro 2.10). Ser consistentes en políticas, enfoques y estándares facilita la labor de quienes proveen la tecnología y realizan la planeación. Más aún, las empresas, instituciones y la sociedad civil tienen un papel importante para liderar el manejo integrado del recurso hídrico y para construir un ambiente propicio para el empleo de soluciones que gestionen el agua de manera descentralizada e integral.

Cuadro 2.10 Saneamiento, reúso y reciclado de agua, un enfoque innovador que requiere la cooperación de un amplio conjunto de sectores: El programa de reúso de agua *in situ*.

El municipio de San Francisco, California, fue el primero en Estados Unidos en adoptar un programa innovador e inusual para promover que en los edificios se colecte, trate, y reúse el agua en el sitio de generación para abastecer las demandas no potables como son la descarga de excusados y el riego.

El Programa fue propuesto por la Comisión de la Empresa Pública de Agua de San Francisco (SFPUC, por sus siglas en inglés). El Programa de reúso de agua *in situ* de San Francisco estableció lineamientos para crear un proceso que permitiera el uso de fuentes alternas de agua, como son el agua de lluvia, el agua de escorrentía, el agua de drenaje, el agua gris y el agua residual de reúso para fines comerciales, usos mixtos y en los hogares. El Programa fue implementado con éxito en cuatro departamentos de la ciudad como modelo de investigación, colaboración y con el objeto de eliminar las barreras que impiden el uso más eficiente del agua. El primer paso fue establecer una Ordenanza para la ciudad en la cual se detallaban las tareas y responsabilidades de cada departamento de la ciudad: el SFPUC, el Departamento Público de Salud Humana y

Ambiental (SFDPH-EH, por sus siglas en inglés), el Departamento de Inspección de la Vivienda de San Francisco (SFDBI, por sus siglas en inglés) y el de Obras Públicas de San Francisco (SFPW, por sus siglas en inglés). La ordenanza para el agua no potable ayudó a resolver conflictos de jurisdicción y de autoridad, así como a promover la cooperación entre organizaciones. El SFPUC desarrolló una guía para los procedimientos administrativos de los permisos que se requieren para el Programa de Reúso de Agua *in situ*. A pesar de que el programa inició de manera voluntaria en 2012, la instalación y operación de los sistemas de agua *in situ* se volvió obligatoria en 2015 para todos los proyectos de desarrollo nuevos con área superior a 23,226 m^2. En 2021, se bajó el umbral de dicha área para los nuevos desarrollos a 9290 m^2.

Escalando los sistemas in situ de agua no potable a todo Estados Unidos. En 2014, el SFPUC, con el apoyo de la Fundación para la Investigación en Agua (WRF, por sus siglas en inglés) y la Fundación de Investigación en Agua y Ambiente (WERF, por sus siglas en inglés), llevaron a cabo una conferencia nacional junto con organizaciones de salud pública, empresas de agua e instituciones de investigación sobre la Innovación de los Sistemas de Agua Urbana. El objetivo de la conferencia fue identificar problemas comunes y discutir soluciones factibles para la universalización de sitios con sistemas de agua no potable. Uno de los resultados de esta reunión fue el desarrollo de los Sistemas de Agua *in situ* con Huella Azul: una guía paso a paso para desarrollar programas locales para el manejo *in situ* de sistemas de agua (disponible en línea en www.watereuse.org/nbrc). La Huella Azul es la enseñanza a comunidades interesadas de cómo desarrollar un programa de supervisión para los sistemas de manejo a nivel local, que empieza por la conformación de grupo de trabajo, para después establecer requerimientos de monitoreo y reporte; también, aporta directivas claras sobre quienes pueden financiar y desarrollar el proyecto.

La conferencia de los Sistemas de Innovación en Agua Urbana fue útil para confirmar cuales son los retos relevantes que las comunidades enfrentan al implementar sistemas de reúso de agua *in situ* y que consisten en la definición de los criterios de calidad de agua y la elaboración de estrategias para su monitoreo, ambos en forma tal que permitan proteger la salud pública. Para atender estos retos, el SFPUC encabezó una coalición de salud pública para evaluar los estándares de calidad de agua existentes para el uso de fuentes alternas, desarrollar recomendaciones para los sistemas de agua no potable *in situ* y establecer prácticas uniformes entre ellos. La coalición incluyó a agencias de salud pública de diversos estados de Estados Unidos y fue financiada y apoyada por la WRF y la WERF.

Un Panel Asesor Independiente, conformada por el Instituto Nacional de Investigación del Agua dio apoyo técnico para establecer la manera de manejar los riesgos de salud, así como los requerimientos de monitoreo.

En 2016, San Francisco junto con la Alianza por el Agua de Estados Unidos convocaron a formar la Comisión Nacional del Listón Azul para los Sistemas *In situ* de Agua no Potable (NBRC, por sus siglas en ingles). El NBRC incluye representantes de organismos de salud pública y empresas de agua potable y agua residual de 15 Estados de Estados Unidos, el Distrito de Columbia, la US EPA, la Armada de Estados Unidos y dos ciudades de Canadá – Toronto y Vancouver. El NBRC cuenta con el apoyo de la Asociación de Reusó de Agua.

La NBRC promueve la consistencia de los marcos políticos entres estados y coadyuva a la adopción de sistemas de agua no potable *in situ*.

Fuente: con información de Kehoe & Chang (2018).

doi: 10.2166/9781789065053_0055

Capítulo 3

Quienes elaboran las políticas y toman las decisiones: son la clave para implementar un 'saneamiento para todos'

MENSAJES CLAVE

- En diversas regiones de medios y bajos ingresos, quienes son los responsables del saneamiento no necesariamente están capacitados y requieren apoyo para ello.
- Proveer los servicios de saneamiento implica enfrentar retos para los cuales no existen soluciones universales, en consecuencia, quienes son responsable de ello requieren conocimiento, capacidad de innovación y sentido común. También deben poseer habilidades gerenciales y de comunicación junto con un excelente espíritu de servicio.
- Para que puedan innovar y ser eficientes en sus tareas, quienes elaboran políticas y toman decisiones necesitan entender cabalmente cuáles son sus responsabilidades y contar con nociones de temas técnicos fundamentales como son: comprender el significado de un 'Saneamiento para Todos', cuáles son los efectos por la falta de saneamiento, las opciones que existen para proveer el servicio en diferentes contextos, la asociación entre el reúso y los derechos de agua, los riesgos específicos para los trabajadores del saneamiento, el manejo de residuos sólidos en instalaciones de saneamiento, y la adaptación y mitigación al cambio climático en el contexto del saneamiento.
- Los responsables de elaborar políticas y tomar decisiones tienen que rendir cuentas por sus acciones: es por ello que tienen el liderazgo de las actividades del saneamiento.

- En la cadena del servicio de saneamiento, cada eslabón cuenta. Quienes elaboran políticas y toman decisiones necesitan entender quien está haciendo qué, el papel que el gobierno debe jugar y cómo se desarrollan marcos legales e institucionales para que la cadena de saneamiento sea efectiva en su propio contexto.
- Cada país y región tiene grupos vulnerables propios. Lograr un saneamiento para todos, implica tener un buen mapeo de cuáles son esos grupos sociales y, considerar a cada uno de ellos en los planes de saneamiento, monitorear el avance y contar con financiamiento para todas las actividades que se requieran.
- A todo lo largo de la cadena de saneamiento se requiere tecnología innovadora, y se necesita que quienes formulan políticas y toman decisiones apoyen el procedimiento para que ésta se genere y sea introducida en el servicio.

Es evidente que los responsables de proyectos de saneamiento básico, tratamiento del agua residual y de reúso requieren herramientas técnicas, gerenciales y de comunicación, pero también necesitan tener un fuerte espíritu de servicio; después de todo, manejar la orina y las heces fecales de otros no es una tarea agradable. A pesar de que los servicios de saneamiento son indispensables para que la sociedad funcione y sea un servicio público que apoye el cumplimiento de los derechos humanos, muchos funcionarios ni siquiera quieren oír hablar de esta actividad.

3.1 ANTECEDENTES

La mayor parte de los países están comprometidos con el cumplimiento para el 2030 del objetivo de desarrollo sustentable ODS 6: 'asegurar la disponibilidad y el manejo sostenible del agua y el saneamiento para todos' así como con la Resolución de Naciones Unidas que reconoce los derechos al agua y al saneamiento (DHAS). Estos compromisos, con frecuencia forman parte de las declaraciones que se hacen en las políticas nacionales y las visiones de los países; sin embargo, es necesario pasar del papel a la acción efectiva en la práctica. Los responsables de hacerlo son quienes elaboran las políticas y toman las decisiones en saneamiento. Para que puedan lograrlo, 'sólo' necesitan entender y gestionar las políticas nacionales, las instituciones, los mecanismos de financiamiento, los recursos humanos y financieros, el marco legal e institucional, el conocimiento individual y colectivo, así como alcanzar consensos con todos los involucrados para que formen parte y apoyen la implementación de proyectos.

Este capítulo explica las tareas qué se espera que los responsables de formular políticas y tomar decisiones para el saneamiento lleven a cabo. Quienes elaboran las políticas y los que toman las decisiones no tienen las mismas responsabilidades. Los responsables de elaborar políticas son quienes definen los objetivos por alcanzar estableciendo procedimientos generales para ello, mientras que, quienes toman las decisiones son quienes ponen en práctica lo que los primeros diseñaron. De manera concisa, los que producen las políticas definen el camino que los tomadores de decisiones deben seguir. Sin embargo, en la vida diaria, y en particular en los niveles bajos de gobierno, quienes elaboran políticas y toman las decisiones son la misma persona. En consecuencia, en este texto las tareas de ambos serán presentadas de manera conjunta, a menos que se mencione en forma clara que una de las tareas es exclusiva para alguno de los dos tipos de funcionarios.

3.2 CARACTERISTICAS Y TAREAS QUE SE REQUIEREN DE QUIENES ELABORAN POLÍTICAS Y TOMAN DECISIONES

3.2.1 Entender los beneficios sociales que se pueden obtener por la prestación del servicio de saneamiento

Antes de desarrollar políticas, implementar proyectos, iniciar campañas de concientización, comunicación o de educación en saneamiento, es importante que quienes son responsables de prestar el servicio entiendan y documenten el impacto de sus actividades en el bienestar público. Ello incluye el cómo se mejora la higiene y salud humana, la educación, la equidad de género, las condiciones económicas y la protección al ambiente (ver Capítulo 4). Desafortunadamente, muchos de los responsables del saneamiento no tienen conciencia de todos los beneficios, y más aún, rara vez, cuentan con datos para demostrarlos (Cuadro 3.1).

Cuadro 3.1 Quienes elaboran políticas y toman decisiones necesitan conocer y usar la información referente a los impactos positivos que el saneamiento tiene en la vida diaria: estudio de un caso en Lima, Perú

En el mercado de las afueras de Lima, Perú se llevó a cabo un estudio comparativo sobre los riesgos de salud asociados con el consumo de cultivos regados con agua proveniente de tres fuentes de diferente calidad. Los tres tipos de fuentes fueron: (i) el agua residual doméstica sin tratar de San Martín y Callao; (ii) el agua residual tratada de San Juan; y, (iii) el 'agua limpia' del río que pasa por Cieneguilla. En todos los casos, tanto quienes consumían los cultivos como los que elaboraban las políticas y tomaban las decisiones, no estaban al tanto de la calidad microbiológica de las fuentes de agua empleadas en riego ni tampoco de los efectos asociados.

Como se esperaba, la evaluación de la calidad del agua y de los cultivos junto con la estimación de riesgos (Figura 3B.1) demostraron que el grupo con mayor exposición a patógenos era el que consumía verdura regada con aguas negras. Los riesgos para quienes consumían cultivos regados con agua tratada eran significativamente menores mientras que, los que lo hacían con agua limpia eran aún mucho más bajos. Sin importar

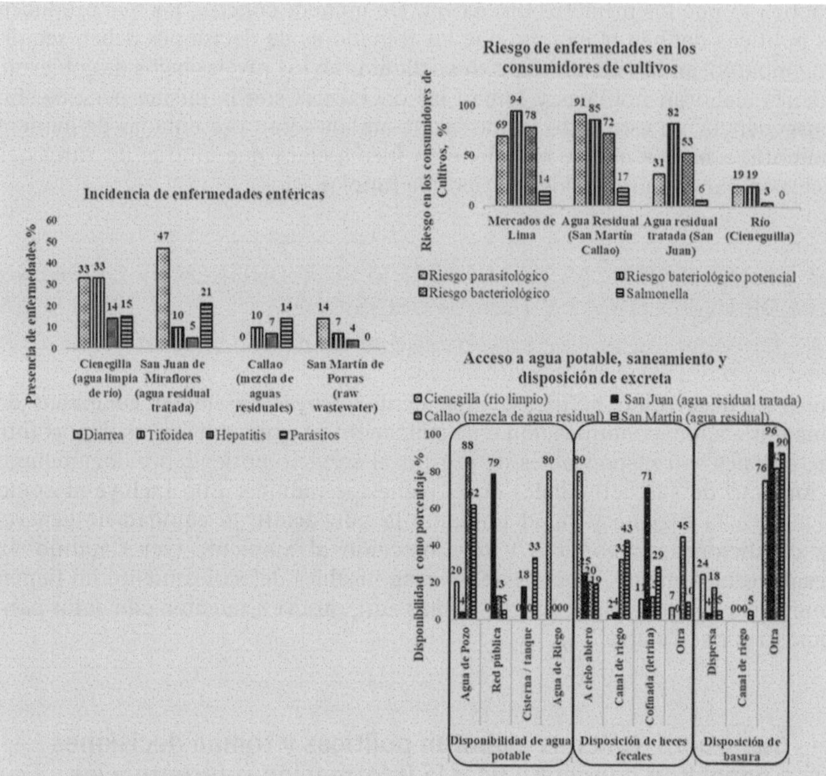

Figura 3B.1 Enfermedades entéricas en agricultores y riesgos para consumidores de cultivos regados con diferentes calidades de agua potable y en diferentes condiciones de saneamiento y disposición de excreta. *Fuente*: con información de Castro de Esparza *et al.* (1990).

el tipo de agua que se usara para riego, los riesgos microbiológicos y parasitológicos por el consumo de verdura comercializada en el mercado de Lima eran mucho más elevados (69% para los parásitos y 78% para las bacterias patógenas, véase gráficas), casi iguales a los riesgos asociados con el consumo de cultivos regados con agua residual sin tratar (91 y 72%, respectivamente). Estos riesgos se deben al agua que se empleaba para lavar las cosechas, así como a la manipulación de la verdura durante su transporte, refrigeración y comercialización. Contar con todo este tipo de información y comunicarla al público ayuda a entender la relevancia del saneamiento y la necesidad de controlar la contaminación del agua en la vida diaria.

3.2.2 Rendición de cuentas de funcionarios y prestadores de servicios

La meta de quienes desarrollan políticas y toman decisiones es suministrar un servicio público que logre un saneamiento sustentable para el mayor número posible de personas[1], en el menor plazo y al menor costo. El servicio debe ser aceptable, accesible y asequible para todos y ser suministrado *con calidad adecuada* (Borja-Vega *et al.*, 2022; World Bank, 2003). Por ser responsables de ello, tanto los que elaboran políticas como los que toman decisiones están sujetos a rendir cuentas por el servicio que prestan puesto que son *funcionarios* (Figura 3.1), e incluso cuando los servicios de saneamiento se presten por medio de un socio privado. Para un funcionario de gobierno ser sujeto de rendición de cuentas implica tener que trabajar con transparencia, nunca discriminar, compartir información y tratar a todos por igual (principios de los derechos humanos, World Bank, 2003).

El hecho de que en toda la cadena de saneamiento[2] se deban prestar servicios significa que hay personas involucradas que no son parte del gobierno y que también rinden cuentas (o deberían rendir, si es que el marco legal no lo haya contemplado aún) pero, en este caso bajo una relación cliente-proveedor. Como esta rendición de cuentas se efectúa en el ámbito de los servicios comerciales, no disminuye la responsabilidad que el gobierno tiene de suministrar el saneamiento.

En su Informe del Desarrollo Mundial de 2004, el Banco Mundial (WB, 2003) presentó un modelo para evaluar la prestación de los servicios de agua, saneamiento e higiene (WASH). Este modelo describe las relaciones para rendición

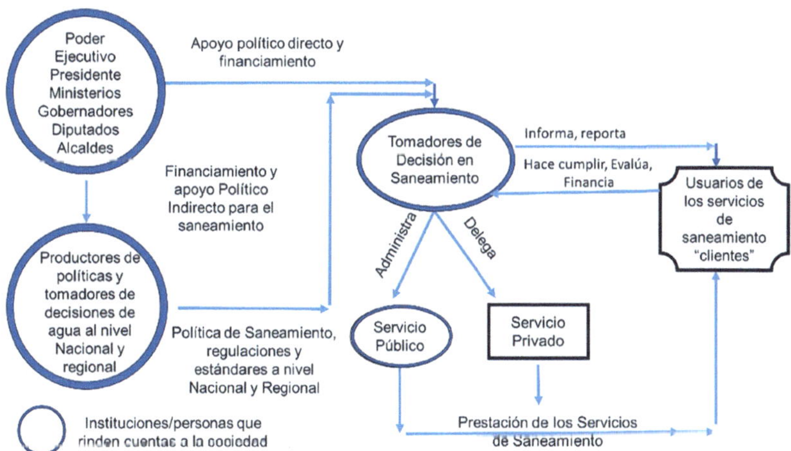

Figura 3.1 Obligación de rendir cuentas por parte de los funcionarios cuando el gobierno es el único responsable de prestar los servicios de saneamiento.

---

[1] Teniendo presente que la meta final es lograr 'Saneamiento para Todos'.

[2] La 'cadena de saneamiento': implica lo que experimenta el usuario, los métodos de recolección y manejo de excreta y agua residual, el transporte y tratamiento del agua y subproductos, así como el reúso o disposición de agua y subproductos.

de cuentas[3] tanto comerciales (cliente/proveedor) como públicas (gobierno/ciudadano), y entre los diferentes actores que participan en la cadena de servicios, es decir, entre ciudadanos/clientes, políticos y desarrolladores de políticas, proveedores organizacionales, proveedores de primera línea y agencias externas financiadoras. Tomando como base estas ideas, la Figura 3.2 presenta diferentes rutas para diversos tipos de rendición de cuentas. La tradicional, la cual se refiere al ámbito público y que involucra la relación gobierno/ciudadano, la comercial (cliente/proveedor) y una combinación de ambas que se genera cuando el gobierno subcontrata/delega el servicio. En este caso los principales mecanismos de control con los que cuenta un ciudadano son la voz[4] y los pactos[5] (Borja-Vega *et al.*, 2022; World Bank, 2003).

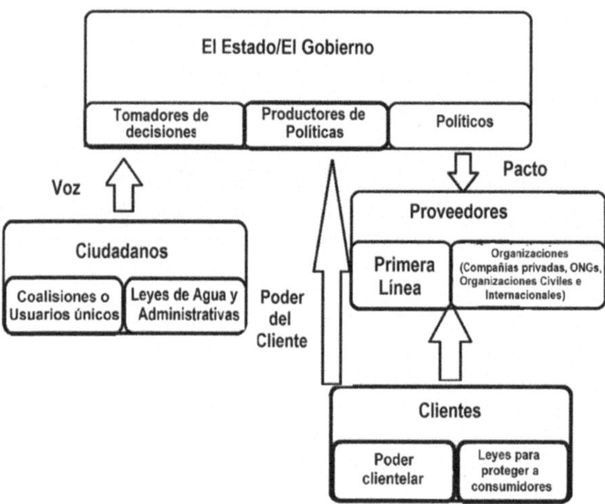

Figura 3.2 Relaciones de poder y rutas para la rendición de cuentas por parte de funcionarios e interesados que presten los servicios que conforman la cadena de saneamiento (*fuente*: adaptada de Borja-Vega *et al.*, 2022; World Bank, 2003).

---

[3] Rendición de cuentas: relación entre actores que tiene cuatro características: delegación, financiamiento, rendimiento, reporte sobre el rendimiento y la ejecución (World Bank, 2003).

[4] Voz: es la ruta de conexión entre ciudadanos y políticos e involucra diversos procesos formales e informales que incluyen el voto, los procesos electorales, el cabildeo y la propaganda, el patronaje y clientelismo, las actividades en medios de comunicación, el acceso a la información y muchos otros más. Los ciudadanos delegan en los políticos funciones que son para servir a sus propios intereses. Los políticos las llevan realizan por medio de prestación de servicios que ejecutan conforme a las leyes y estableciendo un orden entre las comunidades (Borja-Vega *et al.*, 2022).

[5] Pactos: es una forma de relación amplia y de largo plazo para rendir cuentas y que conecta a los que elaboran políticas con proveedores organizacionales. Generalmente, no son contratos específicos objeto de cumplimiento legal sino que se trata de acuerdos explícitos, entre los cuales, un contrato verificable puede ser una forma de pacto (World Bank, 2003).

3.2.3 Entendiendo el papel de las instituciones

Por su naturaleza, el servicio sustentable de saneamiento es una cadena industrial en la cual cada eslabón cuenta. Como se mencionó en el Capítulo 2, en dicha cadena participan diverso tipo de instituciones que provienen de diferentes sectores y niveles de gobierno. Ello representa un reto para quienes toman las decisiones cuando están implementado un proyecto, ya que tienen que entender quién hace qué y si en la práctica, y no sólo en el papel, existen procedimientos de coordinación que son buenos. Aun cuando exista un marco institucional claro que describa todo ello, en la práctica las diversas instituciones implementan sus mandatos con diversos grados de eficiencia. Más aún, la política juega también un papel, ya que dependiendo de quien sea la cabeza de un sector o de una institución, en muchos casos, su liderazgo es diferente pudiendo incluso el que las instituciones vayan más allá de sus mandatos. Todo ello impacta en los resultados y en las formas con las cuales los tomadores de decisiones trabajan a nivel local. Adicionalmente, es importante entender el financiamiento que cada institución efectivamente recibe ya que éste define el papel que en realidad pueden jugar. Desafortunadamente, no existe un 'manual' sobre el camino que deban seguir quienes toman las decisiones para su trabajo, pero ciertamente ayuda tener un buen conocimiento y entendimiento de los roles que todas las instituciones involucradas tienen y los que efectivamente juegan, así como el de su verdadera eficiencia en la práctica.

3.2.4 Entendiendo las tres dimensiones para la actuación

Para implementar la política de saneamiento, quienes toman decisiones y elaboran las políticas no sólo tienen que 'nadar' a través de diversos marcos institucionales y legales sino también tienen que actuar en la intersección de tres dimensiones (marcos legal e institucional y colaboración con los involucrados) (Figura 3.3). De acuerdo con el Banco Mundial (WB, 2003), los países que han avanzado con éxito en la cobertura de saneamiento son aquellos que lograron manejar las tres dimensiones en forma coordinada.

3.2.5 Trabajo en equipo

Los tomadores de decisiones y quienes elaboran las políticas del saneamiento trabajan en diferentes instituciones y pueden pertenecer al poder legislativo o ejecutivo y ser de nivel nacional, regional o local (Figura 3.4). Otros actores relevantes se encuentran en universidades, centros de investigación, organizaciones no gubernamentales sociales y privadas, así como en organizaciones internacionales. Un aspecto positivo de ser un conjunto de tomadores de decisiones y de elaboradores de políticas con el mismo objetivo es que uno no está solo. Pero, por supuesto, el resultado depende de que todos sean capaces de trabajar en equipo.

En la cadena de saneamiento todas las actividades que la conforma son importantes independientemente del nivel en el cual un tomador de decisiones tenga actuar. Ello aplica tanto para sistemas grandes como para pequeños y que sean de drenaje, de plantas de tratamiento de agua residual (PTARs) o disposición y reúso de agua, tanto en zonas rurales como urbanas. Para todas estas actividades, parte del proceso de toma de decisiones se delega en niveles

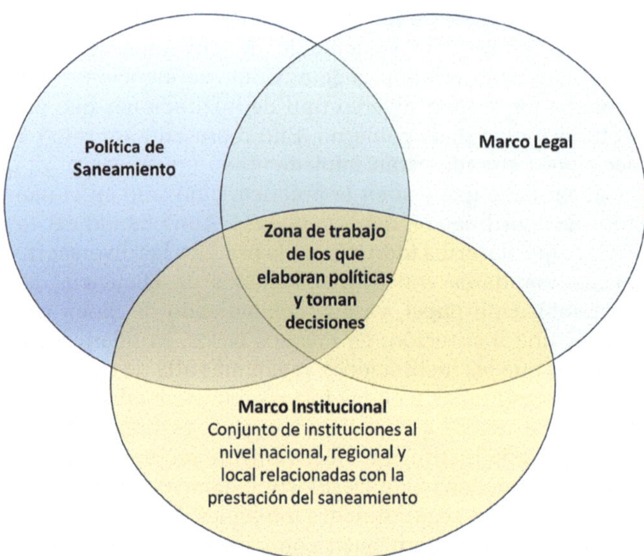

Figura 3.3 Zona en el cual los tomadores de decisiones y quienes elaboran políticas de saneamiento realizan sus tareas.

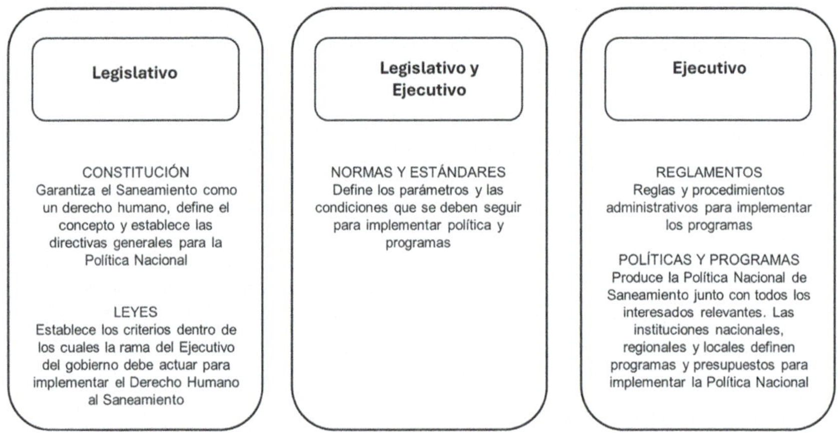

Figura 3.4 Responsabilidades/funciones de los poderes ejecutivo y legislativo referentes a la estructura del gobierno para el saneamiento.

administrativos inferiores: regional, municipal o autoridades de distritos, comunidades indígenas, y demás entes. Y, son los contextos más pequeños de zonas aisladas donde el saneamiento es más difícil de proveer ya que se precisa que la cadena completa del servicio funcione. Para ello se requiere que todos sepan ser parte de un equipo y trabajen con otras instituciones de gobierno colaborando en sus proyectos. También implica trabajar con todos los involucrados y socios, no sólo con aquellos quienes forman parte de nuestros propios proyectos sino también con los que participan en los proyectos de otras instituciones y de otros interesados. Casi siempre, los proyectos pequeños de drenaje, excreta y reúso de agua se llevan a cabo por las comunidades locales de manera informal y sin que el gobierno intervenga; en lugar de rechazarlos es necesario sumarse a ellos y, de ser preciso, reorientarlos diplomáticamente. Cualquier experiencia que una comunidad haya adquirido en el tema del saneamiento es un activo para cumplir con la meta de lograr el que sea para todos.

Debido a que la estructura sectorial del gobierno fue diseñada *ex profeso* para atender todos los aspectos del saneamiento en principio funciona bien, sin embargo, por la fragmentación de los aspectos que conforman la cadena de saneamiento y por su transversalidad, en realidad es difícil que ello ocurra. En efecto, existen barreras que se generan entre sectores e interesados que compiten por recursos financieros limitadas pero también por 'los diferentes idiomas' que hablan los profesionales de cada área (WHO, 2006; WHO-HEP, ECH & EHD, 2022). La coordinación y colaboración desde los niveles administrativos superiores es esencial para que la coordinación permee a los niveles inferiores. En todos los niveles, es importante tomar decisiones de manera coordinada no sólo para evitar la competencia de funciones sino también para poder avanzar en los proyectos más pequeños, los cuales son los que atienden generalmente a las personas más vulnerables.

3.2.6 Realizar funciones múltiples

La Tabla 3.1 muestra el tipo de actividades que quienes formulan políticas y toman decisiones deben realizar para implementar el saneamiento. La coordinación es fundamental, y debe haber un mandato claro tanto en los marcos legales como los institucionales de nivel nacional, regional y local para que sea una única institución la que realice y coordine tareas específicas.

3.2.7 Reforzar o adquirir habilidades específicas

El gobierno es fundamental para coordinar e integrar un cambio de actitud hacia el saneamiento (Hartley, 2006). Para desarrollar el comportamiento deseado, quienes formulan políticas y toman decisiones deben ganarse la confianza de todos los involucrados y para ello precisan contar con cualidades gerenciales y de comunicación. Quienes toman decisiones necesitan dominar cinco actividades críticas que sirven para ganarse y mantener la confianza del público: (i) mantener siempre bien informados a todos los interesados, (ii) mantener la motivación individual y demostrar compromiso organizacional, (iii) promover la comunicación y el diálogo público, (iv) asegurar que la toma de decisiones se realiza mediante un sólido proceso y con justicia, y que se producen resultados, y (v) construir y mantener la confianza (Hartley, 2006). En este contexto, también importa actuar con diplomacia para evitar reacciones negativas y ganar más adeptos a la causa, *lo que se dice es tan importante como el cómo se dice*. Todas estas habilidades pueden y deben ser desarrolladas.

Tabla 3.1 Actividades que tienen que realizar quienes toman decisiones y elaboran políticas para suministrar servicios sustentables de saneamiento.

Actividad	Descripción
Desarrollar política y estrategias	Definición de metas y objetivos junto con procedimientos aceptables para lograrlos.
Desarrollar reglamentos, normas y procedimientos	Establecimiento de estándares, derechos y obligaciones para el saneamiento, así como procedimientos para asegurar la rendición de cuentas. Elaboración formal de mecanismos legales y procesos para su cumplimiento; y asegurar que cada institución cuente con un mandato claro y útil, así como con mecanismos administrativos para cumplir con sus tareas.
Desarrollar programas	Definición de acciones y procesos concretos para poner en práctica la política nacional de saneamiento apegándose al marco legal. Planeación a partir del análisis de la situación con los datos disponibles o colectados, seguida de la formulación de planes accionables para un periodo definido junto con la estimación de costos.
Gestionar	Combinación de arreglos organizacionales, gerenciales e institucionales en niveles nacional y sub-nacional para el funcionamiento de una organización. Para la prestación de los servicios de saneamiento, implica definir la forma de prestar el servicio, el modelo – quien es el dueño, quien invierte, quien desarrolla y opera la infraestructura, quien supervisa y quien da el apoyo técnico – y la relación entre todos estos actores con los usuarios.
Monitorear y evaluar	Colección, análisis, evaluación y uso de datos como parte de un proceso sistemático para dar seguimiento e informar sobre la eficiencia de los procesos de planeación y toma de decisiones.
Prepararse para contingencias	Son los arreglos, capacidades y conocimientos desarrollados para que los gobiernos, las agencias externas, las comunidades y los individuos, anticipen y planeen, den respuestas organizacionales, y sean capaces de mitigar con respuestas efectivas a los impactos potenciales, emergencias o estados de alerta que se susciten.
Desarrollar la capacidad institucional y personal	El desarrollo de la capacidad institucional es el proceso mediante el cual las organizaciones, la sociedad e individuos sistemáticamente estimulan, desarrollan, refuerzan y preservan en el tiempo sus habilidades para establecer e implementar sus objetivos y metas para la gestión de los servicios de saneamiento. El aprendizaje personal son los procesos formales e informales mediante los cuales los involucrados intercambian buenas prácticas e información y usan nuevo conocimiento adquirido en decisiones gerenciales para adaptar y mejorar las políticas y los programas.
Coordinar	Abarca procesos, mecanismos, instrumentos y plataformas que promuevan y aseguren la cooperación multi nivel, multi sectorial y multi interesados, entre todos los actores -ministerios relevantes, departamentos de gobiernos central, regional o local, la sociedad civil, la academia, las agencias externas de apoyo y el sector privado. Implica compartir información.

Fuente: Elaborada en parte con información de: Heller *et al.* (2020) y Jiménez *et al.* (2020).

3.3 TEMAS IMPORTANTES PARA ENTENDER EL SANEAMIENTO Y QUE QUIENES TOMAN DECISIONES Y ELABORAN POLITICAS DEBERÍAN CONOCER

Con base en nuestra experiencia a continuación proporcionamos una breve descripción de algunos temas con los cuales consideramos que los tomadores de decisiones y quienes elaboran las políticas deberían estar familiarizados (se recomienda buscar información de más detalles en la literatura, pues aquí sólo se presenta un esbozo). En países y regiones de ingresos medios y bajos, los responsables del saneamiento no necesariamente cuentan con los antecedentes esenciales o con experiencia en el tema. Ello no impide que lleguen a tener resultados efectivos y a que cumplan con las metas de saneamiento. Pero, para acortar el periodo de aprendizaje se proporciona una lista de temas fundamentales que es necesaro dominar.

3.3.1 Efectos por la falta de saneamiento

Los dos tipos de efectos *directos* principales son en la salud (Cuadro 3.2) y en el ambiente.

Cuadro 3.2 'Limpieza es salud'

En la Ciudad de México en mayo de 2009 ocurrió una epidemia de gripe porcina (H1N1), los restaurantes cerraron y se detuvo el transporte público. En sólo 10 días, las pérdidas económicas ascendieron a 144 y 35.2 millones de USD, respectivamente. Para permitir que la ciudad retornara a la normalidad, los expertos en salud recomendaron un lavado constante de manos y la desinfección de excusados. Esta política hizo evidente que 200 escuelas públicas carecían de agua, 195 tenían baños con mal funcionamiento y 90 carecían completamente de ellos. Antes de la epidemia de la fiebre porcina, los políticos no habían entendido la relación entre el agua–saneamiento–salud y, como consecuencia, no habían atenido estos problemas, a pesar de que las asociaciones de padres de familia habían solicitado repetidamente contar con servicios de agua adecuados en las escuelas. El presidente de una de las asociaciones de padres de familia comentó en las noticias que, contrario a la mayoría de los mexicanos, él creía que la gripa porcina había sido una bendición para la ciudad ya que fue la única manera de que las escuelas contaran con un saneamiento adecuado. El gobierno de la ciudad de México invirtió 56 millones de USD en un programa escolar denominado 'Limpieza es salud', lo que representó un tercio de las pérdidas económicas anteriormente mencionadas.

Cuando dos décadas después, llegó la epidemia del COVID, se observó la misma situación en las escuelas, pero esta vez a nivel nacional.

Fuente: con información de Jiménez-Cisneros (2011).

3.3.1.1 Efectos en la salud pública

Cuando el saneamiento básico y la infraestructura para la gestión de las aguas residuales funcionan correctamente es posible prevenir enfermedades infecciosas como la diarrea y los parásitos intestinales entre los cuales están la ascariasis[6], la esquistosomiasis[7] y el tracoma[8]. Millones de personas, en particular de niños, sufren infecciones. La falta de saneamiento también provoca enfermedades causadas por vectores[9], estas enfermedades se originan a través de organismos (como las moscas) que se desarrollan en agua estancada, en el drenaje, en las lagunas de tratamiento o, simplemente, en donde se acumule agua residual y, que mecánicamente transfieren los patógenos a las personas o a sus alimentos. Los riesgos biológicos dependen de las características epidemiológicas de cada localidad o región. Además de patógenos, en los sistemas de saneamiento *in situ* (SIS) así como en los sistemas sin drenaje (SSD), se encuentran contaminantes como son la materia orgánica, los nutrientes y una amplia diversidad de compuestos químicos. Esta contaminación química depende de las actividades industriales y del uso local de productos domésticos para la limpieza, higiene y el cuidado personal. Los contaminantes del agua residual, tanto biológicos como químicos, así como sus efectos pueden ser consultados en bibliografía especializada (algunas referencias sugeridas son Jiménez, 2007; Jiménez-Cisneros, 2011; Nataraj, 2022; WHO, 2006; Schuster-Wallace *et al.* 2014). Quienes formulan políticas y toman decisiones de saneamiento deben estar alertas de las posibles enfermedades emergentes que sean contagiosas y que se puedan transmitir por medio de los desechos humanos. Esta vigilancia requiere un seguimiento estrecho y cuidadoso ya que con frecuencia se desconocen las rutas exactas de transmisión (Cuadro 3.3).

Con frecuencia, cuando se descarga agua residual sin tratar en un ambiente en donde el agua es escasa, se producen situaciones de reúso no planificado, casi siempre para el riego de cultivos. Al consumir la gente los productos regados sin desinfectarlos de manera previa, se observan altas tasas de morbilidad y mortalidad por gastroenteritis, disentería y helmintiasis (WHO, 2006; Dickin *et al.*, (2016)). Los que consumen los cultivos no son los únicos afectados, ya que hay otros grupos sociales que también están expuestos, como son:

(i)   Los operadores de los sistemas de saneamiento que se encargan de la recolección y tratamiento del agua residual, o bien, del manejo del material acumulado en los SIS.

(ii) Los agricultores que manipulan agua residual o cultivos contaminados.

(iii) La comunidad local que vive cerca de parcelas o aguas abajo de canales que lleven agua contaminada.

---

[6] Lombrices redondas.

[7] También conocida como la fiebre del caracol, bilharzia, o fiebre Katayama.

[8] El tracoma es una enfermedad infecciosa causada por la bacteria Chlamydia. La infección provoca el enrojecimiento de la superficie interna de los párpados, causando dolor y eventualmente ceguera la cual puede llegar a ser permanente.

[9] Los vectores producen enfermedades endémicas y epidémicas como la malaria, el dengue, la Chikunguña, y el zika. Los vectores son, por ejemplo, la proliferación de roedores e insectos que se arrastran, y que necesitan ser controlados.

Cuadro 3.3 COVID

La pandemia del COVID-19 o síndrome respiratorio severo fue causada por el coronavirus 2 (SARS-CoV-2), el cual se esparció por todo el mundo, causando cerca de 170 millones de contagios y 3.7 millones de muertes confirmados hasta el 7 de junio de 2021 (WHO, 2021). La infección es transmitida de persona a persona, por lo general, por contacto o mediante gotas respiratorias expelidas de forma oral. Para quedar infectado, una persona susceptible debe inhalar estas gotas del aire, o con menor frecuencia, transferir las gotas con el virus a la cara cuando las manos tocan superficies (como mesas o manijas de puertas) en donde se hayan depositado (Tang *et al.*, 2021). Por ello, para evitar la transmisión, las medidas que se emplean consisten en mantener una distancia entre personas, ventilar adecuadamente los espacios cerrados y lavarse las manos con agua y jabón, el cual disuelve el lípido que envuelve al virus.

Antes de conocer la ruta de infección, había la preocupación de que la infección también se transmitiera por la ruta fecal–oral. Hoy en día se sabe que esto es poco probable, aunque se requiere de más investigación y tiempo para tener una confirmación plena. El SARS-CoV-2 fue detectado primero en el agua residual; posteriormente se supo que podía permanecer activo en ella durante 2 días a 20°C o 14 días a 4°C (Wang *et al.*, 2005). Durante la pandemia, el RNA del SARS-CoV-2 fue detectado en heces de pacientes con COVID-19, pero fue prácticamente imposible aislar de ahí el virus activo, lo que llevó a pensar que la ruta fecal no era la principal fuente de infección, en caso de que el virus siguiera siendo infeccioso (de França Doria *et al.*, 2021; WHO, 2020). Además, se encontró, que el SARS-CoV-2 era muy sensible a los desinfectantes halogenados y a la desinfección ultravioleta (Tang *et al.*, 2021). Por todo ello, es poco probable que el agua residual tratada, pero más importante el agua potable, representen un riesgo significativo de infección (de França Doria *et al.*, 2021).

La Organización Mundial de la Salud (OMS o WHO por sus siglas en inglés) emitió una nota técnica para la prevención del COVID-19 dirigida a profesionales y proveedores de agua potable y saneamiento (WHO, 2020). Este documento destaca los muchos co-beneficios que se pueden lograr al manejar de forma segura los servicios de agua potable y de saneamiento, así como al tener buenas prácticas de higiene (de França Doria *et al.*, 2021). Además de los bien conocidos impactos negativos del COVID, este virus trajo al sector del saneamiento el conocimiento sobre la importancia de estar preparados, ante todo recopilando información que permita actuar de acuerdo con las condiciones de una situación en particular.

Más aún, se concluyó que el análisis del agua residual es una manera oportuna de contar con alertas tempranas sobre enfermedades posibles para la comunidad. Aunque ello se sabía ya con anterioridad, después del COVID el análisis del agua residual como herramienta se tornó un método para el monitoreo de enfermedades (Pelling *et al.*, 2021).

3.3.1.2 *Efectos en el ambiente*

A nivel mundial, el 80% de toda el agua residual municipal e industrial se descarga al ambiente sin ningún tratamiento previo, resultando en un creciente deterioro de la calidad del agua con impacto en ecosistemas y en la salud humana (WWAP, 2017). El problema de contaminación que con más frecuencia se observa es la presencia de patógenos en el agua, aunque no menos importante es el contenido de nutrientes que causan la eutroficación acelerada[10]. Para evitar afectaciones a la flora y fauna, o bien, para reusar el agua es importante tratarla antes de su disposición final o de su siguiente uso. El tipo de tratamiento debe ser adecuado a la resiliencia o capacidad de aceptación de los cuerpos receptores que reciben el agua tratada, o bien, a las características requeridas por el siguiente uso, el cual puede ser el reúso en riego agrícola (FAO, 2017), reúso industrial o municipal.

Los contaminantes emergentes, que incluyen medicamentos humanos y veterinarios, productos de cuidado personal, drogas ilícitas y hormonas excretadas naturalmente son compuestos ubicuos que se pueden detectar en los efluentes de plantas de tratamiento de aguas residuales y en los cuerpos de agua tanto superficiales como subterráneos, debido a que hay una incompleta remoción de estos contaminantes en las PTAR y por la descarga directa de agua residual sin tratar al ambiente (Branchet *et al.*, 2021; Gaw *et al.*, 2014; Mezzelani *et al.*, 2018; Mo *et al.*, 2022; Peña-Guzmán *et al.*, 2019; Świacka *et al.*, 2022). Los efectos negativos de estos contaminantes en la vida acuática han sido ampliamente documentados, al igual que el hecho de que los antibióticos pueden actuar en la co-selección de condiciones que favorecen el desarrollo de la resistencia antimicrobiana (Becerra-Castro *et al.*, 2015; Cen *et al.*, 2020; Marti *et al.*, 2014; Ventola, 2015). Cabe señalar que cuando el agua residual es descargada en el suelo, éste actúa como una barrera/protector adicional de los cuerpos de agua debido a que en el suelo la materia orgánica se biodegrada mucho más que en el agua y, además, recupera nutrientes para el crecimiento de plantas, todo ello mejora la calidad del agua (Jiménez Cisneros, 1995); pero para algunos contaminantes, especialmente los emergentes, se pueden observar efectos negativos en la biota del suelo y potencialmente en plantas (Garduño-Jiménez & Carter, 2023; Garduño-Jiménez *et al.*, 2023; Gomes *et al.*, 2017).

---

[10] La eutrofización es la proliferación de plantas - macrófitas, macroalgas, cianobacterias y algas – en lagos, ríos y canales con flujos gastos e incluso en el mar. Es causada por una elevada concentración de nitrógeno y fósforo en el agua, (Chorus & Welker, 2021; Jiménez-Cisneros, 2001).

3.3.2 Saneamiento básico[11] y sistemas de tratamiento de agua residual

En el Sur Global, hay una clara diferencia entre los servicios que se prestan en sistemas de saneamiento básico[12] y los que gestionan de manera más completa el agua residual[13], éstos últimos con considerados como la forma 'tradicional' de prestar el servicio de saneamiento en el Norte Global. El saneamiento básico se emplea en donde no hay drenaje, como son las zonas rurales con poblaciones dispersas o las zonas urbanas de bajos ingresos. En la mayoría de las regiones de ingresos medios o bajos, la cobertura de saneamiento básico (y en particular con suficiente cobertura para el manejo del lodo fecal) es inferior a la cobertura que se da mediante sistemas de tratamiento de agua residual (la cual tampoco llega a ser muy alta).

Los hogares que cuentan con SIS o SSDs, y que con frecuencia se encuentran en zonas urbanas altamente pobladas o en zonas rurales, forzosamente requieren servicios para el manejo del lodo fecal. A pesar de ello, una cuarta parte de las políticas o planes de saneamiento urbano no consideran dicho manejo (vaciado, transporte, tratamiento y uso final o disposición). Es necesario que los gobiernos reconozcan la importancia de manejar adecuadamente los lodos fecales para cumplir las metas nacionales y los ODS, y que atiendan este asunto considerándolo dentro sus políticas y planes para el saneamiento seguro, y suministrando además los recursos necesarios para su implementación (UN-ESCAP, UN-HABITAT & AIT, 2015; WHO & UNICEF, 2021). Por ello, es importante considerar que el servicio de saneamiento no sólo debe atender a todos los usuarios, sino que además éste debe estar conformado por la cadena completa de servicios.

En los lugares en donde hay drenaje (alcantarillado), con frecuencia la población tiene también acceso al servicio de agua potable dentro de casa, el cual puede o no funcionar de manera continua. El drenaje además de transportar el agua residual de los hogares casi siempre colecta también el agua de lluvia de calles junto con la basura que es tirada sin control y sedimentos que provienen de la erosión del suelo. El drenaje puede llegar o no a PTARs, y éstas pueden o no funcionar adecuadamente. Cuando los drenajes llevan el agua a PTARs,

---

[11] La definición de saneamiento básico aquí empleada no es acorde con la escalera de saneamiento del JMP, puesto que la que usamos es afín a la usada en el Sur Global. El JMP elaboró su definición para tener un 'continuum' en la forma en que ellos concebían y monitoreaban el saneamiento (WHO-UNICEF JMP, 2016).

[12] Aquí se entiende por Saneamiento básico lo que los Criterios de Saneamiento y Salud de WHO (2018) define como saneamiento, es decir 'el acceso y uso de infraestructura o servicios para el manejo seguro de orina y heces fecales. Un sistema de saneamiento diseñado y usado para separar la excreta humana del contacto humano en todas las etapas de la cadena del servicio desde su captura y almacenamiento en el baño, el vaciado, el transporte, el tratamiento (*in-situ o* fuera del mismo) hasta su disposición o uso final'.

[13] Los sistemas de manejo de agua residual son los sistemas que se usan para colectar el agua residual, el contenido de los SIS y de los SSD con el objeto de tratarlos y enviarlos a disposición final o réuso.

independientemente de su funcionamiento, las plantas descargan por medio de tuberías que terminan en cuerpos de agua, el suelo o en canales de riego, los cuales terminan así recibiendo aguas residuales tratadas, parcialmente tratadas o sin tratar, en función de lo que ocurra en el trayecto.

3.3.3 Saneamiento vs reúso de agua (Economía circular)

En el contexto de la economía circular, las aguas residuales son concebidas como un recurso (WWAP, 2017). Este cambio de percepción se requiere para realizar un manejo sustentable del agua y para que eventualmente existan incentivos para invertir en el manejo del agua residual en donde el reúso y la recuperación de recursos estén asociados. Para efectuar este cambio, la sociedad debe ser consciente de que:

- tanto los recursos hídricos como otro tipo de recursos, por ejemplo, el fósforo, son limitados,
- el agua es un recurso que no se destruye, sino que se 'recicla' de manera natural por medio del ciclo del agua,
- la sociedad al usar el agua contribuye directa o indirectamente al problema de la contaminación ambiental,
- muchos de los compuestos que se consideran como contaminantes del agua pueden ser materia prima para diversas actividades económicas, y
- el 99.9% o más del 'agua residual' es sólo agua.

A pesar de ello, todavía se sigue considerando al agua residual como algo que debe ser tratado y desechado y no como un recurso. Ello genera una falta de voluntad para desarrollar políticas y reglamentos que apoyen y promuevan el reúso del agua y la recuperación de los recursos que contiene. Una forma de propiciar la revalorización de recursos, incluida el agua, es promover la responsabilidad social. Este enfoque se aplica ya en muchos sectores, por ejemplo, en la industria de la moda, donde la tendencia es a comercializar ropa usada, o bien, en el campo de los residuos sólidos, en donde no es bien visto el que en casa no se separen los desechos para promover el reciclado. La economía circular debiera también abarcar al sector del agua. Conceptualmente, la economía circular es un modelo de producción y consumo que implica compartir, arrendar, reusar, reparar, reformar y reciclar materiales y productos existentes tanto como sea posible. De esta forma, los ciclos de vida de los productos se alargan. Es una 'economía donde se preserva el valor añadido a los productos por tanto tiempo como sea posible y prácticamente se eliminan los desechos' (European Commission, 2010). Un enfoque así sería muy útil en el campo del agua.

Incluir el factor económico en la gestión del agua tiene la ventaja de influir en la percepción de los beneficios que el agua residual puede generar (Doménech, 2011). Una valoración inadecuada del agua conlleva a que se establezcan tarifas erróneas para su uso, así como para los servicios asociados, desmotivando el desarrollo de proyectos que busquen revalorizar recursos. Por ejemplo, cuando las industrias pagan tarifas muy bajas por extraer agua de primer uso, tienen pocos incentivos para pagar por un agua de reúso, a menos que de plano no haya agua (WHO/CED/PHE/WSH, 2018). Bajo este enfoque, el saneamiento podría ser parte de un sistema en el cual su financiamiento resulte lógico para promover el reúso y proteger las fuentes de agua (Cuadro 3.4).

Cuadro 3.4 El Proyecto Tenorio: una historia de éxito para el desarrollo sustentable de San Luis Potosí, México

En la Ciudad de San Luis Potosí (en 1990 con cerca de medio millón de habitantes), el desarrollo industrial y económico estuvo ligado siempre a la disponibilidad de agua. En 1961, se restringió la extracción de agua de los dos principales acuíferos por lo que los agricultores tuvieron que usar agua residual para el riego. A finales de los años 1990s, el gobierno decidió implementar un Plan Integral de Saneamiento y Reúso en el cual el agua renovada sería usada para riego y otros usos no potables que seguían extrayendo agua del subsuelo. La combinación del saneamiento con el reúso, en especial para fines industriales, hizo que el tratar el agua residual fuera factible. Con dicho plan, el tratamiento de agua residual incrementó de cerca de 0 a 70% y, la totalidad del agua tratada fue reusada para 2004. El reúso de agua resultó económicamente viable para usos industriales e incrementó la disponibilidad de recursos hídricos. Además de los beneficios económicos, este proyecto tuvo un impacto positivo en la comunidad local al mejorar la salud pública y el ambiente.

El Proyecto se hizo con una sola PTAR con capacidad para 90 720 m^3/d. Para el tratamiento se emplea un sistema primario avanzado (Jiménez & Chávez, 1998). El 43% del efluente se vende a una planta de generación eléctrica ('Villa de Reyes') la cual le da un tratamiento adicional mediante lodos activados, remoción de nutrientes, ablandamiento con cal, filtración en arena e intercambio iónico para remover sílice y ablandar el agua y cumplir con los estándares de enfriamiento. El agua tratada reemplazó al agua que era extraída del subsuelo y que había generado la sobreexplotación del acuífero. El resto del efluente, 57%, es tratado con humedales antes de regar 500 hectáreas de forraje. Para distribuir el agua entre los agricultores, se construyó un complejo sistema de riego (diversas estaciones de bombeo, una red de riego, 39 km de tuberías y un tanque de almacenamiento para regular la demanda horaria industrial). El agua de este reúso cumple con el estándar mexicano para riego (NOM-001-SEMARNAT, 2006) y el monitoreo es responsabilidad del gobierno.

Para construir la PTAR, el sistema de riego y los 59 km de tubería de drenaje requeridos se realizó una inversión total de 67 millones USD en mayo de 2004. El proyecto se hizo bajo un esquema de construcción-apropiación-operación-transferencia, considerando una operación privada por 18 años. El Gobierno Federal Mexicano aportó el 40% de la inversión en términos de una concesión y el financiamiento privado aportó el 60% restante. Tanto inversión como costos de operación se recuperan mediante la venta del agua de reúso a la planta de generación eléctrica, la cual es de propiedad pública. La tarifa tiene tres elementos: una para cubrir el retorno de la inversión privada de capital y las otras dos, una porción fija y otra variable, para cubrir costos de operación. La tarifa del agua de reúso es de 0.85 USD/m^3, que es 33% más barata que la tarifa del agua subterránea, para la cual ya no hay permiso de extracción.

Una ventaja adicional del proyecto fue la restauración ambiental del Tanque Tenorio, el cual antes recibía agua residual sin tratar. El tanque opera ahora como un humedal artificial que acondiciona y mejora la calidad del agua residual que antes se empleaba para el riego. A la hora actual, las aves migratorias volvieron a anidar en sus alrededores, lo que fue un logro ecológico.

Fuente: con información de Rojas *et al.* in US-EPA (2012a).

3.3.3.1 *Reúso de agua para riego agrícola*

Por mucho, el reúso más frecuente de agua es para riego agrícola, simplemente porque la agricultura es el uso que más agua emplea (cerca del 70% a nivel mundial). El reúso de agua para riego se realiza tanto con agua residual tratada como con agua residual sin tratar. En las regiones en donde el agua es escasa, la falta de saneamiento provoca el reúso no controlado de ésta. El reúso no necesariamente inicia porque la población esté al tanto de sus beneficios, sino simplemente porque el agua residual de las ciudades se encuentra disponible para que los agricultores la usen para regar. Los agricultores pronto se dan cuenta que el agua residual está disponible a todo lo largo del año, contiene nutrientes, representa un ahorro en el uso del fertilizante y la calidad del suelo mejora gracias su contenido de materia orgánica.

Es importante controlar el uso del agua residual para el riego de campos de cultivos. Thebo *et al.* (2017) estimaron que a nivel mundial el área de cultivos regados con agua con influencia de agua residual (tanto tratada como no tratada) es de 35.9 Mha, 82% de las cuales se ubican en países en donde menos del 75% del agua residual es tratada. Esta práctica ha crecido y sigue creciendo en todo el mundo (Qadir, 2022; Qadir *et al.*, 2020).

Los criterios de la OMS (Organización Mundial de la Salud) de 2006 (WHO, 2006) para el reúso de agua para riego agrícola[14] han mejorado mucho haciendo que esta práctica sea más segura y sostenible. Dichos criterios se basan en hacer una evaluación integral de los riesgos y establecer un marco para su manejo. Durante dicha evaluación, se identifican y distinguen cuáles son las comunidades vulnerables y se consideran, en un contexto amplio de desarrollo, las desventajas causadas por los riesgos potenciales, así como los beneficios posibles, por ejemplo, los nutricionales. Puesto así, el enfoque de la OMS reconoce que la forma tradicional de tratar el agua residual no siempre es factible en todo el mundo para lograr los niveles de calidad deseables, en

---

[14] Específicamente el enfoque que emplea los criterios de la WHO (2006) consiste en: (1) definir un valor máximo de enfermedades adicionales, (2) determinar los riesgos tolerables de enfermedad e infección, (3) determinar la cantidad(es) requerida(s) de reducción de patógenos para lograr el nivel tolerable de enfermedad sin exceder los riesgos, (4) definir cómo se puede lograr la reducción deseada de patógenos por otros medios y, (5) establecer un sistema de verificación y monitoreo.

especial, en los contextos en donde los recursos económicos son limitados, y ofrece alternativas para reducir las enfermedades que causan el empleo del agua residual. Estas medidas se conocen como medidas de mitigación de riesgos y forman parte de un enfoque de barreras múltiples (Cuadro 3.5). Además, para proteger a los agricultores, la OMS recomienda aplicar campañas de concientización que informen sobre el riesgo invisible que provocan los patógenos y sobre el uso de ropa de protección (botas, guantes, etc.), la higiene, y cuando sea posible, el optar por métodos de riego que minimicen la contaminación y la exposición humana, como ocurre con el riego por goteo.

Cuadro 3.5 Ejemplo del empleo de los Criterios de la OMS para establecer un enfoque de barreras múltiples para controlar el uso de agua residual para riego

En África Subsahariana menos del 1% del agua residual es tratada; a pesar de ello, una gran parte de ella se usa para regar. Para controlar los riesgos, no es posible utilizar un enfoque tradicional por razones financieras, ya que éste consiste únicamente en aplicar estándares de calidad de agua. El monitoreo de la calidad del agua también se dificulta por que la agricultura es informal, de pequeña escala, con numerosos agricultores esparcidos en y alrededor de las ciudades. Por estas razones se emplearon los criterios de la WHO (2006) como una alternativa viable para el manejo de los riesgos de salud. El enfoque consiste en aplicar barreras múltiples y atender los riesgos combinando alternativas para reducirlos, muchas de estas alternativas fueron probadas en Ghana, cómo se muestran en la Tabla B3.1. Dichas opciones se pueden fácilmente combinar para lograr la reducción óptima de contaminación. Por ejemplo, el tratamiento del agua a nivel de granja puede ser combinado con buenas técnicas de riego, manejando mejor las verduras en mercados y hogares mediante su lavado y así acumular mayores niveles de reducción de la contaminación.

Tabla B3.1 Medidas no convencionales para la protección de la salud asociadas con la reducción de patógenos .

Medida de Control	Reducción de patógenos (unidades log)	Nota
A. Tratamiento de agua residual	6–7	La reducción de patógenos depende del tipo y grado de tratamiento seleccionado.
B. Opciones de agricultura		

(Continuada)

Tabla B3.1 Medidas no convencionales para la protección de la salud asociadas con la reducción de patógenos (*Continuada*).

Medida de Control	Reducción de patógenos (unidades log)	Nota
Restricción de cultivos (Ej. no aplica para cultivos que se consumen crudos)	6–7	Depende de a) la capacidad local para cumplir con la restricción de cultivos, y b) el margen de beneficio comparativo para el(los) cultivo(s) alterno(s).
Tratamiento en la granja del agua		
(a) Sistema de tres tanques	1–2	Dos tanques son llenados por el agricultor para sedimentación mientras que el tercero, ya con agua sedimentada, se usa para el riego.
(b) Sedimentación simple	0.5–1	Sedimentación durante ~18 horas.
(c) Filtración simple	1–3	El valor depende del tipo de sistema de filtración que se emplee.
Forma de aplicación del agua residual		
(a) Riego por surco	1–2	La densidad de los cultivos y la productividad podría ser reducidos.
(b) Riego por goteo de bajo costo	2–4	La reducción de 2 unidades log para cultivos de crecimiento lento y de 4 unidades log para cultivos de crecimiento rápido.
(c) Con control de salpicado	1–2	Los agricultores se entrenan para no salpicar cuando emplean cubetas para el riego (el salpicado arrastra partículas de suelo contaminado a la superficie de los cultivos y ello puede ser minimizado).
Muerte de patógenos (corte o término del riego)	0.5–2 por día	Muerte de patógenos entre el tiempo del último riego y el de la cosecha (el valor depende del clima, tipo de cultivo, etc.).
C. Opciones después de cosecha en los mercados		
Almacenamiento durante la noche en canastas	0.5–1	Vender los productos después de que pasen una noche en canastas, (en lugar de almacenarlos en costales amarrados vender los productos frescos sin almacenar por una noche).

(*Continuada*)

Tabla B3.1 Medidas no convencionales para la protección de la salud asociadas con la reducción de patógenos (*Continuada*).

Medida de Control	Reducción de patógenos (unidades log)	Nota
Preparación de la cosecha antes de venderla		
	1–2	(a) Lavado de verduras para ensaladas, vegetales y frutas con agua limpia.
	2–3	(b) Lavado de verduras para ensaladas, vegetales y fruta con agua corriendo de la llave.
	1–3	(c) Quitando las hojas de afuera de coles, lechugas y similares.
D. En la cocina Opciones de preparación de los cultivos		
Desinfección de cultivos	2–3	Lavado de la verdura para ensaladas, vegetales y frutas con una solución desinfectante adecuada y enjuague con agua limpia.
Pelado de cultivos	2	Frutas y cultivos de raíz
Cocinado	5–7	Las opciones dependen de la dieta local y la preferencia por comida cocida.

Fuente: Con información de Amoah *et al.* (2005) y US-EPA (2012a, 2012b).

La principal ruta de transmisión de los riesgos, o exposición primaria, es mediante el contacto directo con heces fecales, agua contaminada o contacto de persona a persona. La transmisión por medio del aire, es decir mediante la inhalación de partículas muy finas de agua residual provenientes de los sistemas de riego por aspersión, es poco probable (WHO, 2006). La transmisión secundaria se refiere a la transmisión por entes que han estado expuestos al agua contaminada como los productos alimenticios lavados con agua contaminada, o bien, a cuando éstos están expuestos a vectores.

3.3.4 Riesgos para los trabajadores del saneamiento

Quienes toman decisiones en saneamiento deben estar consciente de que este servicio tiene serios riesgos para los trabajadores. Además de los riesgos comunes a todo tipo de instalación industrial, existen otros relacionados con la propia naturaleza de su trabajo. Estos riesgos tienen que ver con el manejo del agua residual, de los lodos y de la materia fecal, que contienen todos microbios y otro tipo de organismos que son fuentes de infección. Incluso, se generan riesgos por la presencia de materia orgánica biodegradable la cual contiene sulfatos que dan origen a gases tóxicos. Aunque todos estos riesgos están bien documentados en la literatura, todavía son causa de enfermedades y muertes laborales, tanto en el Norte como en el Sur Global. Es importante capacitar a quienes trabajan en el saneamiento en todos los niveles sobre los riesgos y las formas para su control. Obviamente, los riesgos son mayores en las zonas rurales y de bajos ingresos, en donde se deberá hacer un esfuerzo especial.

El saneamiento es una labor esencial del servicio público, a pesar de ello con frecuencia sus trabajadores son parte del sector informal y, además forman parte de los trabajadores más vulnerables (WHO, 2022). Aproximadamente, dos tercios de los países cuentan con leyes o reglamentos para asegurar la salud y seguridad de quienes limpian baños. Extraen, transportan y tratan materia fecal, manejan agua de drenaje y trabajan en las PTARs (WHO, 2022). Pero, estas leyes y reglamentos por lo regular sólo aplican al sector formal siendo poco probable que cubran a la fuerza laboral que se encuentra fuera de este sector y que labora sin protección legal o de reglamentos. El informe GLAAS 2021/2022 señala que sólo el 50% de los países cuentan con criterios operacionales y los aplican para proteger la salud y seguridad de los trabajadores, el 37% tiene mecanismos para vigilar su cumplimiento, el 41% proporciona entrenamiento laboral en salud e higiene a sus trabajadores, el 29% cuenta con equipo suficiente para operar de forma segura y, únicamente, el 35% posee equipo de protección personal suficiente (WHO, 2022). Tan sólo en India, se estima que hay 1.2 millones trabajadores que laboran recolectando desechos y en otras tareas relacionadas con el saneamiento. Para la mayoría de éstos, por décadas sus condiciones de trabajo han permanecido virtualmente sin cambiar. Estos trabajadores no únicamente constituyen una clase social rechazada, sino que además están expuestos a diversos tipos de riesgos de salud. Estos riesgos incluyen la exposición a gases de metano y ácido sulfhídrico (Tiwari, 2008).

3.3.4.1 Riesgos de infección

En comparación con el público en general, las personas que laboran en los drenajes tienen una probabilidad mayor de desarrollar cierto tipo de enfermedades infecciosas. La exposición puede ocurrir mediante (Tiwari, 2008):

- Contacto mano-boca mientras comen, fuman, beben, o se tocan la cara.
- Aspirando rocío, polvo o aerosoles.
- Contacto con la piel en raspones o cortadas.

Las enfermedades más comunes para los trabajadores del saneamiento son:

- Hepatitis: Esta es la enfermedad que más contraen quienes laboran en los drenajes a pesar de que puede ser evitada con vacunas. Diversas investigaciones sugieren que la exposición al agua residual representa un riesgo mayor de contraer hepatitis B.
- Leptospirosis: Esta enfermedad afecta a personas que están en contacto con animales y sus desechos. La orina de roedores y otros animales puede

contaminar algunos sitios de los drenajes, creando el riesgo de que los trabajadores desarrollen leptospirosis.

- *Helicobacter pylori*: Actualmente, esta bacteria es considerada como un factor importante de riesgo para el cáncer gástrico y es considerada como carcinógeno clase I por la Agencia Internacional de Investigación en Cáncer.

3.3.4.2 Riesgos ocasionados por gases

Los gases que preocupan son el metano, el ácido sulfhídrico o bisulfuro de hidrógeno, el monóxido de carbono y el amoniaco; todos causan problemas de falta de aire, dolor de garganta, opresión del pecho, tos, sudoración, sed, pérdida del lívido e irritabilidad. Cuanto más fuerte sea la exposición, los síntomas son más severos (Kingsley, 2021; Watt *et al.*, 1997). La mayor parte de los gases mencionados, como el metano, son tóxicos y explosivos, pero casi siempre son manejados adecuadamente dentro de las PTARs como parte de los procedimientos estándares de seguridad. Sin embargo, esto no ocurre para el bisulfuro de hidrógeno (H_2S), el cual no sólo se encuentra en las PTARs sino también en redes de drenaje, estaciones de bombeo, fosas sépticas y cualquier otro ambiente cerrado en el cual el agua residual y los lodos fluyan lentamente o se encuentren estancados (Austigard *et al.*, 2018). Es de suma preocupación el que un número importante de trabajadores del saneamiento continúen muriendo en muchos países por la inhalación de sulfuro de hidrógeno. El H_2S es un gas que se genera por la descomposición bacteriológica de los sulfuros o sulfatos contenidos en la materia orgánica que está en el agua residual y en las heces fecales. El gas es incoloro, tóxico, corrosivo e inflamable. El gas huele a 'huevos podridos' y es ligeramente más denso que el aire, por lo que tiende a acumularse en la parte baja de espacios poco ventilados. La mezcla de H_2S y aire puede ser explosiva (Greenwood & Earnshaw, 1997; Knight & Presnell, 2005).

El H_2S es una de las principales causas de muerte laboral rápida. El gas es particularmente insidioso debido a que no es posible predecir su presencia ni su concentración y a que su neurotoxicidad causa la parálisis del nervio olfativo con lo cual no se puede percibir su olor, el cual sirve como mecanismo de prevención cuando el gas está aún en concentraciones relativamente bajas (NRC, 2009). En el ambiente laboral ocurren cerca de siete muertes por año por inhalación de H_2S (datos de 2011–2017), por lo que es el segundo gas más peligroso después del monóxido de carbono (17 muertes por año) (Knight & Presnell, 2005). Existen muchos ejemplos en los cuales varias personas mueren durante un solo caso de exposición a H_2S. El patrón es el mismo: cuando la primera persona entra a un espacio poco ventilado con un alto contenido de este gas y no regresa, una segunda persona entra al rescate sin tomar precauciones y sufriendo las mismas afectaciones (Cuadro 3.6).

3.3.4.3 El ambiente social del trabajo en saneamiento

Con frecuencia, los trabajadores de sistemas de saneamiento son estigmatizados y marginalizados, y enfrentan condiciones sociales difíciles, riesgos de salud y ambientes poco dignos, inaceptables, no sanitarios ni regulados. En efecto, su trabajo los expone a muchos riesgos, pero también al rechazo social, y ello los

Cuadro 3.6 Ejemplos de muertes reportadas a causa del H_2S.

- En 2014, trabajadores del centro comercial Promenade en el Norte de Scottsdale, Arizona, EUA murieron después de haber entrado en una cámara de 4.5 m de alto sin emplear equipo personal para arrastre mecánico. 'Las brigadas de rescate registraron elevados niveles de ácido cianhídrico y ácido sulfhídrico saliendo del drenaje'.
- En 2017, tres trabajadores de una empresa Key Largo, Florida, murieron en unos cuantos segundos, uno por uno, después de descender a un espacio cerrado angosto ubicado por debajo de un pozo de inspección ubicado en el pavimento de la calle.
- En 2019, un empleado de Aghorn Operating Inc., Odessa, TX y su esposa murieron cuando el primero respondió a una llamada telefónica automática de alerta sobre una falla mecánica de una bomba; la esposa murió cuando fue a ver a la estación si su marido se encontraba bien.

Fuente: con información de Knight & Presnell (2005).

puede llevar al abuso de drogas y alcohol para poder enfrentar las condiciones deshumanizadas de los peores tipos de trabajo en saneamiento que hay en el mundo. Se debería formalizar gradualmente las condiciones de trabajo para ofrecer condiciones laborales decentes, proteger la salud y dar seguridad a los trabajadores (UN-ESCAP, UN-HABITAT & AIT, 2015).

El World Bank (2019a), la WHO, la International Labour Organization y WaterAid hicieron un análisis de la situación referente al descuido que sufren los trabajadores del saneamiento a partir del cual propusieron cuatro áreas de acción prioritaria:

(1) Reformar la política, las leyes y los reglamentos para reconocer y profesionalizar a quienes trabajan en el saneamiento a todo lo largo de la cadena del servicio.

(2) Desarrollar y adoptar criterios operativos nacionales y locales para evaluar y mitigar los riesgos ocupacionales de los proveedores del servicio tanto públicos como privados, proporcionar entrenamiento y asegurar que todos los que laboran a lo largo de la cadena del servicio cuenten con tecnología y equipo personal de protección adecuados.

(3) Proteger a los trabajadores del saneamiento y promover su empoderamiento para que ellos mismos defiendan sus derechos laborales y sean capaces de amplificar sus voces por medio de sindicatos y asociaciones.

(4) Obtener evidencia básica sobre la magnitud de la fuerza de trabajo que hay en el saneamiento, de los retos que se enfrentan, así como documentar los problemas que los trabajadores experimentan.

3.3.5 Saneamiento y residuos sólidos

Este es un tema poco cubierto en la literatura, posiblemente por ser inexistente en países de altos ingresos. Cualquiera que ha trabajado en plantas de tratamiento de drenajes que provienen de zonas en donde el servicio de recolección de basura es deficiente sabe que tanto en drenajes de conductos abiertos como en los cerrados y a la entrada de las PTARs se colecta una gran cantidad de una amplia variedad de desechos sólidos de todos tamaños. Dichos desechos sobrecargan el pretratamiento (rejillas o desarenadores), por lo que con frecuencia se requiere instalar equipos específicos o realizar actividades manuales para su manejo.

Otro aspecto, posiblemente menos evidente para los profesionales, es que en países con tormentas tropicales (lo que incluye muchos países del Sur Global), los drenajes deben ser construidos con una gran capacidad para poder evacuar el agua de las lluvias intensas que precipitan en cortos periodos. Como resultado, la mayor parte del año los drenajes funcionan con un flujo bajo y la sedimentación de sólidos en ellos es un problema recurrente. Para mantener la capacidad de estos drenajes deben ser limpiados antes de la época de lluvias, removiendo gran cantidad de sedimentos y de desechos. Por ejemplo, en la Ciudad de México la limpieza de toda la red drenaje implica extraer 2.8 Mm^3 de sedimentos, 0.85 Mm^3 por año. El material extraído tiene características muy similares a las de los lodos primarios, y deberían ser tratado antes de su disposición o uso como material de cubierta de celdas en rellenos sanitarios (Jiménez *et al.*, 2004).

3.3.6 Derechos de agua

Los derechos de agua frecuentemente es un tema descuidado por quienes formulan las políticas y toman las decisiones en zonas áridas y semiáridas, en donde los sus recursos de agua son escasos. En contraste con países en donde el agua no es un factor limitante, estos países cuentan con sistemas estrictos de manejo de derechos/concesiones de agua para los usuarios. Cuando se busque incrementar la cobertura de saneamiento empleando estrategias que lo liguen al reúso del agua, es importante considerar que en donde el agua es escasa es muy probable que el agua residual – aún sin tratamiento- ya esté siendo usada con o sin permiso (lo más probable por un agricultor). En consecuencia, proponer el tratamiento del agua para reúso no es una simple decisión, sino una que se deberá negociar con quienes ya estén usando el agua (Capítulo 4, véase Cuadro 4.1, ejemplo 1). En todo el mundo abundan ejemplos en donde los agricultores utilizan el agua residual sin tratar para riego (Jiménez *et al.*, 2010), y cuando los gobiernos inician programas de saneamiento para venderla a un nuevo usuario (con frecuencia un usuario industrial) o incluso para dar el agua a los mismos regantes, pero de mejor calidad, los agricultores se oponen (Jiménez-Cisneros, 2011). Y, aun cuando los agricultores carezcan de una concesión formal para el uso del agua residual, si la han estado empleando por años gozan de derechos consuetudinarios. Por ello, antes de arrancar un programa de saneamiento con reúso, se debe primero verificar cuál es el uso del agua en la región y elaborar programas de concientización, comunicación y de negociación, según se requiera.

3.3.7 Cambio climático

El sector del agua siempre ha sido afectado por los cambios del clima, por ello cuenta con experiencia para manejar eventos climáticos; sin embargo, las medidas existentes pueden ser insuficientes ante los efectos del cambio climático (Caretta *et al.*, 2022; Jiménez Cisneros *et al.*, 2014; Kundzewicz *et al.*, 2008). De acuerdo con el Panel Intergubernamental para el Cambio Climático (Caretta *et al.*, 2022; Jiménez Cisneros *et al.*, 2014), el incremento de temperatura, las inundaciones, las sequías, los eventos de lluvia extrema y una creciente escasez de agua provocados todos por el calentamiento antropogénico afectarán los servicios de saneamiento. Para minimizar los riesgos, al diseñar, operar y gestionar el servicio se requiere considerar los impactos. Pero también, el saneamiento es considerado como una opción de adaptación[15]. Ello, porque contribuye a reducir el número de enfermedades que enfrentan las comunidades pobres y marginalizadas, ya que implica el que estén mejor preparadas para enfrentar los impactos por el cambio climático, o bien, porque en zonas con escasez de agua cuando el saneamiento se acopla con el reúso ayuda a aliviar el problema de escasez si se usa como fuente alterna. Más aún, mediante el saneamiento se puede contribuir a la mitigación de gases de efecto invernadero (GEIs) por lo que incluso es posible disponer de fondos para mitigar los efectos del cambio climático (Caretta *et al.*, 2022; Coninck *et al.*, 2018; Jiménez Cisneros *et al.*, 2014)[16].

3.3.7.1 Efectos en el saneamiento

La temperatura afecta la velocidad de las reacciones biológicas y químicas. Una mayor temperatura del agua, asociada con el cambio climático, acelera la biodegradación y es positivo para los procesos de tratamiento biológico del agua residual, lodo y materia fecal, pero es negativo por la emisión de H_2S que se produce a partir de compuestos relacionados. A mayor temperatura del agua, la cantidad de oxígeno disuelta en ella disminuye y por tanto la cantidad disponible para que las reacciones biológicas aerobias se lleven a cabo, y – en condiciones extremas – esto puede llegar a ser una limitante para la biodegradación aerobia. La resistencia de algunos virus a los desinfectantes aumenta con la temperatura, mientras que para ciertas especies de bacterias la persistencia disminuye (Carratala *et al.*, 2020; Gundy *et al.*, 2009). Una mayor temperatura atmosférica eleva la demanda de agua para riego y cuando no hay fuentes disponibles de agua limpia, se corre el riesgo de aumentar el reúso de agua residual sin control (Jiménez Cisneros *et al.*, 2014).

---

[15] La adaptación al cambio climático se define como toda actividad que se realice para reducir la vulnerabilidad a la resiliencia y contar con una mejor capacidad de adaptación y/o para reducir la exposición a un estrés, impactos y variabilidad, WHO (2022a).

[16] La mitigación al cambio climático es toda actividad que contribuya al objetivo de estabilizar las concentraciones de gases de efecto invernadero en la atmósfera a un nivel en el cual se eviten interferencias antropogénicas dañinas al sistema del clima, se realiza por medio de promover esfuerzos que reduzcan o limiten las emisiones de gases de efecto invernadero, o bien, que incrementen la captura de éstos (WHO, 2022a).

A causa del calentamiento global, se proyecta que los extremos hidrológicos sean más frecuentes e intensos. Se espera que los riesgos por inundaciones dupliquen por un aumento de temperatura de 1.5 a 3°C (Dottori *et al.*, 2018) y que la población bajo riesgo por inundaciones fluviales incremente en 120–400% si la temperatura se eleva de 2 a 4°C, respectivamente (Caretta *et al.*, 2022). Cuando ocurren inundaciones y lluvias extremas, la infraestructura de saneamiento con frecuencia falla e incluso deja de operar (por daños provocados por el agua o falta de electricidad). Recuperar las condiciones adecuadas de operación toma tiempo ya que los daños van desde diversos grados de reparación hasta la necesidad de tener que construir de nuevo la infraestructura. Además, está documentado que las coberturas de agua potable y de saneamiento disminuyen con las inundaciones (Caretta *et al.*, 2022).

Los eventos de lluvias extremas pueden llegar a causar la sobrecarga y el rebose de drenajes. El derrame de agua residual contamina las fuentes de agua potable lo que a su vez se refleja en un incremento del riesgo de enfermedades gastrointestinales (Jagai *et al.*, 2015; Khan *et al.*, 2015). Las inundaciones intensifican la mezcla de las aguas de inundación con el agua residual y la redistribución de los contaminantes (Andrade *et al.*, 2018). La elevación del nivel del mar afecta el funcionamiento del drenaje, descargando agua residual al mar o a cuerpos de agua cercanos a éste. La escasez de agua provocada por el calentamiento antropogénico ocasiona la escasez del agua para operar la infraestructura de saneamiento, pero también el que se incremente la concentración de contaminantes en el agua residual por tratar.

3.3.7.2 *Adaptación*

Como para cualquier otro tipo de infraestructura, la de saneamiento requiere ser más resiliente al cambio climático. Particularmente, en el contexto del calentamiento global, al seleccionar métodos o tecnologías para el saneamiento el optar por soluciones 'de poco arrepentimiento (o soluciones que de todas formas uno haría por alguna otra razón)' y por soluciones híbridas (Cutter *et al.*, 2012) es importante. Las soluciones que de usarlas uno se arrepentiría poco, también se consideran como medidas de adaptación ya que además de atender los efectos del cambio climático sirven para incrementar la cobertura de los servicios de saneamiento y a mejorar la calidad del agua, dos actividades necesarias y útiles independientemente de que haya o no impactos por el cambio climático. Para las zonas urbanas y periurbanas se recomienda emplear un enfoque híbrido Las soluciones híbridas combinan estructuras 'duras' de ingeniería (grises) con sistemas de restauración o de manejo biofísicos (verde y azul) (Ngoran & Xue, 2015; Palmer *et al.*, 2015). Un ejemplo de las soluciones híbridas es el empleo de los sistemas de drenaje urbano sustentable, el cual reduce inundaciones, mejora la calidad del agua de escorrentía y reduce el efecto urbano de la isla de calor (Caretta *et al.*, 2022).

Otro aspecto por considerar para la infraestructura de saneamiento en el contexto de la adaptación es la necesidad de contar con instalaciones adicionales (desde los baños, hasta el tratamiento y disposición del agua residual/heces fecales) para los albergues que acojan a las víctimas de incendios o inundaciones, o bien, para la gente desplazada nacional e internacionalmente por el cambio climático (Missirian & Schlenker, 2017; Rigaud *et al.*, 2018). Esto implica no sólo ser capaces de proveer el servicio sino también el contar con una fuente de agua adicional.

3.3.7.3 *Mitigación y Emisiones de Gases de Efecto Invernadero (GEI)*

Los servicios de saneamiento son responsables directa e indirectamente de emisiones de GEI; directamente por la descomposición de excreta o cualquier otro material biodegradable (Caretta *et al.*, 2022), e, indirectamente por el empleo de energía producida a partir de combustibles fósiles. Esto último puede ser disminuido mediante el empleo de energías verdes como la solar, la cual funciona eficientemente en zonas rurales con instalaciones pequeñas.

En relación con las emisiones directas, el gas que más preocupa es el metano (CH_4) que es el segundo GEI antropogénico más importante después del dióxido de carbono (CO_2), y es responsable de cerca de un tercio del forzamiento climático antropogénico. También, el metano es el segundo GEI más abundante y representa el 14% de las emisiones globales de los GEI. El metano se considera un 'contaminante del clima de vida corta' (12 años), y a pesar de que se emite en cantidades menores al CO_2, atrapa 25 veces más de calor (GMI, 2013)[17]. A nivel global, el metano generado a partir del agua residual contribuyó con 512 MTMCO[18] en 2010 (US-EPA, 2012a, 2012b).

El metano se emite durante el manejo y tratamiento del agua residual y de heces fecales mediante la descomposición anaerobia de la materia orgánica. La mayoría de los países del Norte Global usan sistemas centralizados aerobios para colectar y tratar el agua residual municipal. Dichos sistemas generan bajas emisiones de metano, pero producen grandes cantidades de biosólidos que cuando se tratan generan altas emisiones de este gas. En el Sur Global, los escasos sistemas que recolectan y tratan el agua residual tienden a ser anaerobios y, como resultado, generan mayores emisiones de metano (GMI, 2013). Estos sistemas incluyen lagunas, reactores anaerobios de lecho de lodos con flujo ascendente, reactores anaerobios, tanques sépticos y letrinas.

Además de reducir las emisiones de GEI que provienen de los servicios de saneamiento es posible capturar el metano en las plantas de tratamiento de agua residual para usarlo como fuente de energía (Cuadro 3.7), ello ayuda a la independencia energética y reemplaza el uso de combustibles fósiles.

---

[17] La Iniciativa Global del Metano (GMI, *Global Methane Initiative)* inició en 2004 y es el único esfuerzo internacional que busca específicamente abatir, recuperar y usar el GEI de metano que proviene de cinco principales fuentes de emisión: agricultura, minas de carbón, residuos sólidos municipales, agua residual municipal, sistemas de petróleo y gas.

[18] Millones de toneladas métricas de CO_2 equivalente: toneladas métricas de dióxido de carbono equivalente o $TMCO_2e$ es una unidad de medida. La unidad 'CO_2e' representa la cantidad de un GEI específico cuyo impacto atmosférico se estandariza a una unidad másica de dióxido de carbono (CO_2) basado en el potencial de calentamiento del gas (GWP, en inglés).

Cuadro 3.7 Ejemplos de PTARs que revalorizan el metano *in situ* para generación y consumo de energía

Planta de Tratamiento de Agua residual (PTAR) de la Farfana Santiago, Chile (GMI, 2013)

La PTAR de La Farfana es administrada por Aguas Andinas y trata más del 60% (8.8 m³/s) del agua residual del Área Metropolitana de Santiago. En este proyecto, el biogás que proviene de los digestores anaerobios es mejorado para obtener la calidad del gas que se suministra en la ciudad. Dicha calidad se obtiene empleando un tren de tratamiento que consiste en: compresión y deshidratación para eliminar la humedad, un biorreactor y un lavador para remover 95% del ácido sulfhídrico (H_2S) y una oxidación térmica para eliminar el CO_2 así como las trazas de oxígeno y nitrógeno. Una vez esto realizado, el gas tratado es vendido a la Planta de Gas Municipal Metrogas ubicada a 13.8 km al este de la PTAR La Farfana. El Proyecto se registró como un Proyecto de Mecanismos de Desarrollo Limpio en 2011 y se espera que logre reducciones de 26 000 toneladas métricas CO_2. Ello equivale a reducir lo que se produce en un año mediante combustibles fósiles.

PTAR de Arrudas, Sabará, Brazil. (GMI, 2013)

La PTAR de Arrudas atiende a cerca de 1.5 millones de personas de la Región Metropolitana de Belo Horizonte. La PTAR cuenta con un sistema de lodos activados de 3.3 m³/s (4.5 m³/s flujo final de diseño) y emplea digestores anaerobios en el tratamiento de lodos. Desde 2012, el biogás producido en los digestores anaerobios es tratado para remover el H_2S, y empleado para generar calor y energía mediante un sistema combinado de calor y energía (CHP, en inglés) para su empleo en la misma PTAR. El sistema CHP está compuesto por microturbinas de 12 200 kW y tiene una capacidad de generación total de 2.4 mega watts de electricidad. La energía producida es empleada *in situ*, cubriendo el 90% de los requerimientos de la PTAR. Los gases que salen calientes de las microturbinas pasan a través de un intercambiador de calor antes de recircularlo para calentar los lodos y optimizar la producción de biogás en los digestores.

Biogás: generación de energía y beneficios en Brasil

Mediante un balance de materia, Passos *et al.* (2020) calcularon la generación total de biogás y energía térmica que es posible obtener con sistemas anaerobios de pequeña escala que den servicio a millones de habitantes de las zonas rurales y urbanas de Brasilia, así como de las zonas rurales aisladas que son parte de grandes y pequeños asentamientos (definidos por el Instituto Brasileño de Geografía y Estadística).

La energía térmica que el biogás generado produciría sería suficiente para desinfectar todo el lodo proveniente de las plantas de tratamiento de agua residual, produciendo biosólidos disponibles para agricultores de pequeña escala o para actividades familiares agrícolas ubicadas cerca de las plantas de tratamiento. Además de contribuir a cerrar el ciclo de nutrientes (N y P) y de reducir los costos de producción agrícola, habría un beneficio indirecto enorme por el cambio del destino del lodo, ya que hoy en día simplemente es transportado y dispuesto en rellenos sanitarios. Más aún, el excedente de energía térmica (después de la sanitización del lodo) sería suficiente para suministrar biogás para que más de 200 000 familias del norte de la región cocinaran (reemplazando el gas licuado del petróleo, GLP) y para calentar el agua de 40 000 familias de la región (reemplazando a la electricidad). Además de las ganancias sociales directas derivadas del suministro de biogás para uso doméstico, en la vecindad de las plantas de tratamiento de agua residual se tendrían ganancias indirectas muy importantes al evitar la emisión de gases GEI, especialmente cuando se reemplaza el GLP con biogás. En este ejemplo se estiman que se tendrían emisiones GEI negativas (evitadas) equivalentes a 6.1 Gt CO_2eq/año.

Existen diversos enfoques para recuperar y mitigar el metano del agua residual (Tabla 3.2) así como opciones para el uso del metano recuperado (Tabla 3.3).

3.4 ELEMENTOS POR CONSIDERAR EN PROGRAMAS Y POYECTOS DE SANEAMIENTO

Una vez que la política de saneamiento ha sido formulada es necesario aplicarla por medio de programas y proyectos. En las secciones siguientes se presentan los principales aspectos por considerar durante la ejecución de ambas actividades.

3.4.1 Recursos humanos bien capacitados

Los principales problemas a los que uno se enfrenta al implementar programas y proyectos son la falta de recursos humanos adecuadamente calificados, un financiamiento insuficiente y la necesidad de cumplir con estándares no apropiados[19]. El tema del insuficiente financiamiento será discutido en el Capítulo 5, mientras que lo inadecuado de los estándares fue presentado en la Sección 2.3.3.3 del Capítulo 2, y los temas de la educación y el entrenamiento serán discutidos con mayor detalle en el Capítulo 4. En esta sección, sólo se destaca la

---

[19] Por entrenamiento se entiende el sistema educativo de actuales y futuros empleados de una empresa de servicios de agua o de aguas residuales. Incluye herramientas, instrucciones, y actividades diseñadas para mejorar la eficiencia en el trabajo. Apoya tanto a los empleados como a las compañías, dado que es una forma de incrementar el conocimiento de la gente y de mejorar herramientas específicas de trabajo.

Tabla 3.2 Enfoques para recuperar y mitigar el metano del agua residual.

Enfoque de recuperación	Descripción
Instalar digestores anaerobios de lodos (en nuevas construcciones o al modernizar sistemas de tratamiento aerobio)	Los digestores anaerobios se emplean en procesos de tratamiento de agua residual o de lodos produciendo biogás, el cual puede ser usado *in situ* para evitar el uso de combustibles convencionales generando electricidad o energía térmica.
Instalar sistemas de captura de biogás en sistemas existentes de lagunas abiertas	Los sistemas de captura de biogás que se instalan en lagunas anaerobias son sistemas simples y fáciles de implementar. En lugar de invertir en una nueva planta centralizada de tratamiento aerobio, capturar el biogás simplemente cubriendo una laguna ya existente es la forma más económica y factible de reducir las emisiones de metano.
Instalar nueva infraestructura centralizada de tratamiento aerobio o cubrir lagunas	En lugar de optar por implementar opciones menos avanzadas de tratamiento descentralizado (o no dar tratamiento alguno), es mejor instalar sistemas centralizados de tratamiento o de lagunas cubiertas para tratar el agua residual y reducir considerablemente las emisiones de gases actuales y futuras que provienen del agua residual. Esta opción resulta más viable en zonas en donde la población está en crecimiento y se cuentan con infraestructura y energía disponible para operar este tipo de sistemas.
Instalar dispositivos simples en las descargas de reactores municipales anaerobios para la desgasificación del efluente	En diversos países del Sur Global con clima cálido (e.g., Brasil, India, México), los reactores anaerobios directamente alimentados con agua residual (e.g., lecho anaerobio de lodos con flujo ascendente o UASB en inglés, los filtros anaerobios, los lechos fluidificados o expandidos y los reactores con deflectores) cada vez se usan más en PTARs municipales pequeñas o medianas. En estos sistemas, cerca del 30% del metano producido se pierde como gas disuelto en el efluente tratado. Se puede recuperar una cantidad significativa de metano, simplemente colocando una columna cerrada con suficiente turbulencia justo antes de la salida del reactor y usar el gas en forma directa para generar electricidad o en un quemador.
Optimar la infraestructura existente/ sistemas que no estén operando correctamente e implementar una O&M adecuados	En lugar de instalar nuevas plantas de tratamiento de aguas residuales con digestores anaerobios, una alternativa viable para mitigar emisiones de metano es el optimar la infraestructura existente o poner a funcionar correctamente sistemas deficientes. La correcta O&M también asegura que la infraestructura emita un mínimo de metano.

Tabla 3.3 Opciones del uso del metano del agua residual.

Opción de Uso	Descripción
Generación de energía y calor con el gas proveniente de la digestión en un CHP	Es posible recuperar y emplear metano como combustible para generar electricidad y calor en un sistema CHP usando una amplia variedad de motores primarios, como máquinas reciprocantes, microturbinas y celdas de combustible. La generación de energía *in situ* puede compensar el consumo de electricidad y de energía térmica que se emplee para el suministro del calor requerido por el digestor, o bien, para la calefacción de interiores.
Purificación del gas proveniente del digestor para obtener la calidad requerida para su distribución por tubería	El biogás adecuadamente tratado y presurizado se puede comercializar o vender a la compañía local de gas natural.
Venta directa a usuarios industriales o productores de energía eléctrica del gas de la digestión	El biogás tratado se puede entregar o vender a usuarios de la industria local o de empresas de generación de energía para que ellos lo conviertan en calor o energía. El gas proveniente de digestores se puede usar como combustible en vehículos. Las plantas pueden tratar y comprimir al gas *in situ* y producir metano con calidad adecuada para su uso como combustible de transporte de pasajeros.

necesidad de contar con programas de capacitación para operadores de toda la cadena de saneamiento. Incluso los países que están al día en el cumplimiento de la meta 6.2 de los ODS no cuentan con suficientes recursos humanos entrenados en saneamiento, algo que no ocurre para el suministro del agua potable. Los países que reportaron en la evaluación del GLAAS 2021/2022 señalaron que sólo el 14% de ellos cuentan con suficientes trabajadores calificados (WHO, 2022). Pero, además, no es común que los programas de capacitación cubran las necesidades de toda la cadena de saneamiento, y los que existen no están adecuadamente adaptados a las tareas que los operadores necesitan realizar, en especial para las regiones de bajos ingresos. Todos los proyectos de la gestión y reúso, saneamiento básico, sistemas de drenaje, PTARs, lodo y lodos fecales, hacen uso de equipos y metodologías especializados para los cuales se requieren operadores con un entrenamiento específico para poder manejarlos de forma eficiente. Además, si los programas de entrenamiento no son acompañados con salarios razonables para los operadores, éstos se cambiarán a sectores donde paguen mejor. En otros casos, aun cuando existan trabajadores capacitados, éstos no siempre quieren vivir ni trabajar en zonas rurales (WHO, 2022).

Para contar con todos los recursos humanos requeridos para el saneamiento, también se debe tener programas educativos adecuados para el diseño de políticas, la planeación, el monitoreo y evaluación, la elaboración de reglamentaciones, el diseño, operación y mantenimiento de la infraestructura (O&M) (WHO, 2022). Además de herramientas operativas, los futuros profesionales del agua requieren herramientas que les permita realizar diagnósticos y monitoreos, así como saber interpretar los resultados de todo tipo de estudios que se hagan, incluyendo los de tipo económico y de manejo de riesgos (UN-Water, 2015b).

3.4.2 Equidad
3.4.2.1 Género

El mejorar la equidad en los servicios de agua y saneamiento no ha recibido la atención suficiente (Abedin *et al.*, 2019; Eakin *et al.*, 2020). Las mujeres siempre son el grupo vulnerable más afectado debido a que casi siempre pertenecen por lo menos a dos categorías de grupos vulnerables diferentes. Hacer de la equidad de género un tema transversal en la política ambiental es crucial para lograr el saneamiento para todos y contribuirá de manera importante a avanzar en otras de las metas de la Agenda 2030, en particular en los temas refrentes a la educación y trabajo (African Development Bank, UN, GRID-Arendal, 2020; UN-Water, 2015a, 2015b). Sin un saneamiento adecuado, infraestructura para agua limpia ni higiene en las casas, oficinas y escuelas, será muy difícil que las mujeres y niñas tengan una vida segura, productiva y saludable (Caretta *et al.*, 2022).

Las mujeres no sólo necesitan servicios de saneamiento, sino que además necesitan que éstos estén adaptados a sus necesidades, por ejemplo, durante la menstruación para la cual la privacidad es indispensable (UNICEF, 2019)[20]. Además, la privacidad que las mujeres necesitan difiere de la que los hombres requieren. Las necesidades de las mujeres en cuanto a la higiene son muy específicas durante la menstruación, el embarazo y después del parto (Ellis *et al.*, 2016; Saleem *et al.*, 2019). Muchas veces para evitarse situaciones desagradables, las mujeres no satisfacen su necesidad de ir al baño, poniendo en riesgo su salud. Más aún, las mujeres y niñas son más vulnerables a sufrir abusos y ataques cuando van al baño o a sitios en donde se practica la defecación al aire libre. A pesar de ellos, menos de dos tercios de países reportan la participación y hacen mención específica a las mujeres en sus leyes y políticas. Y, aunque ha habido avances en considerar a las mujeres y niñas en las políticas y planes nacionales (71% de los países) – como se reporta en el GLAAS 2021/2022 -, el seguimiento del avance en ambos es bajo (47% de los países) y aún mucho menor el apoyo financiero (21% de los países) (WHO, 2022).

En sociedades bajo normas patriarcales, se evita que las mujeres tengan acceso al agua y que participen en su manejo pues los derechos de las mujeres simplemente son obstaculizados (Caretta & Borjeson, 2015; Djoudi *et al.*, 2016; Sultana, 2018; Yadav & Lal, 2018). Existen muchos estudios que documentan la desviación en favor de los hombres del acceso a la información, de las oportunidades de empleo, de la disponibilidad de recursos económicos, y

---

[20] Esta es la razón principal por la cual la WHO-UNICEF JMP (2016) consideran que el saneamiento mejorado se debe referir a una instalación que no sea compartida entre familias, pero esto debe ser visto bajo una perspectiva cultural local, ya que en muchas regiones de bajos ingresos es común compartir diversos tipos de instalaciones entre miembros de una familia extendida.

de los procesos de toma de decisiones en las medidas de adaptación que se refieren al agua (Huynh & Resurreccion, 2014; Sinharoy & Caruso, 2019). Para asegurar que las necesidades de las mujeres sean consideradas, es preciso desarrollar políticas sensibles a la equidad del género, involucrando a las mujeres en su diseño, implementación y en la gestión de la infraestructura y de las instituciones. La participación de las mujeres en la fuerza de trabajo de las empresas de agua es baja, representa el 18% del total de trabajadores y 10% de los puestos WASH de los ministerios de gobierno y de las instituciones nacionales (World Bank, 2019a, 2019b). A pesar de que se estima que las mujeres producen cerca de dos tercios de la comida en la mayoría de los países del Sur Global, aún carecen de un acceso adecuado a la tierra, al agua, a la fuerza de trabajo, al capital, a las tecnologías, así como a otros insumos y servicios. En donde las mujeres forman parte del proceso de toma de decisiones, el saneamiento se torna más relevante debido a que ellas entienden mejor la importancia de tener una familia sana (Cuadro 3.8). Esto se debe a que las mujeres pasan más tiempo en casa y conocen mejor las necesidades de la familia, por lo que es esencial que ellas participen en el diseño y selección de las instalaciones de saneamiento doméstico, lo que además contribuiría a la apropiación y buen funcionamiento de los sistemas. Se ha demostrado que el desarrollo y la implementación de soluciones es más exitoso cuando se involucran grupos de autoayuda y asociaciones de mujeres (Caretta *et al.*, 2022). Investigaciones en el Sur de Asia demostraron que la participación de las mujeres en los programas de saneamiento incrementa la cobertura, se tiene un mejor mantenimiento de

Cuadro 3.8 Empoderamiento de mujeres que lideran proyectos de reúso en zonas rurales de Brasil

En 2015, la organización social sin fines de lucro, el Colectivo Cunhã, llevó a cabo un proyecto para tratar y reusar aguas grises en el riego de jardines familiares de la región árida del oeste Cariri. Este proyecto se realizó en conjunto con un colectivo (PATAC), el gobierno (SEMEAR) y agencias internacionales de desarrollo (ECID/IICA/FIDA).

En el medio rural del oeste Cariri, la división de labores se basa en el género y es muy desfavorable para las mujeres. Para fortalecer su autonomía económica y política, el colectivo creó grupos de mujeres para realizar acciones sociales y políticas. Se instalaron tres plantas piloto de tratamiento de agua grises en las municipalidades de Congo, Prata y Monteiro. Durante la ejecución del proyecto se llevaron a cabo actividades de sensibilización sobre el potencial del reúso del agua para la producción agrícola. El proyecto se diseñó e implementó en forma participativa, cooperativa y con el liderazgo de mujeres con el objeto de contribuir a su empoderamiento en la comunidad y como agricultoras. Además de empoderar a las mujeres, el proyecto fue muy exitoso para el manejo del agua y la contribución a la seguridad alimentaria (IICA, 2017).

las instalaciones, existe una mayor conciencia sobre la higiene y hay una menor incidencia de enfermedades transmitidas por la vía fecal-oral en la comunidad (Fewtrell & Bartram, 2001). Cuando se involucran a las mujeres, es más fácil implementar proyectos de saneamiento que impactan otras áreas, como, por ejemplo, la de la seguridad alimentaria de la familia. Pero, involucrar a las mujeres en proyectos no significa considerarlas como un conjunto homogéneo de personas. Los papeles que diferentes mujeres juegan a nivel local y en su rol de género no son intercambiables ni generalizables (Carr & Thompson, 2014; Djoudi *et al.*, 2016; Gonda, 2016; Sultana, 2018).

3.4.2.2 *Conocimiento indígena y local*

Las comunidades indígenas poseen conocimiento ancestral de sus tierras y agua y, aunque valioso, con frecuencia es marginalizado del gobierno del agua. Es necesario que tanto gobiernos como sociedad civil reconozcan, integren y escuchen sus conceptos, necesidades y visiones para enriquecer la forma con la cual se gobierna el agua, así como para crear un ambiente de confianza entre todos (UN Water, 2015a, 2015b).

Aun cuando antiguamente las comunidades vivían empleando el concepto de lo que hoy conocemos como 'economía circular' (Caretta *et al.*, 2022), la colonización destruyó la mayor parte de este enfoque reemplazándolo con prácticas deficientes de saneamiento. El enfoque sustentable que empleaban antes era parte de la forma con la cual las comunidades indígenas veían y manejaban los recursos naturales, incluyendo al agua. Aplicar enfoques de descolonización en el campo del saneamiento y del manejo del agua (Arsenault *et al.*, 2019; Wilson, 2019) no sólo es una forma de reconocer la importancia del conocimiento local, sino también enriquece las prácticas que se usan para el saneamiento. En este sentido acoplar el saneamiento con el reúso resulta lógico y puede facilitar el proceso de toma de decisiones culturalmente inclusivo, así como los procesos de planeación colaborativa a nivel local y nacional (Harmsworth *et al.*, 2016; Parsons *et al.*, 2017; Somerville, 2014). Entre los principales retos que se enfrentan cuando se manejan proyectos de saneamiento y reúso de agua en comunidades indígenas se encuentran:

- La necesidad de adaptar el marco legal a las reglas y procedimientos tradicionales para desarrollar e implementar los proyectos.
- Integrar su visión en modelos de derechos de agua que se basen en el mercado y que pueden llegar a impedir este tipo de ejercicio.
- Integrar el principio de la inclusión de género como nosotros lo entendemos, pero también, como lo están adaptando a sus propias culturas. Contar con mujeres en los proyectos es fundamental, pues son ellas quienes poseen gran parte del conocimiento local y tradicional (Fauconnier *et al.*, 2018; James, 2019).

3.4.2.3 *Cubrir las necesidades de todos los grupos vulnerables*

Casi siempre los países cuentan con medidas para proporcionar saneamiento a las personas que viven en la pobreza (Figura 3.5; WHO, 2022). Pero, hay otros grupos por considerar como son los que viven en zonas remotas o difíciles de

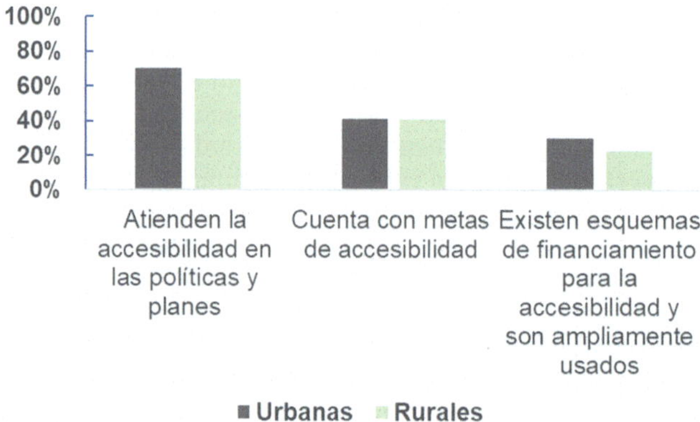

Figura 3.5 Porcentaje de países que tienen que atender la asequibilidad al saneamiento (fuente: WHO, 2022).

acceder, la gente con capacidades especiales, los desplazados al interior de un mismo país, los migrantes y refugiados que viven en campamentos, las personas mayores, las personas que viven en barrios marginales o asentamientos informales y los grupos religiosos. En zonas dominadas por la mafias o carteles de drogas (o de cualquier otro tipo de cartel, como el del tráfico humano) el reto que se enfrenta es particular; en muchas ocasiones el gobierno no puede entrar en estas zonas llegando incluso a que se reporten casos en los cuales son los propios grupos de mafia los que prestan los servicios públicos. La idea de esta sección es invitar al lector a reflexionar en sus propias condiciones locales. En cada país, región o sociedad los grupos vulnerables son diferentes. Por ejemplo, en Colombia, las zonas afectadas por la 'Guerrilla' son un grupo vulnerable en el cual la vulnerabilidad consiste en la pérdida del concepto de contar con un gobierno (Cuadro 3.9).

Cuadro 3.9 Un grupo vulnerable generado por la 'Guerrilla' en Colombia también necesita servicios de agua y saneamiento

El Programa de Desarrollo de las Naciones Unidas (UNDP, por sus siglas en inglés) es parte de la comunidad internacional que implementa el proceso para el acuerdo de paz, y lo hace apoyando en campo el desarrollo de estrategias y acciones que promuevan una mayor equidad social y, contribuyan a reincorporar a excombatientes de la 'Guerrilla' a la vida civil. En 2017, COLCIENCIAS – el actual Ministerio de Ciencias, Tecnología e Innovación -, y UNDP establecieron una alianza en el marco del 'Programa de Ciencia, Tecnología e Innovación en comunidades sustentables por la paz'. Este programa fue diseñado para atender las necesidades de comunidades con elevados valores ambientales, poblaciones dispersas, necesidades básicas de agua y energía, así como de procesos productivos insatisfechos.

En este contexto, COLCIENCIAS y UNDP realizaron el Proyecto para el Espacio Territorial de Capacitación y Reincorporación 'Mariana Paez' (ETCR) que abarcó más de cinco poblados de la municipalidad de Mesetas, cubrió un área de cerca de 50 000 hectáreas y 468 familias con ganado y cafetales. Debido a que la zona había estado ocupada por la guerrilla, así como por la falta de la presencia del gobierno para prestar sus funciones, los servicios de agua potable y de saneamiento eran deficientes. A pesar de que en el pasado muchos sistemas de agua potable y saneamiento habían sido construidos éstos ya no operaban por falta de fondos y conocimientos técnicos para hacer que los servicios fueran sustentables. Como parte del Programade para la Paz, en cada poblado se formó una Junta de Acción Comunal (JAC) con la finalidad de mejorar las condiciones de vida de los habitantes. Los miembros de la JAC también formaban parte de la Asociación de Usuarios del Agua (AUA), la cual fue responsabilizada de manejar en cada poblado los sistemas de agua potable y saneamiento. Las JAC y las AUA son asociaciones comunitarias creadas para apoyar los procesos participativos de toma de decisiones, para hacer propios los servicios públicos e, incluso, para gobernarlos en caso de que el Estado no pueda proveer los servicios o no esté dando suficiente seguimiento a las actividades, ya sea por falta de recursos o por la limitada accesibilidad al territorio. En este contexto, tanto las JAC como las AUA fueron reconocidas por el gobierno colombiano como entidades capaces de prestar servicios, siguiendo la reglamentación y sujetas a supervisión.

El proyecto abarcó: (1) la identificación y evaluación de la infraestructura disponible para servicios de agua; (2) el desarrollo de opciones para optimar la infraestructura existente o para proponer nueva cuando no estuviera disponible; (3) la construcción o mejora de instalaciones, y (4) el involucrar y entrenar a la comunidad para la gestión, operación y mantenimiento de los sistemas.

Por medio de procesos participativos en los cuales la comunidad estuvo estrechamente involucrada, se seleccionaron combinaciones de sistemas principalmente descentralizados y algunos centralizados para la región. Para los sistemas centralizados, las JAC, por medio de las AUA, quedaron como responsables de la gestión, la contratación de personal para O&M (un plomero), y de implementar mecanismos de financiamiento en los cuales se cobraba una tarifa mensual a los usuarios. Un componente importante del proyecto fue el de la educación y el entrenamiento. La población local fue entrenada para construir, gestionar y dar mantenimiento a los sistemas de saneamiento. Para que la comunidad se apropiara del proyecto, se efectuaron campañas de sensibilización y educación. Al término del proyecto, la AUA con apoyo de la comunidad era capaz de manejar y dar mantenimiento a los sistemas de manera autónoma sin depender del gobierno.

Fuente: con información de Pontificia Universidad Javeriana-Universidad de La Salle (2021).

Para atender con éxito las necesidades de los grupos vulnerables, quienes formulan las políticas y toman las decisiones deben establecer prioridades de actuación estableciendo tareas específicas para atender a estos grupos. Además de establecer acciones para el saneamiento como parte de las políticas y de los planes, se requiere monitorear su avance y asegurar que haya apoyo financiero. Adicionalmente, atender a todos no sólo significa construir las instalaciones para la cadena completa de saneamiento, sino también, asegurar que los servicios sean asequibles. La asequibilidad es una obligación reconocida en sí misma en los DHA de la ONU y también es parte de la Agenda 2030. A pesar de que se acepta que la asequibilidad[21] es un atributo esencial para no dejar nadie afuera (no dejar nadie atrás, como traducción literal del inglés), en cada país este atributo se define, atiende y monitorea de manera diferente. Y, a pesar de que nivel mundial la mitad de los países cuentan con metas para la asequibilidad del saneamiento, sólo un tercio cuenta con sistemas de financiamiento que se usen efectivamente para ello, con notorias diferencias entre las zonas urbanas y rurales (WHO, 2022).

3.4.3 Uso de tecnología innovadora
3.4.3.1 *Aplicación de soluciones verdes e híbridas*
Los sistemas ambientalmente amigables o infraestructura verde facilitan la transición a las respuestas holísticas para manejar el ciclo completo del agua. Bajo esta óptica, la infraestructura verde debe ser evaluada técnica, ambiental, social y económicamente. La infraestructura basada en la naturaleza (verde o azul), como los humedales y los ecosistemas hídricos saludables, por ejemplo, usa sistemas naturales o semi-naturales para contribuir al suministro de agua limpia, regular inundaciones, manejar agua residual, mejorar la calidad del agua y controlar la erosión. En comparación con la infraestructura gris, la infraestructura natural generalmente es más flexible, costo-efectiva y proporciona de manera simultánea múltiples beneficios sociales y ambientales (Caretta *et al.*, 2022) (Cuadro 3.10).

3.4.3.2 *Desarrollo tecnológico*
Siempre se requerirá del empleo de nuevas tecnologías, pero para ello se necesario desarrollarlas a un nivel suficiente por medio de procesos que pueden ser largos y que forzosamente implica su prueba a escala completa. Por ello, si se desea contar con nuevas y mejores tecnologías, quienes formulan políticas y toman decisiones deben apoyar este proceso.

Entre otros aspectos, la adopción de nuevas tecnologías depende de la disponibilidad de fondos para poder financiar su desarrollo y el de que la gente se las apropie en un contexto local. Ello implica dos cosas: que cuando la tecnología no está bien seleccionada se pierda dinero (y tiempo), y que la efectividad deba ser demostrada bajo las mismas condiciones en las cuales se pretende

---

[21] En 2021, la WHO y UNICEF emitieron recomendaciones sobre la manera de monitorear la asequibilidad de los servicios WASH pero, también reconocieron que se requiere continuar discutiendo sobre qué se entiende por este concepto a nivel internacional (WHO, 2022).

Cuadro 3.10 Empleo de soluciones basadas en la naturaleza para el manejo del agua

De manera relativamente generalizada, existe evidencia de que los impactos por inundaciones fluviales y costeras pueden ser mitigados con soluciones basadas en la naturaleza (SBN) como, por ejemplo, con estanques de detención/retención y, la restauración de ríos y humedales. Estas soluciones son efectivas para recuperar llanuras de inundación, gestionar inundaciones de manera natural, manejar agua residual, regenerar la biodiversidad y 'hacer espacio para el río'.

A escala urbana y periurbana, las SBN incrementan la resiliencia de ciudades al manejar la escorrentía urbana y contribuir a mitigar el efecto de la isla de calor. También, depuran el agua de escorrentía y proporcionan un tiempo adicional de retención hidráulica disminuyendo las inundaciones urbanas. Esto es particularmente útil para mitigar los efectos causados por eventos de precipitación extrema en ciudades. Por ejemplo, en Nueva York y Copenhague se han empleado este tipo de soluciones utilizando diferentes fuentes de financiamiento (incluso con el apoyo de compañías de seguros; SWISS Re, 2024) para su construcción. Los criterios empleados para seleccionar las SBN consideran cada vez más evaluacio|nes económicas en las que se incluye el posible co-diseño con interesados. En comparación con la infraestructura gris, y a pesar de las ventajas adicionales y diferentes que tienen, la eficiencia de las SBN para mitigar inundaciones es limitada, especialmente cuando los volúmenes de agua de escorrentía por manejar son muy altos. Por ello, y como comentado, las soluciones híbridas al combinar las ventajas de las soluciones verdes con la de las grises, se pueden usar mientras se desarrollan más las soluciones verdes.

Fuente: con información de Caretta *et al.* (2022), IUCN (2020).

emplear. Así, para resolver muchos de los problemas públicos empleando nueva tecnología, el reto consiste en antes demostrar que ésta es efectiva en campo y bajo condiciones similares, independientemente de su tamaño, marca, país de origen o currículo vitae de la compañía que la comercialice.

La academia puede ser útil para aclarar la posibilidad de uso de una nueva tecnología, así como para contar con programas de desarrollo tecnológico (Cuadro 3.11). Sin embargo, la universalización del uso de la tecnología requiere la participación de compañías privadas para que comercialicen los inventos que en campo hayan demostrado su efectividad (Cuadro 3.12).

Los ejemplos de los Cuadros 3.11 y 3.12 demuestran que en el desarrollo de la tecnología y su aplicación se necesita diversos tipos de apoyo y que, en la mayor parte de las veces, ello de incluir la participación de empresas exitosas en el último paso, el cual se refiere a la comercialización.

Cuadro 3.11 Investigación y Desarrollo tecnológico: la necesidad de un detonador para el rumbo

En 2011, la Fundación Bill & Melinda Gates estableció el reto de *Reinventar el excusado*. Bajo esta iniciativa se promovió el trabajo de investigadores, científicos y manufactureros para desarrollar soluciones para proveer un saneamiento seguro que funcionara sin depender de la existencia de drenajes o de la disponibilidad de agua. Después de una década de haber lanzado este reto, se obtuvo una amplia respuesta de innovación. Científicos e ingenieros de todo el mundo desarrollaron cientos de ideas prometedoras sobre cómo diseñar excusados que procesaran de manera segura los desechos humanos con muy poca o nula electricidad. Se crearon excusados que convierten las heces fecales en recursos valiosos, como fertilizantes, agua limpia, electricidad y otros productos. La siguiente fase del proyecto empleará las mejores ideas para reinventar y desarrollar un nuevo excusado.

Fuente: con información de https://www.gatesfoundation.org/our-work/progra ms/global-growth-and-opportunity/water-sanitation-and-hygiene/reinvent-the-toilet-challenge-and-expo

Cuadro 3.12 La reinvención del excusado tailandés: un estudio de caso sobre innovación y éxito comercial

El Asian Institute of Technology (AIT) desarrolló cuatro productos innovadores. Un cubo hidro-ciclónico, el cual consiste en un sistema que emplea la gravedad y ciclones para separar desechos sólidos de líquidos y la esterilización con calor para generar un producto reusable y libre de patógenos. Un sanitario instalado dentro de un vehículo para disminuir los costos de tratamiento y de transporte; el sanitario es adaptable y está equipado de un separador sólido-líquido así como de un sistema de desinfección. Un sistema para adaptar fosas existentes, el cual es una versión moderna de una herramienta que se puede integrar dentro de los pozos de visita para procesar la materia fecal antes de su descarga al ambiente. Un sistema séptico solar que usa el calentamiento del Sol para mejorar la eliminación de patógenos y biodegradar la materia orgánica a la vez que mejora la calidad del efluente de tanques sépticos.

Uno de los diseños del cubo hidro-ciclónico, denominado Zyclonic, se comercializó con éxito mediante un partenariado con la SCG Chemicals Plc. El diseño es reconocido en Tailandia como el primer excusado en el cual, durante el tratamiento del desecho, se realiza una separación y el eficiente control de patógenos. Este Zyklon es una tecnología de tratamiento de agua residual descentralizada que usa excusados autónomos que ayudan a retener y tratar patógenos sin necesidad de agua, conexión al drenaje o de electricidad, por lo que son adecuados y sostenibles en asentamientos urbanos pobres. El éxito de su introducción a la vida diaria consistió en construir unidades piloto en la Comunidad de Rama IX's Khlong Phlabphla. Una vez que la tecnología fue probada en campo, se estableció una colaboración intersectorial entre SCG Chemicals Co., Ltd. (compañía privada), la Fundación Bill & Melinda Gates (financiado internacional) y el AIT (academia). El avance y la comercialización subsecuente del excusado reinventado en Tailandia dejó claro dos lecciones cruciales. La primera fue, el demostrar que la innovación, la colaboración y la sustentabilidad juntas son capaces de remediar de manera efectiva problemas relevantes de salud pública a la vez que ser un éxito comercial. La segunda, es la necesidad de contar con la aceptación e involucramiento de la comunidad para que este tipo de iniciativas prosperen. El caso del excusado Zyclonic no sólo dio respuesta a una necesidad acuciante de la sociedad, sino que también promovió la transformación de la comunidad, al motivar la autoconfianza y a que la gente aspirara a tener mejores estándares de vida.

Fuente: con información de ADB (2021a, 2021b).

doi: 10.2166/9781789065053_0097

Capítulo 4

Es necesario gestionar la percepción, las actitudes y el conocimiento sobre el saneamiento

MENSAJES CLAVE:

- El saneamiento y el reúso del agua no son temas fáciles de entender ni de asimilar por parte de los usuarios, políticos y donadores. Como resultado, tanto quienes formulan las políticas como los que toman las decisiones tienen que hacer un esfuerzo especial para hacer accesibles estos temas a todos.
- Mejorar la comunicación, informar más a la sociedad y fomentar la educación sobre el saneamiento y reúso del agua ayuda a mejorar la percepción, las actitudes y el conocimiento de los proyectos y contribuye a mejorar la calidad de los procesos participativos.
- Para poder ejecutar en forma sustentable y eficiente proyectos en sitios en donde los servicios de saneamiento han sido deficientes o insuficientes y/o se han desarrollado proyectos de reúso que han causado daños e insatisfacción, es importante modificar la percepción social para promover una nueva visión.
- Para que el reúso del agua no sea percibido como un problema (social, de salud, ambiental, económico, etc.) sino como un recurso de agua y de otros productos que cuando son empleados en forma adecuada producen bienestar en la comunidad es necesario cambiar de paradigmas.

4.1 IMPORTANCIA DE LA PARTICIPACION SOCIAL

La Agenda 2030 para el Desarrollo Sustentable (A/RES/70/1) es muy clara en establecer que, sin la participación de las comunidades locales, los objetivos de desarrollo sustentable (ODS) – incluido el ODS 6 'Agua limpia y saneamiento' – no serán cumplidos. A pesar de ello, la implementación de procesos de participación pública se limita a algunas regiones, países, organizaciones y áreas de especialización. Muchas veces ello se debe a la ausencia de marcos legales e institucionales, así como de reglamentos adecuados al contexto social y cultural. Ello a pesar de que son los gobiernos los que deberían estar interesados en promover la participación pública.

Los procesos participativos permiten que una comunidad sea parte de la planeación, implementación y gestión de programas. Dicha participación se lleva a cabo por medio de diversos mecanismos como son los foros, los grupos comunitarios, el acceso a la información, los mecanismos de retroalimentación formal a la prestación de servicios, la representación formal de usuarios o comunidades en procesos para la toma de decisiones de gobierno y en la solución de conflictos entre usuarios y prestadores de servicios o entre los proprios usuarios. Para que los procesos participativos sean útiles es esencial que quienes son parte de ellos estén conscientes del papel que deben jugar, cuáles son las contribuciones que se requieren de ellos y para cuáles otras tienen potencial, así como cuáles son sus retos e intereses por promover cambios, reformas y aplicar medidas internas que les permitan alcanzar las condiciones óptimas requeridas para los servicios de saneamiento. Durante los procesos participativos, tanto usuarios como prestadores de servicios necesitan revisar cuáles son sus puntos de vista sobre el saneamiento, identificar qué necesitan aprender, así como qué aspectos requieren entender de las opiniones de otras personas. Para que esto ocurra, quienes formulan las políticas y toman decisiones necesitan saber cómo gestionar la percepción, las actitudes y el conocimiento[1] de manera que los objetivos del saneamiento y del reúso de agua se puedan alinear con los de la comunidad.

En la encuesta del GLAAS, la mayoría de los países (cerca del 90%) reportaron que contaban en su leyes o políticas con procedimientos para desarrollar procesos participativos públicos referentes al agua. Sin embargo, menos de un tercio los empleaba. La participación de usuarios y de comunidades es limitada debido a la falta de recursos económicos y humanos. Únicamente el 17% de los países cuentan con el 75% de los recursos económicos necesarios para promover la participación. Este porcentaje es aún más bajo para los países con un nivel bajo de ingresos (WHO, 2022).

4.2 PERCEPCIÓN PUBLICA

El interés y la forma con la cual los actores participan en la planeación o el desarrollo de un proyecto depende de la percepción que tengan del mismo. Aun cuando un proyecto esté técnicamente bien planeado y atienda las necesidades de saneamiento que demanda la sociedad, éste puede fallar si no se considera adecuadamente la percepción pública (OMS, 2006). La percepción pública es la idea que la gente tiene sobre algún tema y no necesariamente corresponde con la realidad.

---

[1] Algunos autores se refieren a esto como CAP, que significa conocimiento, actitudes y percepción, el orden en el cual se presentan estos conceptos en este libro fue alterado atendiendo a la lógica de los procesos de gestión.

La percepción de las personas, grupos o comunidades se forma a partir de la información que tengan disponible, así como de la experiencia personal con los fenómenos, sus causas y efectos (Bagheri *et al.*, 2008; Cookey *et al.*, 2016, 2020; Prinz, 1990). Aun cuando existen puntos de vista comunes sobre un mismo tema para grupos de personas con características afines, la percepción difiere de una persona a otra. La percepción pública depende de los contextos sociales, el estado de salud pública, la economía y el ambiente, y es evaluada por medio de diversos métodos, uno de los cuales son las encuestas (Bargh & Barndollar, 1996; Bargh & Ferguson, 2000; Dijksterhuis & vanKnippenberg, 1998). Y, a pesar de que la percepción pública está directamente relacionada con el contexto local, hay muchos estudios que ayudan a entender cómo es ésta para los temas de saneamiento y reúso de agua (Kihila *et al.*, 2014; Kilobe *et al.*, 2013; Liberath Msaki, *et al.*, 2022; Mayilla *et al.*, 2017).

Entender la percepción de diferentes grupos sociales sirve para preparar reuniones y programas de comunicación, de sensibilización o educativos. También, es útil para que la sociedad misma compare sus creencias con los hechos, comprenda las opiniones de otros grupos de la población y encuentre cómo lograr acuerdos. El entender la percepción social sobre proyectos y programas de saneamiento y de reúso ayuda a los responsables de las políticas y a quienes toman decisiones a identificar ideas preconcebidas y el origen de las mismas cuando no correspondan con la realidad, de: (a) los usuarios, (b) las organizaciones criticadas por los impactos de sus proyectos en la gente, la cultura, el ambiente o la política, (c) los que a pesar de que no son usuarios resultan afectados por un proyecto (por ejemplo, la gente que vive junto a las instalaciones o que son desalojadas por los proyectos) y (d) de los donadores potenciales o de los políticos de quienes se espera que apoyen las iniciativas de saneamiento (Cuadro 4.1).

4.2.1 Qué se conoce sobre la percepción del saneamiento y reúso de agua

Aun cuando los estudios de percepción pública son necesarios, éstos son difíciles de realizar, requieren tiempo y son costosos. Por estas limitaciones, es útil consultar la literatura, incluso cuando estos estudios se refieran a otros contextos específicos, provengan de zonas determinadas o de encuestas a nivel internacional.

4.2.1.1 Por tema

4.2.1.1.1 Percepción del saneamiento

Hoy en día, a nivel mundial, existe una mayor conciencia sobre los riesgos ambientales y de salud que se asocian con la falta de saneamiento, al grado de que cuando se perciben éstos los precios de casas y terrenos, así como el turismo resultan afectados (Xue *et al.*, 2022). Por ello, a nivel internacional y nacional se han desarrollado diversas iniciativas para promover el saneamiento y el reúso, y mejorar la calidad del agua. A pesar de ello, la sociedad sigue percibiendo que el agua residual es un problema del gobierno más que uno propio. Además, aun cuando la gente comprende la necesidad de construir sistemas para el manejo del agua residual, no siempre está de acuerdo en que las instalaciones se coloquen cerca de su vivienda, ni del tipo de procesos que se seleccionan,

Cuadro 4.1 Dos estudios de caso que demuestran la relevancia de entender la percepción pública de los proyectos de saneamiento

Ejemplo 1: A pesar de que la percepción de los usuarios estaba bien fundamentada ésta no fue entendida por quienes tomaban las decisiones por sus antecedentes históricos y educativos (Jiménez Cisneros, 1995; Jiménez & Chávez, 1998).

En 1992, la zona metropolitana de la Ciudad de México, con 23 millones de habitantes, trataba sólo el 5% de su agua residual. Desde la época de la Conquista por los españoles (siglo 15), toda el agua residual de la ciudad fue sacada por el norte de ésta. En el siglo 19 se construyeron drenajes muy grandes para transportarla. El agua residual sin tratar fue descargada toda a un mismo valle, denominado Valle del Mezquital. Este valle es una región semiárida con únicamente 550 mm de precipitación por año y una evaporación tres veces mayor. El Valle del Mezquital era una región muy pobre y con muy baja productividad agrícola pues el suelo de la región no era adecuado para ella y, porque el agua de riego era escasa. En el valle se tenía únicamente un cultivo al año, durante la época de lluvias. Por ello, cuando el agua residual de la Ciudad de México comenzó a llegar a éste pronto se comenzó a utilizar por los agricultores para riego, incrementando la productividad de los cultivos de 90 a 150% y logrando tener de tres a cuatro cosechas por año. El precio de la tierra en la zona que recibía agua residual se incrementó entre tres y seis veces. Sin embargo, las enfermedades por lombrices en niños de 4 a 16 años también aumentaron, pero en 16 veces en comparación con áreas similares que usaban agua limpia para riego. Frente a esta situación, el gobierno federal inició un proyecto para tratar y reusar el agua de la Ciudad de México. Los agricultores pronto se opusieron al proyecto argumentando que querían seguir recibiendo la misma cantidad de agua y con la 'sustancia' que contenía. Ello condujo a una investigación detallada para entender que era 'la sustancia' y a implementar programas de comunicación para asegurar a los agricultores la disponibilidad del agua después del proyecto. A pesar de que los agricultores resultarían beneficiados, el gobierno tenía muy pocas posibilidades de llevar a cabo el proyecto sin su aprobación. Además, las leyes de salud, del ambiente y la del agua prohibían la descarga del agua contaminada, así como su uso para el riego. Los agricultores tenían una concesión oficial para la mayor parte del agua residual de la Ciudad (obtenida del presidente en los años 1960s) pero también para la totalidad por la adquisición de derechos consuetudinarios.

La investigación demostró que por la aridez de la región, los agricultores empleaban una gran cantidad de agua para riego (2.5 m de agua por año), la cual servía para disminuir la salinidad del suelo, y que la 'sustancia' que ellos querían tener era la materia orgánica que mejoraba la calidad del terreno junto con el nitrógeno y fósforo que lo fertilizaba. Ello condujo a realizar un cambio en los estándares mexicanos para incluir una calidad de agua que se alineara con las necesidades de agua para riego y no con la descarga a cuerpos de agua, es decir, tener una remoción limitada de materia orgánica biodegradable y limitada o nula de nitrógeno y de fósforo, a la vez que se efectuara una eliminación total de los huevos de helmintos causantes de las enfermedades por lombrices (helmintiasis).

Ejemplo 2: La percepción social de saneamiento se relaciona con la tecnología y la calidad de los servicios que la gente recibe, *fuente*: con información de Cookey *et al.*, 2016 and 2020).

A pesar de que hay estudios que sugieren que lo recomendable es extraer los lodos de los tanques sépticos y de letrinas cada 2–5 años dependiendo del número de usuarios, con frecuencia éstos nunca son extraídos sino hasta después de 20 años, cuando el contenido está solidificado y es difícil de remover. Cuando la extracción de lodos se hace irregularmente o es retrasada, se afecta el funcionamiento del sistema de saneamiento provocando desbordes y derrames en zonas urbanas, rurales o cuerpos de agua, que afectan negativamente la salud, el ambiente y la dignidad. Un estudio de percepción realizado para entender la razón por la cual la gente de Tailandia se reúsa a limpiar sus sistemas de saneamiento *in situ* (SIS) encontró que las causas eran tanto técnicas como sociales. Las barreras técnicas se relacionan con la construcción deficiente, el empleo de materiales de mala calidad y de espacios inapropiados para manejar el contenido de las letrinas en forma adecuada. Estas barreras son relativamente fáciles de ser corregidas por medio de estándares de construcción y operación, y asegurando que se cumplan. Las causas sociales, en cambio, consisten en la falta de operadores capacitados, así como en el desinterés de los usuarios para vaciar las letrinas. Para lo primero, es posible establecer programas de educación y entrenamiento mientras que para la segundo – el involucramiento proactivo de los usuarios- se requiere un mejor entendimiento de las razones por las cuales hay falta de interés para desarrollar un programa de cambio del comportamiento.

la necesidad de pagar por la totalidad o parte de los servicios de saneamiento o por tener que estar activamente involucrados en los procesos. De hecho, la mayoría de la gente conoce muy poco de los proyectos que conforman toda la cadena de saneamiento o del reúso del agua (Liberath Msaki *et al.*, 2022).

En cuanto al saneamiento básico, la situación es aún más preocupante. Por muchas décadas y en diversas partes del mundo, la gente no aprecia los sistemas sin drenaje ni los sistemas SIS y considera que los proyectos de saneamiento no son buenos. Existen diversas razones para ello. Muchas veces, los sistemas de saneamiento han sido instalados con materiales de calidad insuficiente y sin emplear estándares de construcción apropiados, además de que no son operados de forma adecuada, trayendo todo ello como resultado que sean rechazados por los usuarios al estar plagados de insectos y animales, así como generar malos olores (Cuadro 4.2). Esto ha conferido a ciertas tecnologías una mala reputación aun cuando sean 'eco amigables y adaptadas a países en desarrollo' (Liberath Msaki *et al.*, 2022). Lo anterior se puede deber a la insuficiencia de fondos y el interés por servir a mucha más gente. Pero, también, se debe a la percepción por parte de los tomadores de decisiones de que ciertas tecnologías aun cuando ineficientes, por ser de bajo costo de construcción, deben ser para la gente pobre. Con frecuencia, las condiciones sociales y políticas generan que una parte de la sociedad reciba servicios de buena calidad y que no demandan un esfuerzo personal para su operación, mientras que, para otros, los servicios son deficientes y además los deben operar. Bajo estas condiciones el saneamiento no hace otra cosa más que aumentar la división entre las clases sociales.

Cuadro 4.2 Importancia de la percepción del saneamiento para avanzar en los programas de India

A pesar de que en India la proporción de gente que practica la defecación al aire libre disminuyó sustancialmente, esta práctica continúa y sigue siendo elevada, en particular, en relación con el grado de desarrollo económico del país. El Programa Conjunto de Monitoreo de Suministro de agua, Saneamiento e Higiene de WHO/UNICEF de 2019 reportó estimaciones que mencionan que el 26% de la población de India practica la defecación al aire libre, el 2% emplea instalaciones no mejoradas, el 13% usa instalaciones con saneamiento limitado (compartidas) y el 60% cuenta por lo menos con una instalación de saneamiento básico.

Desde los años 1980s, el gobierno ha efectuado campañas nacionales de saneamiento para incrementar las letrinas domiciliarias, principalmente por medio de subsidios. Pero, instalar letrinas en casas no garantiza su uso; una fracción importante de quienes poseen letrinas domiciliarias en India reportan que los miembros de la familia continúan practicando la defecación al aire libre, en particular en zonas rurales (únicamente el 37% de los domicilios rurales emplean sus instalaciones de saneamiento). En comparación, en países vecinos que tienen un producto interno bruto menor – Bangladesh y Paquistán–, la tasa de defecación al aire libre es también menor (<1 y 10%, respectivamente). En Paquistán y Bangladesh el porcentaje de la población que usa los servicios de saneamiento básico es el mismo o más bajo que en India (60 y 48%, respectivamente) y la población que emplea una instalación de saneamiento no mejorada o limitada es mayor.

A pesar de los numerosos esfuerzos e inversiones que el Gobierno de la India ha realizado para incrementar la cobertura, los estudios muestran que los avances en la eliminación de la defecación al aire libre son modestos y que no hay impactos medibles en la salud de los niños. Entre las barreras que impiden el uso de las letrinas se citan la construcción deficiente o incompleta, la carencia de fuentes cercanas de agua para la limpieza después de defecación, las creencias culturales sobre la pureza y la contaminación, el temor a que la fosa se llene muy rápido y una fuerte preferencia por la defecación al aire libre.

Fuente: con información de De Shay *et al.* (2020), Sclar *et al.* (2018, 2022).

Entre las principales causas por las cuales las soluciones de saneamiento son rechazadas por la población se encuentran el que no son cómodas, la mala calidad de las instalaciones y la falta de privacidad. Al nivel de comunidades, las razones que predominan son las afectaciones al ambiente por la carencia de servicios de apoyo para disponer la materia fecal o el agua contaminada. En realidad, para entender por qué muchos programas de saneamiento fallan, uno se debería preguntar a sí mismo si podría vivir en las mismas condiciones. Rara vez la gente se siente a gusto teniendo que invertir tiempo en operar o usar soluciones que están mal construidas o que son feas, en particular, si se considera que el tiempo requerido para la operación y el manejo puede ser usado para trabajar más y mejorar los ingresos, pasar tiempo con la familia, o simplemente, tener tiempo libre para alguna diversión o relajarse. Los servicios necesitan ser de buena calidad y sustentables; lo que también significa reducir las diferencias en la equidad, no sólo en el saneamiento sino en muchos otros aspectos. La Figura 4.1 muestra ejemplos de las causas por las cuales la gente está a disgusto y rechaza soluciones de saneamiento y reúso del agua. Se puede observar que, en general, las personas no se oponen a mejorar sus condiciones de vida o a reusar el agua, las razones son otras.

4.2.1.1.2 Percepción del reúso del agua

Independientemente de la solidez de la evidencia científica que se tenga, las percepciones y la aceptación pública del reúso del agua son los factores principales para poder implementar proyectos con éxito (Liberath Msaki *et al.*, 2022; Michetti *et al.*, 2019). A pesar de que cada vez hay más gente que considera que el reúso de agua es vital para proteger el ambiente, generar ingresos económicos y mejorar la productividad agrícola (Akpan *et al.*, 2020; Liberath Msaki *et al.*, 2022), el interés por emplear agua de reúso depende de diversos factores subyacentes. Entre éstos, los de mayor importancia son la disponibilidad de agua a nivel local y el tipo de reúso (Anderson *et al.*, 2008; Jiménez & Asano, 2008). En especial, en cuanto al reúso, lo que más preocupa a la gente es lo que se relaciona con la salud, y cuando el uso implica el contacto directo (higiene personal, lavado de ropa) es más probable que haya un rechazo que cuando no lo hay (agricultura o regado de jardines) (Alhumoud & Madzikanda, 2010; Gatto *et al.*, 2015). Otros factores que influyen en la aceptación del reúso son el nivel educativo, el costo y los beneficios, la magnitud de los riesgos reales o percibidos, los atributos estéticos del agua y las creencias religiosas. La gente que vive cerca de plantas de tratamiento de agua residual, en general, acepta mejor los proyectos de reúso (Liberath Msaki, *et al.*, 2022). Y, cuando el reúso del agua es objetado, la gente menciona que es por la posible presencia

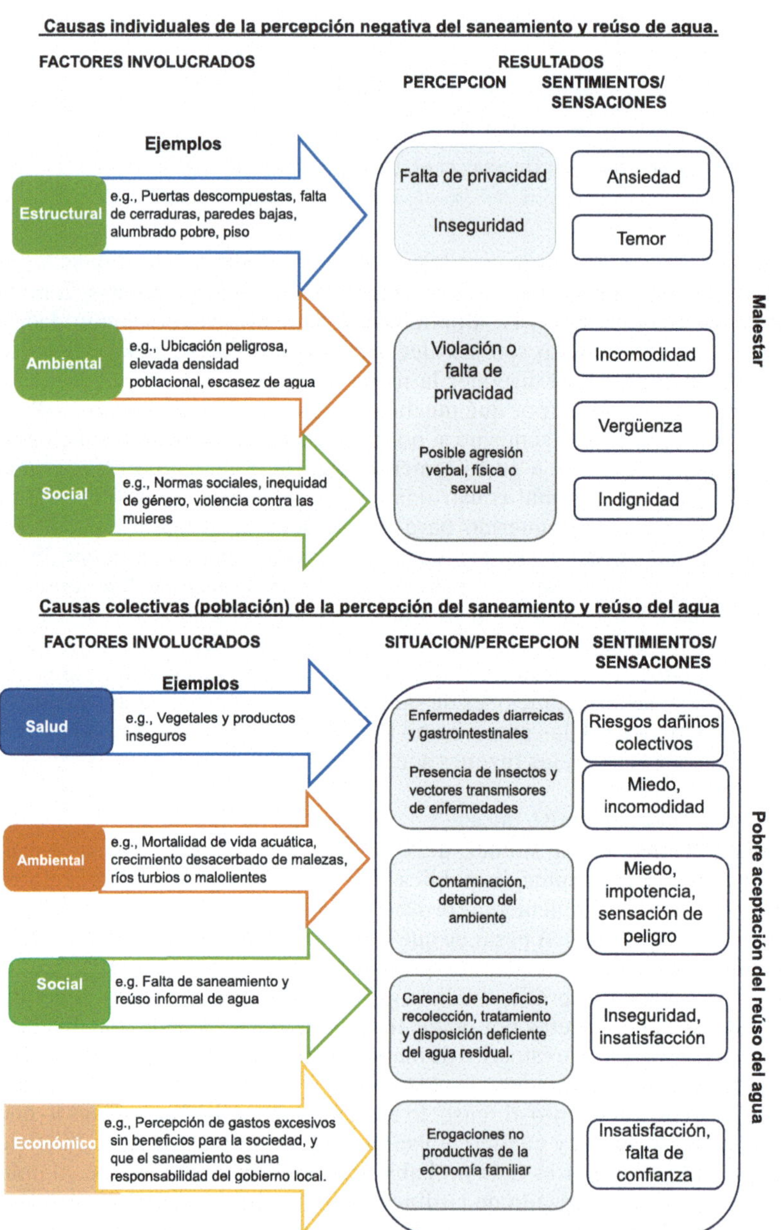

Figura 4.1 Causas por las cuales existe una ´percepción negativa´ individual y colectiva del saneamiento y reúso de agua.

de contaminantes (biológicos o químicos), el mal olor (64%), así como otros aspectos sociales y éticos (Liberath Msaki *et al.*, 2022).

Por mucho, el reúso para riego es el tipo de reúso que más fácilmente se acepta. La importancia que los agricultores dan al agua como componente fundamental de su trabajo juega un papel primordial para ello. El reúso para riego abarca el riego agrícola, el riego de bosques, campos deportivos, jardines urbanos, hortalizas familiares y cultivos para alimento de animales (Keraita *et al.*, 2015; Liberath Msaki, *et al.*, 2022).

4.2.1.2 Por grupo social

Los políticos son quienes aportan la voluntad política y el financiamiento para el saneamiento, en general, ellos tienen los siguientes puntos de vista (Sanitation and water for all, 2021):

- Los costos del agua potable, el saneamiento y la higiene (WASH)[2], pero en especial los del saneamiento son elevados, y son la principal barrera para considerar los proyectos prioritarios.
- Los programas de WASH se implementan en periodos más largos que para los cuales ellos están electos, por lo que no verán los beneficios durante sus mandatos. Ello les hace dudar si apoyan o no los programas/proyectos, especialmente si no perciben una clara relación entre un proyecto WASH y los votos. Esto a pesar de que la sociedad percibe el saneamiento como una responsabilidad de gobierno (Sanitation and water for all, 2021).
- No es fácil ver (opinión frecuente) los efectos de corto o mediano plazo que un proyecto WASH tiene sobre la salud, la calidad de vida, la equidad de género, la educación o la productividad económica.

Con mayor detalle la Tabla 4.1 contiene información sobre la percepción del saneamiento y reúso de agua para diferentes grupos sociales.

4.2.1.3 Por sector

En general, los sectores que no son del agua perciben los temas de WASH como sigue (Sanitation and water for all, 2021):

- El sector del WASH es insular y opera como un 'silo'.
- El WASH es un tema complejo y técnico.
- El WASH contribuye en forma diferente a sus objetivos y prioridades.
- Cada uno de los tres componentes (suministro, saneamiento e higiene) tienen un valor/importancia diferente.
- Únicamente los sectores de derechos humanos, respuesta humanitaria y de salud otorgan un alto valor al saneamiento.
- Los sectores de educación, derechos humanos y respuesta humanitaria consideran al sector del WASH como parte de la seguridad y de los derechos humanos.

---

[2] A pesar de que los expertos en agua, quienes son los que cuentan con antecedentes técnicos, ven una clara diferencia entre los tres elementos del WASH, la mayoría de la gente no la percibe. Pero, más importante aún, en la práctica el saneamiento no se puede disociar del suministro de agua ni de la higiene.

Tabla 4.1 Percepción del saneamiento y/o del reúso de agua para diferentes grupos sociales.

Grupo/ Características del grupo	Comentario
Sociedad en general y políticos	Para la mayoría de la gente, incluidos los políticos, el saneamiento es un tema muy técnico del cual no es agradable hablar y mucho menos hacerlo en público.
Desarrolladores de políticas y directivos	La percepción pública del saneamiento difiere de acuerdo con el sector al cual pertenecen quienes elaboran políticas, en particular, si son del sector salud o del agua. Los del sector salud si bien apoyan a los proyectos de saneamiento, son reticentes o se oponen claramente a los de reúso ya que perciben en éstos que, en caso de haber un impacto negativo en la salud, ellos serían los responsables. Los alcaldes y directivos de industrias, en general, son más favorables al reúso del agua. Los alcaldes reciben directamente la presión de la gente para contar con más agua. Los directivos de industrias consideran que el reciclaje de agua dentro de sus instalaciones es su responsabilidad, pero están abiertos también al reúso del agua (un agua que provenga de otro usuario) siempre y cuando puedan sufragar el costo adicional que implique dicho uso para poder cumplir con sus propósitos.
Mujeres y Hombres	Las mujeres son más favorables al reúso del agua para la agricultura urbana, pero se oponen más a su empleo para lavado doméstico y limpieza del hogar. Las mujeres son más cautas y constantes que los hombres cuando se requiere aplicar medidas preventivas (empleo de guantes y botas, por ejemplo).
Público en general vs científicos	Debido a que los temas son muy técnicos, el público percibe los riesgos de manera diferente a la de los científicos. Entre científicos, la percepción varía de acuerdo con el campo de la especialidad. Por ejemplo, los expertos en ecología tienden a preocuparse más por los efectos que pueda haber en humanos o en el ambiente mientras que los ingenieros tienden a confiar más en los sistemas de tratamiento de agua residual. Los agrónomos entienden mejor las ventajas del reúso del agua.
Agricultores	Los agricultores muy fácilmente apoyan el reúso de agua para riego, minimizando los riesgos cuando ésta es escasa.
Cultural	En la mayor parte de África, se desalienta el uso de agua residual doméstica o de lodos fecales para fines agrícola mientras que, en otras regiones, en Asia, por ejemplo, estas actividades gozan de un buen reconocimiento económico y ecológico.
Regiones dentro de un mismo país	La percepción sobre el reúso no es la misma en todo un país. Por ejemplo, en los Estados Unidos de América, estados como Florida, Arizona o California, en donde el agua es escasa, los proyectos, la legislación y las políticas de reúso son alentados, mientras que, en otros estados, localizados en la parte del noreste de Estados Unidos, en donde abunda el agua, esto no ocurre.
Edad	Los jóvenes y las personas en edad de trabajar (36–53 años) son más positivos y conocen más sobre el reciclado y el reúso de agua que la gente de edad mayor (más de 65 años).
Grado de educación	Un mayor grado de educación ayuda a la gente a ser más positiva hacia los proyectos de saneamiento y de reúso de agua.
Etnicidad	Algunos grupos étnicos confían menos en el gobierno que el resto de la población, ello conlleva a una menor aceptación del reúso de agua, ya que el tener confianza en el gobierno es fundamental para que este tipo de proyectos funcionen.
Religión	Para las comunidades islámicas, por ejemplo, el reúso de agua es aceptable si el agua residual es purificada o diluida antes de su reúso.

Fuente: en parte, con información de Robinson *et al.* (2005); Jiménez & Asano (2008); Keraita *et al.* (2010); US-EPA (2012a, 2012b); Cotruvo *et al.* (2013); Gu *et al.* (2015) and Fielding *et al.* (2018).

A continuación, se enlista la percepción que en general tiene diferentes sectores sobre el saneamiento como parte del WASH (Sanitation and Water for All, 2021), mientras que la percepción específica del saneamiento se presenta en la Tabla 4.2:

(a) *Sector para el desarrollo económico*: Para este sector, la higiene es menos importante que el suministro de agua y el saneamiento; y, consideran

Tabla 4.2 Las tres primeras prioridades y percepción de los beneficios de saneamiento por sector.

Sector	Tres primeras prioridades del sector	Beneficios percibidos por el WASH
Desarrollo económico	(1) Desarrollo económico sustentable (2) Inclusión financiera (3) Acceso a la educación y al desarrollo de habilidades	(1) Mejorar la capacidad laboral por la salud (2) Mejorar las condiciones de trabajo (3) Avanzar en la equidad de género y promover un ambiente de trabajo más inclusivo
Salud	(1) Prevenir enfermedades (2) Acceso al WASH (3) Acceso equitativo a los cuidados de salud	(1) Prevenir enfermedades (2) Proteger a grupos marginalizados (3) Mejorar la nutrición
Educación	(1) Calidad de la educación (2) Acceso universal a la educación (3) Equidad de género	(1) Mejorar la equidad de género en las escuelas (2) Mejorar la culminación de estudios (3) Mejorar la asistencia a las escuelas
Derechos humanos	(1) Equidad de género (2) Derechos de los niños (3) Desarrollo sustentable inclusivo	(1) Elevar los derechos de grupos marginalizados (2) Asegurar el derecho a una vida saludable/ODS 3 (3) Construir comunidades inclusivas
Respuesta humanitaria	(1) Proteger los derechos humanos (2) Salud pública en zonas de crisis (3) Resiliencia al cambio climático	(1) Prevenir enfermedades (2) Proteger a los grupos vulnerables en escenarios de crisis (3) Hacer más fuerte la resiliencia comunitaria
Cambio climático	(1) Resiliencia al cambio climático (2) Conservación de ecosistemas (3) Mitigación del cambio climático	(1) Mejorar la salud de las comunidades y de los ecosistemas (2) Mejorar la seguridad alimentaria (3) Ayudar a la adaptación a riesgos por el clima de las comunidades vulnerables

Fuente. con información de Sanitation and Water for All (2021).

que se requiere datos duros que demuestren los beneficios fiscales que se obtienen al implementar el saneamiento, así como explicar los riesgos en que se incurren por la falta de actuación, en especial, en términos de los costos financieros

(b) *Sector salud*: Sus preocupaciones se orientan hacia los riesgos de corto plazo, los que pueden ser interpretados como enfermedades (microbiológicas). El WASH es parte de sus principales prioridades por la relación que éste tiene con la salud, y porque perciben que su mejora es una manera de obtener beneficios en su sector. Sin embargo, consideran que la higiene y el saneamiento son ligeramente menos importantes que el agua potable y, entre quienes pertenecen a este sector, hay una tendencia a compartir la forma con la cual el saneamiento debe ser mejorado.

(c) *Sector educativo*: La higiene es considerada como el elemento más importante del WASH para su trabajo.

(d) *Sector de los derechos humanos*: En este sector, el saneamiento es relevante por su contribución a la creación de sociedades más seguras, en especial, para los grupos marginalizados y para la seguridad de las mujeres. Consideran que el WASH es la forma con la cual se contribuye a los ODS de salud y bienestar y se sienten afectados por los impactos provocados en la seguridad humana por un WASH deficiente.

(e) *Sector de respuestas humanitarias*: El WASH es importante por los efectos que tiene en la gente y en la seguridad a corto plazo. En este sector se percibe claramente la relación entre el WASH y los derechos humanos, la salud y el clima. Consideran que (en comparación con el agua potable) se necesita realizar una mayor sensibilización sobre la higiene y el saneamiento, así como incrementar el apoyo político de la agenda WASH.

(f) *Sector del cambio climático*: Este sector percibe que el WASH puede contribuir a las prioridades de adaptación, sin embargo, no consideran que exista una relación directa entre las prioridades del WASH y las suyas, que no sean otras que el contribuir a reducir la vulnerabilidad de la gente. De los componentes del WASH, consideran que el agua es lo más importante pero *como recurso*.

4.2.1.4 Por región

En comparación con otras regiones del mundo, en África se considera que el saneamiento mejorado tiene un importante nexo con la prevención de enfermedades, y que todos los componentes del WASH contribuyen a prestar una mejor atención en los centros educativos. A pesar de ello, la sociedad, no percibe que la participación del gobierno esté siendo significativa para mejorar el saneamiento. En Asia, el saneamiento es considerado como un elemento clave del bienestar y de la protección y seguridad de las comunidades, pero además que su carencia tiene un impacto financiero negativo. En esta región se hace una clara conexión entre el WASH y la resiliencia ante el clima, pero ello no se hace entre la carencia de saneamiento y el acceso al agua limpia. En América Latina, es el agua potable la que se considera como el aspecto central del WASH por los impactos que tiene en la comunidad y los beneficios que aporta a las personas en sí, más que en los aspectos financieros. El WASH se percibe como una forma de proteger y apoyar a los grupos vulnerables y se considera que los beneficios asociados con el cambio climático son pocos. Finalmente, las regiones de Europa y América del norte están más preocupadas por el impacto que el WASH tiene en los aspectos financieros y desean tener una información sólida de ello para apoyar su implementación. Además, perciben al saneamiento como parte de un contexto más amplio, en donde se encuentran los derechos humanos y los beneficios que aporta para combatir la inequidad de género en la educación (Sanitation and water for all, 2021).

4.2.1.5 *Recomendaciones para entender la percepción de los interesados*

Para los que formulan políticas o toman decisiones no es posible conocer con antelación la percepción que la sociedad, los políticos y los donadores tienen sobre el saneamiento en el contexto local (WHO, 2006). Por ello, se recomienda obtener información usando, por ejemplo, encuestas en las cuales, considerando que el tema es muy técnico, siempre se definan todos los términos que se usen (Liberath Msaki *et al.*, 2022). También para entender la percepción de los interesados se puede efectuar estudios profesionales, aunque ello no siempre es económicamente factible. Por tanto, se requiere contar con métodos alternos para adquirir información, lo que se puede hacer por medio de reuniones o colaborando con centros de investigación o medios de comunicación. Se puede así conocer, por ejemplo, qué piensa la gente sobre:

- La necesidad de contar con una recolección y manejo adecuados del agua residual para evitar la contaminación que causa problemas ambientales y de salud.
- El interés por apoyar proyectos, de acuerdo con el papel que se juegue (financiamiento, participación, no oponerse, etc.) o que se podría jugar.
- Los puntos de vista sobre el empleo de diferentes enfoques y tecnologías, así como de las implicaciones que éstos tiene en los grupos de interés (en cuanto al costo, ubicación, demanda de terreno).
- El interés que existe por contar con agua adicional para un uso determinado.

4.3 ACTITUDES

La información que la gente posee y su interpretación (percepción) es lo que conforma la actitud que la gente adopta frente a los proyectos. Por ello, al introducir nuevos enfoques y tecnologías de saneamiento, se requiere alinear la percepción de los interesados mediante intervenciones éticas. Para cambiar el comportamiento de la gente, se pueden usar procesos que son de persona a persona, o bien, trabajar con grupos de la sociedad, empleando un enfoque más integral. El proceso se puede enfocar en un proyecto específico, pero también en conceptos más amplios como el reúso del agua o el ODS 6 (WHO-UNICEF JMP, 2019). Para modificar el comportamiento de la gente frente a un programa de saneamiento específico se requiere que los tomadores de decisiones posean un liderazgo adecuado y que los interesados, incluyendo aquellos que pertenecen al gobierno participen, para:

- entender el comportamiento que prevalece hacia el saneamiento y reúso del agua, así como sus determinantes[3], teniendo presente que éstos son específicos para cada grupo de la población puesto que tienen percepciones, necesidades y oportunidades de cambio diferentes.
- conocer cuáles son los determinantes del comportamiento.
- diseñar con cuidado el modelo de intervención para cambiar el comportamiento a partir de los determinantes (Conway *et al.*, 2023; WHO-UNICEF JMP, 2019).

4.3.1 Intervenciones para modificar actitudes y comportamiento

Para construir una nueva visión y cambiar el comportamiento de la población se requiere enfocarse en los riesgos pero también en todo tipo de beneficios que el saneamiento y el reúso del agua aportan, también se debe dar a conocer las ventajas del reúso y conceptualizar el agua residual y los subproductos asociados como recursos. Para ello, se recomienda que para cambiar el comportamiento durante las intervenciones se maneje el mensaje fundamental de que el agua residual, el lodo, los biosólidos y los subproductos son recursos en lugar de desechos. Las diferentes etapas para diseñar una intervención para modificar el comportamiento se presentan en la Figura 4.2.

Las intervenciones para modificar la percepción y el comportamiento no son sencillas, ni rápidas, ni baratas (Cuadro 4.3). La literatura demuestra que requieren personal altamente especializado. Otros aspectos como usar el lenguaje local, conocer y entender intervenciones previas, así como las

Figura 4.2 Etapas sanera diseñar la estrategia de cambio del comportamiento: una nueva visión del saneamiento y uso del agua residual (*fuente*: adaptado se WHO, 2019)

---

[3] Determinante es un factor que decisivamente afecta la naturaleza de la respuesta a algo.

Cuadro 4.3 El diseño de estrategias para modificación del comportamiento ante el saneamiento es una tarea compleja

En la ciudad de Khulna, Bangladesh, con una población de 31,883 habitantes, se llevó a cabo un estudio sobre el comportamiento ante el vaciado de los SIS. En primer lugar, se identificaron cuáles eran los determinantes de las actitudes/comportamientos y, luego, se procedió a diseñar estrategias de gestión para motivar que la sociedad implementara programas de vaciado. El estudio se llevó a cabo en el Distrito electoral no. 9 (unidad administrativa urbana más pequeña) compuesto por 80 domicilios usando tanques sépticos, excusados con agua y letrinas. Todos los sistemas existentes para la recolección y transporte del lodo fecal a un sitio de tratamiento apropriado eran deficientes. Con frecuencia, el efluente de los SIS se derramaba, descargando el lodo fecal en cuerpos de agua o canales abiertos, y provocando serios problemas ambientales y de salud.

El estudio empleó un método mixto transeccional para colectar datos mediante encuestas basadas en cuestionarios estructurados para su aplicación a nivel de domicilio, entrevistas personales a informantes clave (personas con gran experiencia práctica y conocimiento profesional en el manejo de lodos y en el vaciado de los SIS), entrevistas de grupo y observaciones estructuradas. También, como fuente de información, se empleó la literatura y documentos oficiales de organizaciones gubernamentales y no gubernamentales (ONGs) relevantes. Todos los instrumentos del estudio fueron traducidos al bengalí y tres ayudantes de investigación sirvieron como traductores durante las entrevistas.

Descripción de los servicios de vaciado. El vaciado de los SIS se llevaba a cabo por trabajadores conocidos como 'sweepers (barrenderos en inglés)'. Independientemente de la situación económica de los domicilios, más de la mitad vaciaba sus sistemas de manera reactiva/de emergencia, o bien, no los vaciaba, violando el Código Nacional de Construcción de Bangladesh el cual establece que cada 6–12 meses las instalaciones se deben limpiar. Cuando los sistemas rebozaban o dejaban de funcionar, el vaciado se realizaba de emergencia por barrenderos, quienes lo hacían de manera manual o mecánica/motorizada. En la mayoría de los casos, el vaciado era manual sin emplear precauciones de seguridad, usar equipo adecuado de protección personal o herramientas apropiadas de trabajo. En total, se contaba con aproximadamente 150–200 barrenderos informales que laboraban de manera manual y que representaban una capacidad total de extracción de lodo fecal de cerca de 68.7 m^3 por día. Había únicamente dos servicios de barrenderos motorizados formalmente establecidos (del Departamento de Conservación del Corporativo de la Ciudad de Khulna y del Comité de Desarrollo de la Comunidad). Estos servicios trabajaban principalmente para comercios, organizaciones públicas y privadas, y para algunos de los domicilios que contaban con caminos espaciosos de acceso. Los servicios de vaciado mecánico/motorizado experimentaban problemas por el taponamiento de mangueras y bombas, así como por que muchas de las calles son muy estrechas y el acceso a los sitios de vaciado era difícil.

Determinantes, indicadores y refuerzos. Los dueños y/o los usuarios de los SIS basaban su comportamiento de vaciado en percepciones más que en datos técnicos o la aplicación de las directivas de la reglamentación. Para diseñar una estrategia que cambiara dicho comportamiento, se identificaron los determinantes de la percepción/comportamiento, éstos son: (a) los riesgos/peligros de la falta de vaciado; (b) el comportamiento deseado de vaciado; (c) las normas de vaciado, y (d) la habilidad para realizar el vaciado. Adicionalmente, se identificaron seis indicadores que podrían ser usados para estimular potencialmente el comportamiento. Estos fueron: (i) los hábitos previos de vaciado; (ii) la confianza en el sistema de saneamiento; (iii) las consecuencias sufridas por experiencias previas de vaciado; (iv) las normas de saneamiento; (v) los factores que determinan la situación del saneamiento, y (vi) la confianza en la capacidad para realizar un vaciado eficiente. Como refuerzos se identificaron a la información y los procesos cognitivos.

Percepción de los riesgos. Alrededor del 70% de la población encuestada no consideraba que hubiese una consecuencia negativa por vaciar el sistema de saneamiento de manera insegura y reactiva. Mientras que el 88% percibía que su familia podría tener algún riesgo de enfermedad si el lodo fecal rebosaba. A pesar de ello, no consideraban que el riesgo de salud pública fuera significativo. Únicamente el 23% expresó un gran rechazo a que los efluentes de los SIS se vertieran a drenes y/o al ambiente, considerando que este tipo de desecho 'no era tan malo como los sólidos' (lodo fecal).

Percepción del proceso de vaciado. Cincuenta y cinco por ciento de las personas que respondieron percibían que comprometerse con un calendario para el vaciado (a tiempo y seguro) era un proceso cansado, 51% que la actividad era costosa y 88% que la actividad no tenía impacto positivo alguno en la comunidad.

Percepción de las normas. Sesenta y uno por ciento de los profesionales del saneamiento y de los informantes claves conocían sobre la existencia de normas que prohibían la descarga de materia fecal a los drenes; sin embargo, el 42% consideraba que su cumplimiento era deficiente. En cuanto a la comunidad, sólo el 6% estaban al tanto de dichas normas y el 10% creía que su cumplimiento y monitoreo eran adecuados.

Percepción de la habilidad para el vaciado. Aproximadamente la mitad de los domicilios que respondieron (56%) percibían que no contaban con el conocimiento necesario para determinar cuándo era necesario vaciar y el 60% creía que su conocimiento para realizar esta actividad era adecuado. A pesar de que el 80% pensaba que calendarizar la actividad era importante, sólo el 47% deseaba hacerlo. En cuanto al grupo de informantes clave, aun cuando el 70% conocía los impactos negativos en la salud por el rebose del lodo fecal, la mayoría prefería hacer un vaciado reactivo/de emergencia. En todos los casos, la comunidad también prefería el vaciado reactivo/de emergencia. De manera generalizada, la falta de ingresos fue el factor determinante para retardar el vaciado.

Modelos para cambiar la percepción. A partir de los resultados anteriores se desarrollaron cuatro escenarios para ser usados como detonadores del proceso de vaciado en función de los determinantes de la percepción: (a) escenario I: riesgos; (b) escenario II: gestión del vaciado deseado; (c) escenario III: normas de vaciado, y (d) escenario IV: habilidad para el vaciado. También, considerando la información colectada en las encuestas, se elaboraron recomendaciones técnicas para facilitar la actividad, éstas fueron:

(i)   asegurar la disponibilidad y accesibilidad a los servicios de vaciado facilitando un acceso fácil a los sitios para todos los estratos de la comunidad;

(ii) revisar y actualizar todas las leyes, reglamentos, criterios y estándares para el manejo de los lodos fecales;

(iii) reforzar los mecanismos del gobierno para lograr el cumplimiento, y

(iv) mejorar la infraestructura de los SIS y asegurar que ésta cumple con los requisitos establecidos en las reglamentaciones y códigos relevantes.

Adicionalmente, se desarrollaron metodologías para controlar y orientar las percepciones. Éstas fueron: *in pronta* de las percepciones deseadas; involucrar a líderes de usuarios en programas de sensibilización; implementar sistemas de recompensas usando incentivos para la comunidad; emplear grupos de referencia para influenciar las percepciones; a partir de una retroalimentación evaluar y corregir las actividades por medio de proporcionar información y educación.

Fuente: con información de Cookey *et al.* (2020).

condiciones sociales y políticas locales son también fundamentales. En particular, es importante que en el proceso participen expertos que conozcan y entiendan las condiciones culturales locales y que posean una alta sensibilidad. En la mayoría de las regiones rurales y de bajos ingresos, las intervenciones para cambio de la percepción sólo funcionan cuando se implementan en comunidades socialmente integradas (Kar & Chambers, 2008), lo que con frecuencia no ocurre en donde hay una mezcla de clases sociales o grupos culturales (Cuadro 4.4). Como consecuencia de todo lo anterior, es difícil implementar este tipo de actividades en países de bajos ingresos, que precisamente es en donde más se requiere el saneamiento. Por lo tanto, en la mayoría de los casos, los tomadores de decisiones necesitarán realizar este tipo de procesos adaptando métodos y empleando el sentido común

Cuadro 4.4 Intervención para modificar la percepción y el comportamiento en la zona rural de Odisha, India

Durante 2018 se desarrollaron estudios de percepción y modificación del comportamiento en Odisha, India, en el contexto de un proyecto de mayor envergadura cuyo objetivo era incrementar la cobertura de saneamiento básico en comunidades rurales. La finalidad del estudio era entender por qué la gente prefería la defecación al aire libre en lugar de usar letrinas como las que iban a ser instaladas como parte de la iniciativa lanzada por el Primer Ministro Narendra Modi para que en India no hubiera defecación al aire libre para octubre de 2019.

El estado de Odisha tenía el segundo nivel más bajo de cobertura de letrinas (29%) en 2016. A partir de 2011 diversas campañas de saneamiento se lanzaron en la región. En dichas campañas, funcionarios de gobierno forzaron a la gente de los poblados a no defecar al aire libre por medio de tácticas coercitivas autorizadas por los gobiernos locales y que incluían, hostigamiento, humillación pública, multas, así como la amenaza o el cumplimiento de perder beneficios públicos.

Percepción

De acuerdo con las encuestas, el saneamiento individual y en el domicilio era considerado como importante en los 38 poblados. Había interés por mantener las casas limpias, pero no los poblados. La gente defecaba al aire libre y tiraba basura (bolsas, botellas de plástico, material empleado para limpiar las heces fecales de niños, etc.) fuera de las casas en espacios periféricos abiertos. El saneamiento era considerado como una prioridad individual y de los hogares, pero no una actividad comunitaria que requiriese acción colectiva. El rechazo al empleo de las letrinas iba más allá de tener acceso a una o ser el propietario, para abarcar el diseño y construcción deficientes, la falta de disponibilidad de agua, el temor de tener que vaciar la fosa una vez que se llenara, la preferencia y los beneficios percibidos por defecar al aire libre, así como la percepción normativa de género en la cual se considera que las letrinas son sólo para mujeres. La gente tenía dudas de que su comunidad fuera capaz de mejorar el saneamiento y emplear las letrinas por el conflicto de intereses que existía entre poblaciones que estaban divididas, la carencia de recursos y la duda de que la autoridad lograra implementar sus programas.

Participación imperativa de gente externa a los poblados para que el saneamiento pudiese funcionar. La gente sentía que su capacidad para influir en otros para que dejaran de defecar al aire libre era limitada debido a que no tenían la autoridad suficiente para ello, en especial, porque no disponían de recursos para proveer instalaciones a quienes no las tuvieran. Las mujeres experimentaban un reto adicional por las normas de género, pues simplemente carecen de toda autoridad ante los hombres. Por ello, la gente esperaba el apoyo externo del gobierno, las ONG y de contratistas para ser parte de la atención las necesidades de saneamiento de los poblados por medio de proporcionar letrinas, impulsar su uso y realizar campañas de concientización. A pesar de ello, las personas externas también eran vistas con desconfianza y, con frecuencia deshonestas, suministrando letrinas con bajos estándares de calidad y ofreciendo cosas que algunas veces eran innecesarias, como, por ejemplo, los programas de concientización y de modificación de comportamiento. Quienes participaron en las encuestas percibían que las actividades de sensibilización eran repetitivas e ineficientes si junto con éstas el gobierno no proporcionaba subsidios para que los servicios de agua y saneamiento funcionaran.

Poblados divididos. En los poblados existían divisiones socioculturales y geográficas con claras diferencias entre los *hamlets* (secciones de un poblado) en donde viven los miembros de las diferentes castas. Por las notorias divisiones era imposible lograr consensos, obstruyendo el cambio y el desarrollo. Además de ello, era conocido que la corrupción y el favoritismo hacia ciertas clases sociales de quienes tenían el liderazgo limitaban el progreso. Las diferencias entre los grupos escalaban con frecuencia en conflictos violentos. En ocasiones, los grupos sociales más desfavorecidos exigían recibir un pago por cualquier actividad que implicara tener una contribución adicional de ellos.

Intervenciones para cambiar la percepción y las actitudes

En 2018, mientras el programa para incrementar la cobertura de saneamiento se encontraba en ejecución, se implementó un proyecto de intervención de cerca de 1 año de duración por la ONG local Instituto Rural del Bienestar (RWI, por sus siglas en inglés) y con apoyo de la Universidad de Emory. El Proyecto se denominó Sundara Grama ('Poblado bonito'). La intervención buscaba atender seis barreras para el uso de letrinas: (1) letrinas que no funcionaban; (2) conocimiento práctico limitado sobre el uso de la letrina y el vaciado de su fosa; (3) preferencia por defecar al aire libre por factores de actitud y socioculturales; (4) limitado reconocimiento de los beneficios en la salud y otros aspectos logrados por el empleo de letrinas; (5) falta de infraestructura para ayudar a la disposición segura de las heces fecales de niños; (6) conocimiento limitado sobre la forma de disponer las heces fecales de niños. Para conseguir que todos los miembros de las poblaciones participaran – hombres, mujeres, niños – se emplearon métodos que combinaron estrategias a nivel de las comunidades y de los hogares. Los principales resultados por tipo de intervención fueron los siguientes:

(1) *Pall* (presentación teatral tradicional que consiste en parodias, canciones y poesía ingeniosa). Esta forma de intervención tenía una amplia audiencia, era recibida positivamente y ayudaba a revitalizar una forma de arte tradicional a la vez que se promocionaban mensajes de saneamiento.

(2) *Caminatas por transectos*. La actividad consistía en realizar una caminata temprano por la mañana a través del pueblo y por los campos de defecación al aire libre. Los participantes colocaban polvos de colores en las heces. Muchos de los miembros de los poblados se negaban a participar, mientras que otros mostraban su enojo, irritación, disgusto y vergüenza durante la actividad. En ocasiones, los animadores del proyecto eran regañados por liderar una actividad de este tipo. El énfasis se centraba en la vergüenza que se experimentaba al exponer a una gente foránea lo sucio de sus poblados o cuando alguien era sorprendido defecando al aire libre. El resultado de esta medida de intervención no fue concluyente; algunos participantes reportaron que se logró rápidamente parar la defecación al aire libre, mientras que otros, dijeron que cualquier impacto fue de corta duración y que dependió de cada individuo.

(3) *Reuniones comunitarias*. En estas reuniones se discutían los problemas de saneamiento y se sentaban bases para los planes de acción. Las casas que siempre empleaban sus letrinas (desviaciones positivas) eran identificadas, pero ello no fue bien recibido por la comunidad, que mostró su frustración por la mala calidad de las letrinas que el gobierno suministraba así como por la falta de subsidios para mejorarlas. Además, las diferencias entre los pobladores se hicieron más evidente. Las castas más bajas eran obligadas a sentarse en un área separada o no eran invitados a las reuniones.

(4) *Pintado de las paredes de la comunidad*. La pintura se empleaba para mostrar tanto el avance plan de acción como para indicar en dónde había casas que consideradas como desviaciones positivas en el mapa del poblado, están eran las mismas que se identificaban públicamente durante las reuniones de la comunidad.

(5) *Reuniones con madres de niños menores de 5 años*. El objetivo de estas reuniones era proporcionar conocimiento práctico y herramientas (bacinicas y palas pequeñas) para ayudar a la disposición segura de las heces fecales de los niños. La participación era baja debido a que las mujeres estaban ocupadas con otras tareas y porque las normas sociales restringen la participación de ellas en reuniones públicas. La principal atracción de estas sesiones era que se regalaban bacinicas, palas y pañales.

(6) *Visitas domiciliarias*. Las actividades incluían regalar un cartel para celebrar a los hogares que eran identificados como desviaciones positivas o visitar las casas que no empleaban letrinas y motivarlos para que se comprometiesen a su uso.

(7) *Reparación de letrinas*.

Costos y resultados. Para los 33 poblados el costo total de las intervenciones fue de 36,172 USD, es decir, 18.49 USD por letrina. Estos costos incluyeron las actividades de intervención y de reparación de letrinas, la capacitación y los costos indirectos. Los *palla* representaron 43.6% del total de los costos; los salarios del personal del RWI y el estipendio por transporte fue el 43.5% y los materiales para las actividades el 12.9%.

En general, el proyecto fue considerado como positivo por los pobladores y se percibió una mayor conciencia sobre la importancia de las letrinas además de que se renovó el interés por tener limpios los pueblos. Sin embargo, los participantes expresaron sentimientos encontrados en cuando a la eficiencia de la intervención, ya que consideraban que faltaban las mejoras a la infraestructura de saneamiento y de acceso al agua. De hecho, la intervención Sundara Grama logró un incremento de sólo 6.4% en el uso de letrinas y de 15.2% en la disposición segura de las heces fecales de los niños.

Retos. Los principales problemas enfrentados fueron los conflictos con los pobladores por la falta de subsidios y por la calidad de construcción de las letrinas que construía el gobierno, la participación efectiva de los interesados y las dinámicas sociales relacionadas con los problemas de castas, el género y la edad. En algunos casos, las divisiones de las castas llevaron a que se tuviera que organizar las *palla* y las reuniones comunitarias por separado, o en los casos más extremos a excluir a un grupo.

Los retos para los animadores fueron el transporte a los poblados que se les asignaban, en donde muchas veces eran confundidos con funcionarios de gobierno. Finalmente, las animadoras mujeres – muchas de las cuales eran jóvenes y para las cuales este era su primer trabajo- reportaron que los miembros de la comunidad les chiflaban y avergonzaba pues su presencia desafiaba las normas de movilidad para las mujeres jóvenes.

Fuente: con información de De Shay *et al.* (2020), Sclar *et al.* (2022).

4.3.2 Empleo de la legislación para guiar la percepción pública

Para dar forma y modificar las percepciones y actitudes un marco legal adecuado y su cumplimiento, junto con programas educativos y de concientización son de mucha utilidad. La legislación sirve para promover proyectos de saneamiento y reúso. Y, para los políticos, presidentes, gobernadores y alcaldes el que exista una legislación aprobada es un excelente incentivo para hacer proyectos que cumplan con la ley.

4.4 CAMPAÑAS DE CONCIENTIZACION Y DE COMUNICACIÓN

Como fue señalado, la aceptación y participación social y de quienes están interesados en proyectos y programas depende del acceso que tengan al conocimiento (Liberath Msaki, *et al.*, 2022; Saad *et al.*, 2017). Por ello es importante que tanto quienes elaboran políticas como quienes toman las decisiones conozcan cómo gestionar programas de comunicación. La mayor parte de ellos enfrentan el reto de tener que implementar el saneamiento en regiones de ingresos medianos y bajos[4] del país, y no cuentan con los mismos recursos humanos y financieros que los encargados de programas nacionales. Por ello, es importante que las actividades de comunicación se implementen sin usar programas costosos. La capacitación de los líderes de saneamiento, así como de todos aquellos que trabajan en el tema, debe incluir el destacar la importancia de la diplomacia (pues tan importante es lo que se dice como el cómo se dice), y el que requieren hacer llegar los mensajes correctos a comunidades específicas en condiciones adecuadas. Hoy en día, el acceso a la información pública es un derecho humano por lo que el público debe ser informado sobre proyectos, leyes y programas. Más aún, se ha vuelto común que el público solicite información adicional y específica, e incluso el que se establezcan compromisos verbales o firmados con las autoridades sobre las iniciativas que presentan los ciudadanos respecto de los servicios públicos (Sanitation and water for all, 2021).

4.4.1 La gestión de programas de comunicación

Para promover el aprendizaje, informar a la gente y lograr un entendimiento común entre todos los interesados es necesario gestionar programas de comunicación. Puesto que cada persona aprende y se comunica de manera diferente, es muy importante seleccionar adecuadamente la información por difundir e identificar cuál es la mejor estrategia para hacerlo. Para lograr la participación pública es relevante mantener constantemente a la población sensibilizada sobre los temas de saneamiento básico en general, pero también en temas específicos como el tratamiento del agua residual y de su reúso. Incluso, en ocasiones puede resultar conveniente cubrir aspectos adicionales, como el manejo integral de los recursos hídricos, los riesgos de salud, los beneficios económicos y el cómo en otras partes del mundo se están atendiendo los mismos retos (BIO by Deloitte, 2015).

Las campañas públicas de comunicación sobre proyectos específicos deben llevarse a cabo antes de que éstos sean aprobados e implementados, pero también durante su operación. Esto último para educar a los usuarios en tareas que ellos deban realizar, como es el vaciado correcto y a tiempo de los SIS o el efectuar actividades complementarias continúas relacionadas con los proyectos de reúso. Para asegurar que toda la comunidad esté comprometida, las campañas deben ser multi-culturales, multi-linguísticas y multi-étnicas. En lo que concierne al diseño en sí de los programas de comunicación, es necesario considerar cuatro aspectos: (a) el tipo de audiencia, (b) los mensajes que deben ser enviados; (c) el contexto, y (d) el método que se empleará para la comunicación (Tabla 4.3).

Además de las personas de la comunidad para la cual un programa de comunicación y sensibilización está dirigido, hay otros dos grupos de interés a los que es importante llegar, como: los políticos, tomadores de decisión de alto

---

[4] En donde más se requiere el saneamiento, casi siempre la situación económica no es buena.

Tabla 4.3 Aspectos por considerar durante el diseño de programas de comunicación.

En relación con la audiencia
- Cada audiencia es diferente, en general evite asumir cuál es el conocimiento o las prioridades de cada audiencia.
- Atraiga a los diferentes grupos por medio de mensajes diseñados de acuerdo con las prioridades que ellos tengan (no las suyas), así como con los riesgos que perciben.
- Entienda cuáles son los beneficios mutuos de cada actor, aun cuando no pertenezcan al sector.
- Comprenda a su audiencia y considere que puede haber temas que, por el momento, puedan no ser relevantes para ella. Sea conciso y directo.
- Elabore mensajes específicos para mujeres, jóvenes y grupos étnicos.

En relación con el contenido
- Comunique pocas ideas, pero fundamentales por medio de mensajes cortos que puedan ser fácilmente recordados. Proporcionar demasiada información distrae y confunde a la audiencia.
- Evite proporcionar información genérica que cualquier otra persona puede dar.
- Base sus mensajes en información científica y técnica sólida. Basta con que una vez se proporcione información errónea para que el discurso y la persona que lo pronuncia queden completamente desacreditados.
- El saneamiento y el reúso del agua son dos temas altamente técnicos, no pretenda educar a la gente por medio de campañas de comunicación o de mensajes, durante el diseño de su programa enfóquese exclusivamente en el comportamiento que usted desea obtener por parte la sociedad (interesados/políticos).

En relación con el contexto
- Use lenguaje accesible y local.
- Defina los términos tanto como sea necesario.

En relación con el método
- Existen diferentes métodos de presentación y de comunicación, consulte literatura especializada para ello.
- Si el tema es muy técnico opte por usar expertos para comunicar.

Fuente: parcialmente, con información de BIO by Deloitte (2015); De Shay *et al.* (2020) y Sanitation and Water for All (2021).

nivel y donadores; considere que dentro del grupo de tomadores de decisión y de quienes elaboran políticas hay personas de otros sectores. Las Tablas 4.4 y 4.5 muestran recomendaciones de cómo llegar a estos grupos de personas.

4.4.2 Sensibilización y comunicación para el reúso del agua

Dentro del saneamiento, el reúso del agua es un tema particular que amerita programas especiales de sensibilización y comunicación por tres razones: el tipo de lenguaje por emplear, el amplio grupo de interesados que existen, así como

Tabla 4.4 Aspectos por considerar cuando se preparan mensajes de saneamiento para políticos, tomadores de decisiones de alto nivel y donadores a partir de los riesgos que ellos perciben y de sus prioridades.

Riesgo percibido / prioridad de la audiencia	Mensaje
El saneamiento es percibido como costoso	• Muestre la relación costo/beneficio (o el 'retorno de la inversión'), estableciendo la relación que hay con temas que son de interés específico para otros sectores o ministerios. Por ejemplo, la contribución al crecimiento económico, los beneficios de salud o la mitigación de gases de efecto invernadero (GEI).
La inacción puede provocar inconvenientes o retrasar el logro de prioridades de otros sectores/personas.	• Destaque los riesgos que un saneamiento deficiente implica para las aspiraciones y logros de otros sectores.
El saneamiento no es parte de las demandas de la gente ni tampoco de sus prioridades.	• Demuestre que el WASH es algo que las comunidades desean y demandan por su contribución a la salud, la educación, la equidad de género y la mejora de las condiciones económicas. • Coloque al saneamiento como una aspiración y muestre cómo al mejorarlo se puede cambiar en forma positiva la vida de comunidades y familias. • Haga ver que el público percibe al saneamiento como una tarea de gobierno.
La seguridad humana y el apoyo de grupos vulnerables es relevante.	• Demuestre cómo el saneamiento contribuye a mejorar la seguridad, especialmente ayudando a grupos vulnerables como mujeres, comunidades indígenas y gente pobre. • Muestre que el saneamiento es una forma de contribuir a paliar la inequidad y a mejorar la seguridad humana.
El saneamiento es una actividad mediante la cual no es fácil establecer un legado político.	• Explore cómo el saneamiento puede ser parte de un legado para los políticos locales mediante la descripción y ejemplificación de los beneficios de corto plazo. • Demuestre que el saneamiento es una demanda de la sociedad (que es la que vota). • Desarrolle argumentos para convencer a los políticos de la importancia de discutir en público temas de saneamiento. • Entienda e involucre a grupos políticamente estratégicos y que pueden influir en la percepción de líderes en áreas políticas y electorales.
Los programas, proyectos y resultados de saneamiento no se alinean con los ciclos políticos.	• Alinee la comunicación en saneamiento con los ciclos políticos (3–6-años, como etapa). • Considere enmarcar sus mensajes de forma que los políticos puedan ver resultados en el corto, mediano y largo plazo. • Prepárese para atender tanto a ministros sin experiencia como a tomadores de decisiones expertos.
El saneamiento no es parte de la agenda política o de agendas políticas más amplias.	• Coloque al saneamiento en el contexto de agendas políticas más amplias o globales, alineando la información con las prioridades de diferentes políticos. • Los líderes políticos tienen que dividir su atención, recursos económicos y tiempo entre muchos temas que son todos prioritarios y requieren inversión. Comparado con otras prioridades, el saneamiento puede no ser parte de sus principales objetivos. Por ello, para lograr que decidan invertir en éste necesitan entender cómo se relaciona con sus prioridades. • Deje claro que el saneamiento es una demanda de la sociedad ya que éste les es útil para mejorar su condición económica.

Fuente: en parte, con información de Sanitation and Water for All (2021).

Tabla 4.5 Recomendaciones para preparar mensajes sobre saneamiento para diferentes sectores.

Sector	Contenido del mensaje
Todos los sectores	Enfoque sus mensajes a las prioridades y percepción de cada sector. Deje para más tarde comunicaciones que sean educativas en favor de mensajes que destaquen las ventajas del saneamiento para las cuales el sector esté menos familiarizado.
Desarrollo económico	Meta en valor los datos sólidos, robustos y recientes que demuestren los beneficios fiscales que se obtienen al invertir en el saneamiento. Enfóquese en el riesgo (costos financieros) que representa la falta de actuación por demorar los servicios de saneamiento. Muestre cómo los servicios mejorados de saneamiento logran promover la economía y la fuerza productiva de trabajo.
Salud	Enfatice los riesgos de corto plazo que un acceso deficiente a servicios de saneamiento provoca en la salud. Haga evidente la relación entre el saneamiento y la salud no como discusión científica sino como una aspiración de la comunidad (vivir mejor y más saludable). Muestre la relación entre el agua limpia, el saneamiento y la higiene con un ambiente limpio en donde es posible mejoras el nivel nutricional y de salud.
Educación	Destaque los riesgos que el saneamiento deficiente causa en la educación. Muestre que es imposible contar una educación de calidad si los servicios de saneamiento no son de buena calidad. Enfóquese en el uso de mensajes aspiracionales que demuestren cómo se liga tanto el saneamiento como el WASH en general con una mejor educación y, en consecuencia, con tener mejores ingresos en los hogares. Presente un análisis costo-beneficio que demuestre cómo las inversiones en saneamiento y en el WASH mejoran las comunidades y la educación. Comunique la relación entre los impuestos y los servicios públicos como una forma de contribuir al desarrollo del país.
Derechos humanos	Ilustre cómo el saneamiento ayuda a crear sociedades más seguras, en particular, para los grupos marginalizados, mujeres y niñas. Refiérase al WASH como una manera de promover la salud y contribuir a los ODS del bienestar. Destaque los riesgos de largo plazo que causan los servicios deficientes de saneamiento. Enmarque el saneamiento como un asunto de seguridad.
Respuesta humanitaria	Enfatice los riesgos de corto plazo que el acceso deficiente a servicios de saneamiento causa, así como su relación con la seguridad. Enfóquese en establecer que el agua es una necesidad prioritaria y haga saber el valor de la higiene y del saneamiento en contextos de crisis. Realce cómo el saneamiento protege a las personas marginalizadas durante las catástrofes (en estos contextos, tener más enfermedades implica un mayor sufrimiento) y en el marco de la gestión de las migraciones. Muestre cómo el saneamiento es transversal a los derechos humanos, a la salud y el clima. Adopte una perspectiva de enfoque sistémico, en particular para motivar a los líderes políticos, considerando los contextos más amplios de paz y seguridad.
Cambio climático	Destaque los beneficios del saneamiento y del reúso del agua para incrementar la resiliencia y mejorar la adaptación al cambio climático. Señale como el saneamiento y el reúso del agua pueden contribuir a mitigar las emisiones de GEI.

Fuente: en parte, con información de Sanitation and Water for All (2021) y Caretta *et al.* (2022).

los potenciales y que son parte de otros sectores y, por último, la necesidad de implementar medidas de intervención para el reúso de agua en contextos locales.

En el caso del reúso del agua, para influir en la percepción pública, el lenguaje que se emplea durante la comunicación es crítico. Las imágenes mentales o las asociaciones con palabras como 'agua residual', 'agua recuperada' o 'agua reusada son diferentes (US-EPA, 2012a). En algunos sitios, la clasificación legal de la 'descarga de los excusados' como un uso del agua potable, automáticamente hace que la gente rechace el reúso de agua recuperada en ellos (Liberath Msaki *et al.*, 2022). Por ello, para lograr un 'cambio de paradigma' y percibir al agua residual como un recurso, el lenguaje debe ser cuidadosamente seleccionado (Rodríguez *et al.*, 2020).

El reúso del agua es una actividad que se lleva a cabo por un grupo multisectorial. Los diversos sectores necesitan cooperar y coordinarse con diferentes ministerios y jurisdicciones a nivel nacional, regional y local. Entre los grupos sociales de interesados que participan en un programa de reúso están los organismos públicos (en especial los que se dedican a la salud, al desarrollo municipal e industrial, la agricultura y la energía), las inmobiliarias dueñas de propiedades, grupos específicos de interés, los clientes actuales, los clientes potenciales, la academia con diversas especialidades y la comunidad relacionada con el programa de reúso (Esquivel, 2015). Las campañas de comunicación y sensibilización necesitan dirigirse a cada uno de estos grupos con mensajes diferentes y específicos.

En regiones de bajos ingresos donde la capacidad tratamiento del agua residual es limitada, el agua cruda o parcialmente tratada con frecuencia es descargada a cuerpos de agua de donde posteriormente es recolectada y usada para el riego informal. Bajo estas condiciones, los retos culturales y sociales de las campañas de sensibilización y comunicación no son para introducir la práctica del reúso en la comunidad sino para mostrar los riesgos y las diferentes formas de control que podrían ser usadas y que no son convencionales (Scott & Becken, 2010) (Cuadro 4.5).

Cuadro 4.5 Implementación de opciones no convencionales para el reúso seguro de agua en la agricultura

En Ghana, por muchos años el cultivo urbano de verduras se ha basado en el riego con agua de baja calidad. Con frecuencia, los agricultores no tienen otra opción más que el empleo de agua contaminada para el riego, la cual casi siempre es más accesible, confiable y permite cultivar verduras a todo lo largo del año. Las evaluaciones de riesgo efectuadas en las principales ciudades de Ghana demostraron altos niveles de contaminación fecal tanto en el agua de riego como en las verduras cultivadas con esta agua, lo que puede llevar a perder 12,000 años de vida ajustada por discapacidad (Amoah *et al.*, 2005; Razak & Drechsel, 2010). Para controlar los riesgos, el gobierno aplicó el enfoque multi-barreras recomendado por la WHO (2006). Por ejemplo, el tratamiento del agua a nivel de explotación local se combinó con buenas técnicas de riego, así como con un mejor manejo de la verdura en mercados y hogares mediante lavado para remover contaminación acumulada. Para implementar la estrategia de control multi-barreras, se usó un enfoque participativo por medio de campañas de sensibilización y comunicación en las cuales se involucraron a personas claves como los agricultores urbanos, los vendedores de verduras, los vendedores de comida en la calle y las autoridades locales (agricultura y salud). Para cambiar las actitudes de la sociedad y adoptar nuevas prácticas, se identificaron incentivos económicos y sociales. Los agricultores pudieron ver y entender el 'riesgo invisible' que causa la contaminación microbiana y en sesiones organizadas para ellos intercambiaron su conocimiento empírico con la gente clave y con científicos. Durante la implementación de este enfoque participativo, los resultados y la información adquirida se compartió en forma amigable entre los agricultores y también se usó para desarrollar materiales de capacitación. Los materiales fueron traducidos en diversos idiomas, y presentados de diversas formas como, por ejemplo, papelógrafos, libros, radio, videos que fueron presentados en escuelas en campo y en los mercados a los agricultores. Para las campañas de sensibilización y de participación social, desde el inicio se invitaron a las autoridades locales y los ministerios relevantes, por ejemplo, al Ministerio de Alimentación y Agricultura y los reguladores de la seguridad alimentaria. Adicionalmente, el proyecto de reúso de agua fue ligado con proyectos de seguridad alimentaria.

Fuente: con información de Keraita & Drechsel (2012).

4.5 EDUCACION

La educación es una herramienta que proporciona conocimiento, pero también una que cambia la percepción y las actitudes; sin embargo, los programas educativos sobre el saneamiento no son manejados por quienes formulan las políticas ni tampoco por quienes toman decisiones sino por las escuelas y las universidades. La educación es una forma de sensibilizar sobre la importancia de preservar la calidad del agua y de dar tratamiento y disposición final adecuada a las aguas residuales. Mas aún, es una forma de preparar a la gente para que más tarde contribuya a cambiar la percepción y las actitudes de la sociedad hacia el saneamiento. Los programas educativos pueden ser elaborados para el público en general (Cuadro 4.6) pero también para profesionales de diferentes niveles (técnicos, licenciaturas, maestrías, doctorados) en escuelas y universidades (Cuadro 4.7). Por la magnitud del esfuerzo requerido, es importante incluir el tema del saneamiento en la currícula de universidades, escuelas vocacionales y otras instituciones especializadas, como son los centros públicos de capacitación local. El aprendizaje entre pares y la mentoría son también muy efectivos para educar en el tema del saneamiento.

Cuadro 4.6 Centro de Visita de NEWater en Singapur

La Administración de Empresas Públicas de Singapur (PUB, por sus siglas en inglés) desarrolló el 'Programa ABC de las Aguas' como parte de un enfoque holístico para promover el reúso del agua por medio de campañas de sensibilización y educación. Como parte de ello se implementó, con apoyo de líderes de la comunidad, periodistas, grupos de comerciantes, funcionarios de gobierno y medios de comunicación, el programa 3P (para las personas, el público y el sector privado) que produjo mensajes clave e información. Se construyó el centro de Visitas de NEWater para brindar al público programas educativos y diseminar información. En sus primeros 5 años, este centro recibió a cerca de 800,000 visitantes nacionales y extranjeros. Para minimizar la percepción pública negativa, las preocupaciones y el estigma, el PUB adaptó información técnica y terminología empleando un vocabulario simple; por ejemplo, el término 'agua residual' fue reemplazado por 'agua usada', y en lugar de 'planta de tratamiento de agua residual' usaron 'planta de recuperación de agua'. La información sobre el reúso de agua fue presentada empleando diagramas y gráficas sencillos, herramientas divertidas atractivas para la comunidad, como por ejemplo, el videojuego llamado 'Salva Mi Agua'. A partir de estas iniciativas de educación, la aceptación social del agua residual como recurso incrementó.

Fuente: con información de www.pub.gov.sg/ (PUB); https://www.pub.gov.sg/ Public/Places-of-Interest/NEWater-Visitor-Centre.

Cuadro 4.7 Educación y sensibilización en saneamiento y reúso en universidades de Latinoamérica

Proyecto educativo para hacer que los niños y los jóvenes se sensibilicen a la relación juventud-ciencia- ambiente.

En Latinoamérica, una de las causas de las enfermedades hídricas y de la contaminación del agua se debe a que la mayoría de la gente no es consciente de la estrecha relación que existe entre la calidad del agua y la salud humana y ambiental. Para atender este problema, se desarrollaron dos proyectos: uno para educar a niños y jóvenes y otro para capacitar a profesores, científicos y estudiantes de ciencias de agua y tecnología para contribuir mejor al proyecto de concientización.

El primer proyecto se realizó en Argentina, Brasil, Bolivia, Chile, Colombia y Uruguay por una o más universidades en cada país y con el apoyo de empresas de agua y de agua residual, la *Pan American Health Organization el IDRC* y la UNICEF. El proyecto consistió en enseñar a los niños y adolescentes a realizar pruebas de la calidad del agua en su entorno, encontrar fuentes de contaminación y entender los efectos asociados en la salud del público y del ambiente. Las sesiones educativas se realizaron con apoyo de diferentes plataformas en cada universidad. Para evaluar la calidad del agua, se realizaron estudios en campo observando los efectos de las toxinas en plantas (*Allium cepa* and *Lactuca sativa*) y animales (*Hydra attenuate*). Los análisis de calidad del agua fueron llevados a cabo en talleres de escuelas en dónde se discutían los resultados. En total para los siete países de Latinoamérica se capacitaron cerca de 1,200 niños y jóvenes. Los talleres se desarrollaron durante 10 años en Colombia, principalmente con niños desplazados por la violencia.

Actividades educativas y de sensibilización para niños y jóvenes

Identificación de los riesgos (investigación)   *Minimización del riesgo (tratamiento de agua)*

El Segundo Proyecto se llevó a cabo únicamente en Perú con el objeto de mejorar la capacidad educativa institucional y para entrenar, además de a los niños, a maestros, investigadores y estudiantes en temas de ciencia y de tecnología del agua para que ello pudieran contribuir mejor al proyecto de sensibilización sobre el tratamiento de las aguas residuales grises y a minimizar riesgos en la salud mediante el uso de la agua tratada en forma adecuada.

Fuente: con información de Campos *et al.* (2001), Castro & Aurazo (2007), Pastor *et al.* (2011), Pastor & Miglio (2013).

doi: 10.2166/9781789065053_0127

Capítulo 5
Costos del saneamiento y su financiamiento

MENSAJES CLAVES:

- Con un manejo seguro, el saneamiento salva vidas y mejora su calidad. El saneamiento es una estrategia de adaptación al clima la cual uno no se arrepiente de implementar, además contribuye al cumplimiento de los objetivos de desarrollo sustentable, como el ODS 2: Cero hambre, el ODS 3: Buena salud y bienestar, el ODS 4: Educación de calidad, y por los impactos diferenciales que tiene en las mujeres durante el manejo de la higiene menstrual, es esencial para cumplir el ODS 5: Equidad de género. Al considerar todos los beneficios que el saneamiento aporta, la relación beneficio/costo siempre resulta positiva, especialmente si se consideran perspectivas sociales y económicas.
- El saneamiento inadecuado tiene un costo que puede ascender al 7.2% del producto interno bruto de algunos países, pero cuando es adecuado el retorno se estima en 4–5 USD por cada 1 USD invertido. A pesar de ello, únicamente el 25% de los países están a tiempo de cumplir con sus metas de saneamiento y, desafortunadamente, las inversiones en saneamiento son siempre inferiores a las del agua potable.
- En el sector del saneamiento, las inversiones que se realizan para el manejo de lodos y materia fecal están muy por debajo de las que se destinan al tratamiento del agua residual y a los sistemas de saneamiento *in situ*.
- Los hogares son por mucho la principal fuente de financiamiento para el saneamiento (cubren aproximadamente dos tercios de los costos). Ello ocurre por medio de las tarifas de agua y el autoabastecimiento que realiza la población.
- Los costos del saneamiento provienen de todos los componentes de la cadena de servicios e incluyen costos por recursos humanos, construcción

de la capacidad y la participación pública. Financiar todos los componentes de la cadena de saneamiento es relevante, pero también lo es el dar seguimiento a lo que cada segmento de la población paga.

- Los mecanismos de financiamiento que se empleaban en el pasado para suministro del saneamiento no sólo fueron insuficientes sino también inadecuados para poder financiar la variedad de tareas y grupos de gente que participan en toda la cadena del saneamiento. Hoy en día, se dispone de nuevos mecanismos y su uso depende de las condiciones locales.
- Para asegurar un saneamiento para todos se requiere dar seguimiento al financiamiento y verificar que los fondos lleguen a las poblaciones objetivo.
- Tener acceso a fondos no es el único aspecto necesario para financiar efectivamente la cadena de saneamiento. También, se requiere contar con mecanismos para realizar una expedita y adecuada ejecución de los mismos y acompañarlos, por supuesto, de herramientas que aseguren la transparencia y rendición de cuentas.

5.1 PORQUÉ EL SANEAMIENTO ES IMPORTANTE PARA LA ECONOMIA

Cuando el saneamiento es gestionado de forma segura mejora la calidad de vida y se salvan vidas. También, el saneamiento es una estrategia de adaptación al clima de la cual uno se arrepiente muy poco de emplear (Caretta *et al.*, 2022); además, contribuye al cumplimiento de los objetivos de desarrollo sustentable, como el ODS 2: Cero hambre, el ODS 3: Buena salud y bienestar, el ODS 4: Educación de calidad y, por los impactos diferenciales que tiene en las mujeres, como por ejemplo en las necesidades de higiene menstrual es esencial para lograr el ODS 5: Equidad de género. A pesar de ello, sólo el 25% de los países están en tiempo de cumplir con sus metas de saneamiento, en parte porque cerca del 80% de ellos no cuentan con fondos suficientes para lograr sus metas nacionales (WHO, 2022). No basta contar con fondos para la infraestructura, ya que los países en donde hay mejores avances son aquellos que hacen un mejor uso del capital interno comprometido, tienen una buena recuperación de los costos de operación y de mantenimiento a partir de tarifas y apoyan financieramente programas para contar con recursos humanos y construir la capacidad. Este capítulo presenta datos de la situación actual sobre el financiamiento del saneamiento a nivel global y analiza los elementos que conforman el costo, los mecanismos financieros y la eficiencia en las erogaciones. Dicha información pretende ayudar a que el financiamiento del saneamiento se realice de una mejor forma.

Contar con los fondos necesarios para realizar las inversiones iniciales del saneamiento es uno de los retos más importantes para poder lograr el acceso universal. Pero también, lo es el poder cubrir los costos de operación y mantenimiento que pueden ser significativos, en particular, en donde el costo de la energía es elevado o las cadenas de suministro se encuentran fragmentadas. Más aún, en muchos países la carencia de recursos humanos pone en riesgo la construcción y operación de la infraestructura (GLAAS, 2022a). Además, es necesario reconocer y comenzar a atender los costos del saneamiento que no son evidentes como son, por ejemplo, los que se refieren al control de las emisiones de los gases de efecto invernadero.

5.2 SITUACION FINANCIERA ACTUAL

Describir el estado de la situación financiera a nivel mundial no es una tarea fácil ya que la información disponible es escasa; y, cuando existe, los datos no son homogéneos ya que dependen de las condiciones locales, de las metodologías empleadas para colectarlos y analizarlos, así como del tipo de análisis económico empleado. Más aún, la falta de datos sobre el costo del saneamiento a todo lo largo del espectro de actividades que conforman la provisión de los servicios dificulta llevar la contabilidad de cada etapa y, en consecuencia, el poder financiarlas de manera sustentable. A pesar de ello, la información colectada en la encuesta de países del GLAAS (2021/2022) complementada con el análisis realizado por WHO (2022) proveen información útil para entender las principales necesidades de financiamiento. La encuesta GLAAS contiene datos sobre suministro de agua, saneamiento e higiene (WASH) de 121 países y territorios, los cuales no todos respondieron a todas o a las mismas preguntas. Por ello, aquí en lugar de presentar números en bruto se presenta, siempre que se puede, porcentajes.

5.2.1 Inversiones requeridas para cumplir con el ODS 6.2 e impacto de la falta de saneamiento en la economía

Se estima que se requieren 105 billones de USD para cumplir la meta del ODS 6.2 de saneamiento: Terminar con la defecación al aire libre y suministrar acceso al saneamiento y a la higiene entre 2017 y 2030 (Hutton & Varughese, 2020). De forma desglosada, el saneamiento básico[1] representa el 34% de este monto mientras que el saneamiento manejado de manera segura[2] corresponde con el 66% remanente. Para eliminar la defecación al aire libre, la inversión requerida es de 1.5 billones de USD por año con montos mucho mayores, de cerca de 3.9 billones de USD al año, si además se pretende reemplazar los sistemas existentes (Hutton & Varughese, 2020). Del total de fondos que se requieren, el 70% es para el saneamiento básico de zonas urbanas, proviniendo la mayor parte de la demanda de África Subsahariana (Hutton & Varughese, 2020).

Históricamente, el Banco Mundial ha estimado que el costo global por el saneamiento inadecuado es de 260 billones de USD por año (Hutton, 2013), con la distribución regional presentada en la Figura 5.1. Las pérdidas a nivel nacional difieren mucho de un país a otro; alcanzando en algunos hasta el 7.2% del producto interno bruto (PIB) (World Bank, 2023a). La mayor parte de las pérdidas se deben a la mortalidad prematura, el tiempo que se pierde para acceder al saneamiento, la falta de productividad, los costos por atención médica y las pérdidas de ingresos por turismo (WSP, 2011). Al considerar todas estas pérdidas, lo que se podría ahorrar sobrepasa los costos requeridos de

---

[1] Para UNICEF la infraestructura de saneamiento básico se refiere a las instalaciones que no se comparten entre viviendas. Incluyen sistemas conectados al drenaje con o sin descarga automática, tanques sépticos o letrinas de fosa, letrinas con ventilación mejorada, baños de composteo y letrinas de tarima.

[2] De acuerdo con la misma lógica empleada para el saneamiento básico, en este caso el costo por el manejo seguro del saneamiento se refiere únicamente a los costos por el manejo seguro de la excreta sin considerar los costos de la letrina.

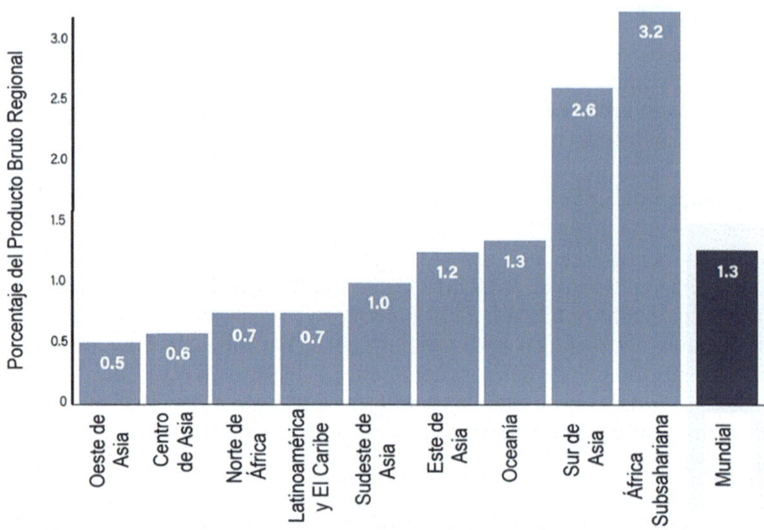

Figura 5.1 Pérdidas económicas asociadas al saneamiento inadecuado para el Sur global como porcentaje del PIB en 2012 por región (*fuente*: UNICEF and WHO, 2020).

inversión para saneamiento, teniendo un retorno histórico estimado en 4.3–5.5 USD por cada 1 USD invertido (Hutton, 2013; UN, 2014; WWAP, 2017).

5.2.2 Situación financiera del WASH a nivel mundial

De acuerdo con el reporte GLAAS (2021/2022), en la mayoría de los países el presupuesto promedio anual total para el WASH[3] aumentó en una proporción mayor al crecimiento poblacional. El presupuesto pasó de 0.73% en 2016/2017 a 1.10% del PIB en 2021/2022 (WHO, 2022)[4], es decir, que aumentó en cerca del 50% mientras que el crecimiento poblacional fue de sólo 5% en el mismo periodo. El presupuesto requerido reportado por 71 países ascendió a 31 billones de USD, lo que equivale a 12 USD per cápita, pero este dato sólo sirve como indicador ya que las variaciones entre países son muy pronunciadas. Del presupuesto total para los servicios de agua, el del agua potable representó el 56% mientras que el que corresponde al saneamiento fue de 44%; 62% en áreas urbanas y 38% en las rurales. Considerando exclusivamente el presupuesto para el saneamiento, el 56% se requiere en zonas urbanas y el 44% en rurales (WHO, 2022). Pero, los presupuestos no reflejan la disponibilidad de fondos. Únicamente el 25% de los países reportaron contar con los recursos suficientes[5]

---

[3] Los subsectores del WASH son el agua potable, el saneamiento y la higiene.

[4] Población mundial de 7 492, 7 578, 7 888 y 7 975 miles de millones de personas para el 2016, 2017, 2021 y 2022, respectivamente.

[5] Fondos suficientes significa contar con más del 75% de lo requerido para implementar los planes WASH (Saneamiento) o para alcanzar las metas nacionales WASH (Saneamiento).

para cubrir sus necesidades de WASH (i.e. el 75% carece del financiamiento necesario) (WHO, 2022).

5.2.3 Necesidades financieras y suficiencia de fondos para saneamiento

El financiamiento para el saneamiento siempre ha sido menor al del agua potable, el cual en proporción representó 46%, 35% y 22% de las inversiones totales en servicios de agua para 2016/2017, 2018/2019 y 2021/2022, respectivamente (WHO, 2022a). La falta de recursos para el saneamiento es mayor no sólo en comparación con la de agua potable sino también con la de higiene (Tabla 5.1 y Figura 5.2). Sólo el 22% de los países reportaron contar con fondos suficientes para el saneamiento urbano y el 15% para el rural, porcentaje que decrece al 14% cuando se consideran ambos en el cumplimiento de las metas nacionales. Como resultado de la falta de recursos, la inversión para incrementar la cobertura de los servicios para la población que no es atendida es limitada, las erogaciones para la operación y mantenimiento son diferidas incrementado a la larga el capital que se requiere para realizar renovaciones, y, además, se carece de suficientes recursos humanos para implementar programas y servicios (WHO, 2022). Considerando únicamente el monto que se requiere para cubrir los costos de los recursos humanos, el 7% de los países reportaron contar con una política de saneamiento formalmente aprobada, un plan presupuestado y fondos suficientes para el saneamiento urbano y, menos del 3% para el rural (WHO, 2022).

Tabla 5.1 Comparación de suficiencia de fondos para alcanzar las metas nacionales de los subsectores WASH y para implementar los planes asociados.

Subsector WASH	Porcentaje de países que reportaron contar con planes presupuestados con suficiencia de fondos para su implementación	Porcentaje de países que reportaron contar con suficiencia de fondos provenientes de todas las fuentes para alcanzar sus metas nacionales
Saneamiento urbano ($n = 100, 91$)	22	14
Saneamiento rural ($n = 96, 90$)	15	14
Agua potable urbana ($n = 97, 92$)	23	29
Agua potable rural ($n = 95, 89$)	23	25
Higiene de manos ($n = 83$)	NA	27
WASH en centros de salud ($n = 63, 84$)	32	25
WASH en escuelas ($n = 71, 82$)	35	23

Fuente: con datos de WHO (2022).
NA, la suficiencia para planes presupuestados de higiene no fue una pregunta de las encuestas de país GLAAS (2021/2022).
n, número de países que reportaron.

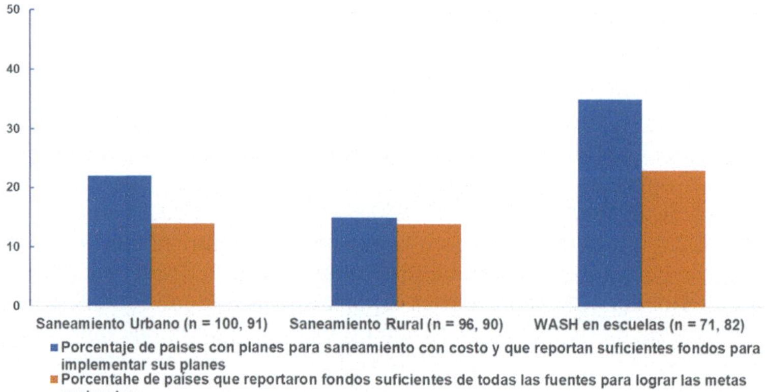

Figura 5.2 Suficiencia de fondos para implementar los planes de saneamiento (*fuente*: con información de WHO, 2022).

5.2.4 Fuentes de financiamiento

Las casas-habitación son quienes proveen la mayor parte de fondos para financiar el WASH (cerca de dos tercios), no el gobierno (Figura 5.3). Para el saneamiento, la provisión de fondos se efectúa por medio de las tarifas de conexión y por la auto prestación del servicio, como, por ejemplo, el pago de los servicios de limpieza de los sistemas de saneamiento *in situ* y la inversión en baños, contenedores *in situ*, e incluso, hasta tecnologías de tratamiento (WHO, 2022).

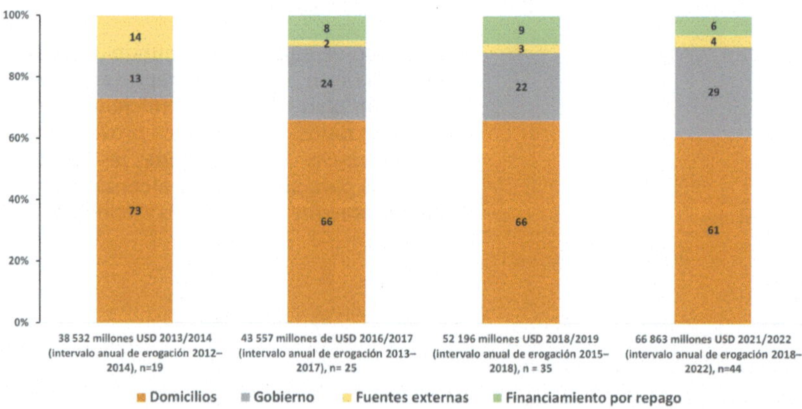

Figura 5.3 Desglose de las fuentes de financiamiento para el WASH considerando los últimos cuatro ciclos de reportes GLAAS y todos los países que respondieron la encuesta[6] (*fuente*: con datos de WHO, 2022).

---

[6] Los datos incluyen sólo a los países que suministraron la información completa sobre su erogación en WASH así como la información de las erogaciones por parte de domicilios y del gobierno para cada ciclo GLAAS.

5.3 COSTOS DEL SANEAMIENTO

Se considera que los responsables de los servicios (e.g., gobiernos municipales) son quienes deben mantener los costos del saneamiento tan bajo como sea posible a la vez que preserven los estándares del servicio y del tratamiento en buen estado, pero también se reconoce que es necesario hacer una detallada y completa estimación de los costos a todo lo largo del servicio (para toda la cadena de saneamiento) a pesar de que no toda esté a su cargo. Como será presentado en las siguientes secciones, la forma de estimar los costos para la prestación del saneamiento difiere de la que se usa para otros servicios públicos, como el de agua potable o de la electricidad (Mills *et al.*, 2020) ello, debido a que en existen diversos servicios y costos operativos que son pasivos y se ejecutan con cargo a los usuarios en funciones que no son del gobierno, o al menos no están definidas así. Esto es importante porque las restricciones que se aplican para establecer los presupuestos requeridos junto con la visión de corto plazo que se aplica para realizar las inversiones en saneamiento no sirven para decidir en qué tipo de sistemas se debe invertir ya que ello se debería realizar considerando la necesidad de atender los pasivos financieros de largo plazo.

5.3.1 Componentes del costo de saneamiento

Los costos del saneamiento tienen varios componentes (Figura 5.4), algunos de los cuales se consideran en la literatura como externalidades, aunque también hay otros costos, que simplemente están ocultos. De cualquier forma, se requiere asegurar tanto como sea posible el que haya fondos suficientes y en forma sustentable para construir, operar, dar mantenimiento, rehabilitar, reponer y mejorar las instalaciones, así como para cubrir los requerimientos para adaptarse y mitigar el cambio climático para toda la cadena de servicios.

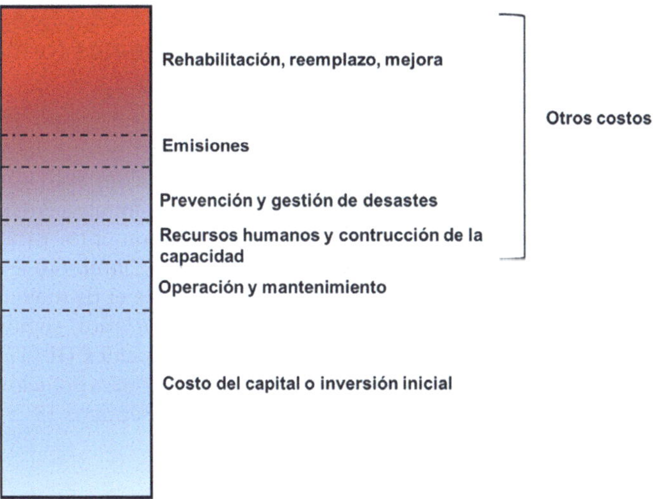

Figura 5.4 Componentes del costo total del saneamiento.

Desafortunadamente, hay una tendencia por promover y financiar nueva infraestructura, sin considerar todo el ciclo de vida del sistema de tratamiento ni la sustentabilidad del servicio, la capacidad real de la infraestructura ya existente, ni tampoco la posibilidad de maximizar su uso (UN-Habitat & WHO, 2021). Esta sección analizará los componentes del costo del saneamiento. Componentes que aplican al conjunto entero de los elementos que conforman la cadena de saneamiento.

5.3.1.1 *Costo de capital (inversión inicial)*

Los costos para la inversión inicial y de capital deben considerar tanto la construcción de nuevas instalaciones para incrementar la cobertura de saneamiento como para mejorar la calidad del servicio. Usualmente, la mejora o renovación de instalaciones existentes nunca se incluyen. En la determinación de costos, la forma con la cual se provee el saneamiento (descentralizada o centralizada) es crítica (Cuadro 5.1). En general, los costos de construcción de los sistemas centralizados son mayores que los de sistemas *in situ*; sin embargo, el servicio y confort que cada sistema proporciona a los usuarios es diferente. Los sistemas centralizados son más costosos porque los drenajes son muy caros, y además requieren procesos específicos de construcción. Con mucha frecuencia, tanto para los sistemas centralizados como para los descentralizados, la gente no cuenta con fondos suficientes para financiar su construcción.

5.3.1.2 *Costos de operación y mantenimiento*

Para lograr un servicio sustentable de saneamiento es fundamental considerar los costos de operación y de mantenimiento toda vez que la mayor parte de la infraestructura a la fecha construida no funciona por falta de financiamiento

---

Cuadro 5.1 Comparación de costos para diferentes formas de saneamiento

Un estudio desarrollado para cinco ciudades de Kenia (Kisumu, Malindi y Nakuru), Ghana (Kumasi) y Bangladesh (Rangpur) estimó los costos totales del financiamiento requerido para logar un saneamiento universal en 10 años. El estudio demostró que éstos varían mucho en función del tipo de enfoque empleado para proveer el saneamiento. El análisis compara de tres a cinco enfoques diferentes de saneamiento en cada ciudad: el enfoque que emplea drenaje resultó siempre el de mayor costo (financiamiento total requerido 16–24 USD/persona/año), seguido del saneamiento realizado por medio de contenedores locales (10–17 USD/persona/año), el saneamiento *in-situ* (2–14 USD/persona/año) y los mini-drenajes que conectan varios excusados a tanques sépticos (3–5 USD/persona/año).

Fuente: con información de Delaire *et al.* (2021).

para sufragarlos. En efecto, a pesar de que los costos de operación y mantenimiento son inferiores a los costos de inversión, siempre es un reto poder cubrirlos, especialmente para los asentamientos humanos de escasos recursos, y en particular si los costos energéticos son elevados o la cadena de suministro está fragmentada (WHO, 2022). En la mayoría de los casos quienes desarrollan las políticas optan por que sean los usuarios quienes cubran el costo de la operación y del mantenimiento. Ello puede resultar no viable, en especial para los pobres, por lo que se requieren contar con subsidios o programas de subsidios cruzados (véase sección 5.4.1.1).

Sainati *et al.* (2020), realizaron una evaluación de los costos totales de saneamiento por año, domicilio y per cápita en diferentes países y para diferentes soluciones. Los resultados mostraron que el enfocarse sólo en los costos de inversión excluyendo los de operación conduce a un entendimiento deficiente de los costos asociados con diferentes soluciones de saneamiento. Por ejemplo, a pesar de que los costos de inversión per cápita de los sistemas con drenaje son mayores que los de los sistemas que manejan el lodo fecal, los costos de operación resultan, por mucho, menores para los primeros que para segundos pues éstos requieren el transporte de lodos por carretera (Sainati *et al.*, 2020). Más aún, los costos de operación son – por mucho- mayores para los sistemas de saneamiento que emplean contenedores que para los sistemas *in situ* (Sainati *et al.*, 2020). Los sistemas de saneamiento que sirven como almacenamiento requieren ser periódicamente vaciados, lo que a su vez implica tener que contar con infraestructura adicional para el transporte y tratamiento en otro sitio del agua residual. A pesar de ello, son estas las soluciones de saneamiento las que tienen una mayor probabilidad de ser seleccionadas cuando se desarrollan estrategias de saneamiento para atender a la gente pobre (Hutchings *et al.*, 2018).

5.3.1.3 *Recursos humanos, construcción de la capacidad y concientización*

Los recursos humanos y construcción de la capacidad también son parte de los costos por considerar a todo lo largo de la cadena de saneamiento, tanto para la inversión inicial como para la operación y el mantenimiento, (Dickin *et al.*, 2020; Mills *et al.*, 2020). De acuerdo con el GLAAS (2021/2022), la falta de profesionales capacitados 'es un impedimento mayor para lograr la gestión de un saneamiento seguro'. Cuadruplicar el avance requerido para cumplir a tiempo con el ODS 6.2 implica realizar un incremento equivalente en el número de los trabajadores entrenados en todas las facetas del saneamiento. Sin embargo, en el GLAAS prácticamente ningún país reporta que cuente con políticas formalmente aprobadas y planes costeados con suficientes recursos humanos y financieros (WHO, 2022). Pero el problema no queda ahí. Otro reto es retener a los trabajadores de saneamiento, en especial en las zonas rurales, remotas o de comunidades indígenas en donde la calidad de vida, el aislamiento y la inequidad de salario impiden que el personal calificado permanezca en el sitio (GLAAS, 2022a; Murphy *et al.*, 2015; World Bank Group, 2019a).

Muchos estudios de caso identifican que la sensibilización es esencial para apoyar las inversiones en saneamiento (Post & Athreye, 2016), pero su financiamiento debe ser público y su implementación en la práctica preferentemente efectuado por organizaciones de la sociedad civil en los contextos frágiles. Como ejemplo, el desglose de los costos para sistemas centralizados en Gana y Etiopía (Crocker *et al.*, 2017, 2021) es 17% para la gestión, 46% para entrenamiento y 37% para las instalaciones. En cambio, para sistemas a base de letrinas individuales es de 30% para cubrir el tiempo de actores locales y miembros de la comunidad, 52% para la compra de materiales y 18% para trabajo externo.

5.3.1.4 Prevención y manejo de los riesgos por desastres

Desafortunadamente, la experiencia demuestra que como parte de los costos de saneamiento es necesario incluir medidas para reducir los riesgos por desastres, incluso sin considerar escenarios de cambio climático. Los fondos para contingencias se requieren para reparar infraestructura y arrancar de nuevo la operación de los sistemas después de eventos de lluvias extremas, inundaciones, tsunamis y terremotos. Estos recursos pueden provenir de cualquier fuente, incluyendo de las agencias de seguros (Dickin *et al.*, 2020; Mills *et al.*, 2020). En muchas partes del mundo, los impactos causados por el cambio climático incrementarán estas necesidades. A pesar de ello, solamente, uno de cada cinco países cuenta con estrategias implementadas para preparase ante eventos climáticos en los sectores del agua potable y del saneamiento, mientras que un cuarto tiene ya programas piloto o sitios demostrativos instalados (GLAAS, 2022b).

5.3.1.5 Emisiones de gases de efecto invernadero

Las plantas centralizadas de tratamiento de agua residual (PTARs) representan 3% del consumo global de energía. En función de cómo esta energía es generada, las plantas contribuyen en diferente medida a las emisiones de gases de efecto invernadero (GEI), ello sin considerar las emisiones que se generan por la descomposición de la materia orgánica durante el proceso de tratamiento (Dickin *et al.*, 2020). Se señala que esta descomposición también ocurre en el ambiente, aun cuando no haya tratamiento. Puesto que como parte de los servicios de saneamiento se emplean letrinas para 2.3 billones de personas que carecen de un saneamiento básico, el valor real de las emisiones de GEI podría ser más del doble del valor mencionado (Dickin *et al.*, 2020). Para reducir estas emisiones se requiere invertir en tecnología. Por otra parte, recuperar energía y nutrientes durante el saneamiento es también una forma de reducir otros consumos de energía (por ejemplo, para la producción de fertilizante comercial).

5.3.1.6 Desarrollo tecnológico

Para asegurar que las necesidades de los usuarios son cubiertas y se cumple con la reglamentación se requiere diseñar, pero también probar nueva tecnología que sea apropiada pero que es necesario desarrollar, lo cual tiene un costo. Con frecuencia, el costo del desarrollo tecnológico y de investigación es sufragado por el sector académico y de investigación, lo que significa el empleo de fondos públicos o privados, o bien, mediante apoyos internacionales. Los costos para hacer ensayos con plantas pilotos instaladas *in situ* normalmente son sufragados por las empresas de saneamiento o por ONGs cuando las soluciones son a nivel domiciliar.

5.3.1.7 Rehabilitación, reemplazo, expansión y mejoras

Los costos para rehabilitar, reemplazar, expandir o mejorar las instalaciones puede ser mucho más difíciles de financiar. Los sistemas con drenaje centralizado, seleccionados típicamente en los grandes centros urbanos, se están haciendo viejos, en particular, en países con ingresos elevados, dando lugar a un pasivo financiero. Hace tiempo, en 2005, los costos típicos para su reemplazo se estimaban en 2,600 USD *per cápita* para países con alta población y de 4,800 USD *per cápita* para aquellos con población escasa (Maurer *et al.*, 2005). Al adquirir conciencia de esta necesidad, muchos entes de gestión urbana en todo el mundo estimaron los costos del reemplazo de su infraestructura. A pesar de que el monto global específico para el agua residual no está disponible, los costos de construcción para la nueva infraestructura podrían triplicar en 5 años debido a la inflación que hay para los costos de construcción y que es del 5% (Sunshine Coast Regional District, 2019).

5.3.2 Costos de la infraestructura Urbana, asentamiento pequeños y rurales

Los centros urbanos representan áreas geográficas relativamente pequeñas en donde vive un gran número de gente. Aun cuando esta situación puede representar un reto para instalar sistemas centralizados o expandir los que ya estén construidos en zonas con una alta densidad poblacional, el costo de la inversión *per cápita* decrece conforme incrementa el número de gente atendida (Schuster-Wallace & Dickson, 2017). La inversión requerida para sistemas de drenaje centralizado es, por mucho, más elevada que la correspondiente a las soluciones descentralizadas o a nivel domiciliar. A pesar de ello, entre 2010 y 2017, las inversiones realizadas por la banca de desarrollo fueron 20 veces superior para los sistemas centralizados que para los sistemas con manejo locales de lodos fecales (Hutchings *et al.*, 2018).

En comunidades remotas y rurales la población usualmente es escasa, las cadenas de suministro son menos confiables y los costos de transporte de bienes y servicios son mayores (Schuster-Wallace & Dickson, 2017). Además, en cuanto al suministro de agua potable y la infraestructura de saneamiento, la mayoría presenta un mayor retraso que en áreas urbanas. Para estas comunidades, al igual que para los asentamientos con pocas viviendas, los sistemas de drenaje centralizado no están al alcance de sus recursos (financieros y humanos). Más aún, la disponibilidad de terreno en algunas áreas de ciudades, áreas periurbanas o en asentamientos informales, es un enorme reto, cada vez más difícil de superar para poder incrementar los servicios de saneamiento. Por ello, las opciones de auto suministro son frecuentes (con o sin el apoyo de mecanismos financieros) e incluyen letrinas compartidas (públicas o privadas) sin tratamiento del agua residual *in situ* (Hutchings *et al.*, 2018).

Lo anterior tiene dos consecuencias importantes. La primera es que la responsabilidad para la operación, mantenimiento y reemplazo de la infraestructura recae por completo en los domicilios. La segunda es que no todas las opciones de autoabastecimiento cumplen con el criterio definido por el UN Water's Joint Monitoring Program de WHO y UNICEF referente a la definición de acceso a un saneamiento mejorado.

5.3.3 Variaciones locales de los costos

Los costos dependen mucho de las condiciones locales por lo que no pueden ser generalizados, sino que es necesario determinarlos caso por caso. Por ejemplo, información de campo proveniente de Gana y Etiopía sobre el saneamiento provisto por la propia comunidad mostró que los costos de inversión ascendieron a 30 USD *per cápita* en Gana mientras que fueron de 14 USD en Etiopía. Otros costos asociados en Gana fueron de 52 USD mientras que en Etiopia de sólo 5 USD (Crocker *et al.*, 2017, 2021). Es esta alta variabilidad la que hace que realizar estimaciones a nivel global, regional y local sea muy difícil. Más aún, estos datos de costos no son útiles para definir los costos de programas locales, y sólo sirven como guía especialmente para inversionistas externos.

5.3.4 Costos de la cadena completa de saneamiento

Es importante considerar los costos del ciclo de vida completo de la prestación de saneamiento, incluyendo los de las externalidades (Mills *et al.*, 2020). Pero, desafortunadamente, no se cuenta con información desglosada para toda la cadena de suministro del servicio. Peor aún, es difícil identificar qué agencia pudiese realizar esta tarea ya que los costos de diferentes etapas de la cadena completa de saneamiento son sufragados por diferentes instituciones, organizaciones e individuos.

5.3.5 Distribución de los costos (quién paga, por qué y cuánto paga)

Mills *et al.* (2020) concluyeron que 'el análisis consistente de la eficiencia de los costos contra los objetivos de un servicio permitirá comparar mejor las diferentes opciones que sean apropiadas para prestar el saneamiento en diferentes contextos de una ciudad. Esto, además, creará la oportunidad de entender cómo los costos pueden ser distribuidos de manera aislada entre los diferentes actores'. Este enfoque es crítico para asegurar la accesibilidad y la equidad en la prestación del saneamiento, en especial, por el vasto mercado potencial que representa. Sólo como ejemplo, para el 2030, el mercado potencial del saneamiento en Kenia se estima en cerca de 6.2 billones de USD (Toilet Board Coalition, 2020) y en 148 billones de USD en India (Toilet Board Coalition, 2020).

Actualmente, es claro que la distribución de costos es diferente para los sistemas convencionales de tratamiento de agua residual y los sistemas de saneamiento *in situ*. A partir de datos provenientes de Dakar y Senegal, Dodane *et al.* (2012) compararon (a) sistemas de lodos activados incluyendo el manejo de los lodos producidos, contra (b) sistemas de saneamiento *in situ* a base de tanques sépticos con recolección y transporte en camiones y lechos de secado para el contenido extraído de letrinas. Los costos anuales de inversión para (a), el sistema convencional, fue diez veces mayor que para (b), los sistemas *in situ*, mientras que los costos de operación fueron 1.5 veces mayores. Los costos *per cápita* anuales tanto de inversión como de operación para la opción (a) fue cinco veces superior (54.64 USD) a la opción (b) (11.63 USD) (Figura 5.5). Adicionalmente, la opción (a) no sólo resultó 40 veces más cara que la (b) sino que, además, los costos fueron absorbidos por las empresas de saneamiento mientras que para la opción (b) los costos estuvieron a cargo de los domicilios.

COSTOS, USD/año.capita	(a) Convencional	(b) SIS
Total	54.64	11.63
Empresa de Agua	52.63	1.86
Domicilios	2	9.74
Transporte y recolección	0	0.02
Usuario final	0.01	0.01

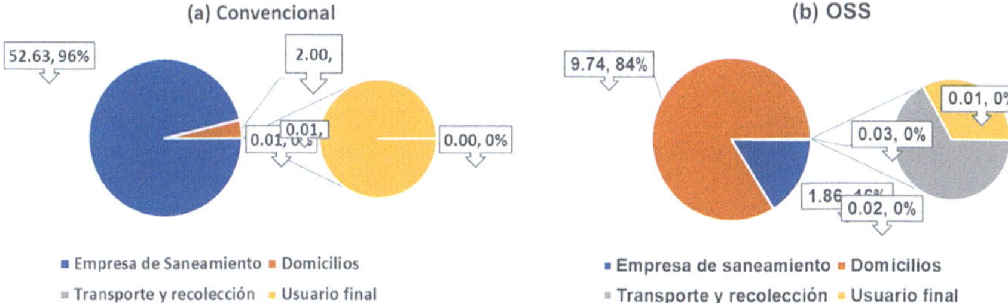

Figura 5.5 Costos per cápita y fuente de financiamiento como porcentaje para sistemas convencionales y SIS (sistemas de saneamiento *in situ)* considerando inversión, operación y manejo de lodos en Dakar, Senegal (*fuente*: con información de Dodane *et al.*, 2012).

5.4 FINANCIAMIENTO

Para el saneamiento, el financiamiento se refiere a los mecanismos y estrategias que se deben emplear para asegurar que haya los fondos necesarios para cubrir la infraestructura y los servicios. Ello implica identificar, movilizar y conseguir recursos financieros para apoyar la planeación, la construcción, la operación y el mantenimiento de todas las instalaciones de saneamiento, como son los excusados, los sistemas de drenaje y las plantas de tratamiento de agua residual/lodo fecal. Financiar el saneamiento en forma eficiente es crucial para poder cumplir con objetivos y las metas, así como para lograr su universalidad. Contar con fondos para financiar la cadena completa de saneamiento es uno de los retos más difíciles de lograr para poder implementar el acceso universal (GLAAS, 2022a).

5.4.1 Opciones de financiamiento

Existen diferentes fuentes y mecanismos de financiamiento. Las que se emplearon con anterioridad, y que se siguen usando, son denominadas en este texto como 'convencionales' en tanto que las nuevas y aún poco menos empleadas se designan aquí como 'no convencionales'. Independientemente del mecanismo de financiamiento, para el origen de fondos sólo hay unas cuantas opciones. Éstas son transferencias, impuestos, tarifas (o cuotas), e inversiones personales (ya sea en forma de capital, suministros o mantenimiento) (Danert & Hutton, 2020). Se tiene identificado que la mayor parte de la inversión proviene de recursos públicos, las tarifas y las inversiones personales para la operación y mantenimiento (Danert & Hutton, 2020). Sin embargo, para incrementar la cobertura de saneamiento es mejor aumentar la inversión pública y las tarifas, establecer una sólida autoridad reguladora y proporcionar suficientes recursos financieros y humanos (GLAAS, 2022a).

5.4.1.1 Opciones convencionales

Los mecanismos financieros convencionales (Figura 5.6) son (Danert & Hutton, 2020; UN-Habitat & WHO, 2021; UN-Water, 2024):

- Financiamiento público,
- Domiciliar,
- Apoyos internacionales vía gobiernos locales o nacionales,
- Subsidios cruzados,
- Ayuda internacional para el desarrollo otorgada a gobiernos nacionales o locales,
- Sector privado,
- Asociaciones público-privadas, conocidas como PPPs por sus siglas en inglés

Financiamiento público

Los gobiernos juegan un papel crítico para financiar los proyectos de saneamiento por ser éste un derecho humano, pero también por el impacto que tiene en la salud humana y ambiental, en el desarrollo económico y social. De hecho, la participación del gobierno en el financiamiento es la única forma para asegurar que nadie se quede afuera y que las necesidades de la población vulnerable sean atendidas. Sin embargo, el papel del gobierno no consiste únicamente en proveer fondos para los servicios, sino también en la responsabilidad ineludible de regular, supervisar, estimular el financiamiento no gubernamental y asegurar que todos los elementos de la cadena de saneamiento tengan acceso a un financiamiento apropiado. En cuanto a las inversiones, es necesario que los gobiernos (a nivel nacional y regional) cubran prácticamente la totalidad de los costos de la infraestructura centralizada, por lo menos al inicio. Ello debido a que usualmente el monto es muy elevado y prácticamente imposible de ser cubierto por los gobiernos locales. En general, estos fondos se emplean para construir el drenaje, las PTARs y la infraestructura para tratar el extracto de los sistemas *in situ*. Cuando los fondos públicos son insuficientes para poder cubrir todas las necesidades es posible atraer otras inversiones, como el financiamiento comercial, pero para ello es preciso contar con evaluaciones actualizadas del riesgo financiero, así como con políticas y programas bien definidos para el saneamiento (World Bank, 2017).

Los fondos públicos incluyen recursos ministeriales, regionales o locales. También, pueden provenir de ayuda o préstamos internacionales que, dependiendo del marco legal nacional, pueden ser a nivel de país, región o localidad. Los gobiernos también pueden establecer fondos específicos (etiquetar) para el saneamiento a partir de fondos reservados para la infraestructura. Para ello, los gobiernos emplean los recursos que colectan por derechos de uso del agua, impuestos asociados con el saneamiento como los que provienen del principio 'quien contamina paga' e impuestos que aplican de manera general a las personas o a negocios de otros sectores. La UN-Habitat & WHO (2021) a partir de una evaluación establecieron que el principio de 'quien contamina paga' ha sido útil para tener más PTARs en diversos países.

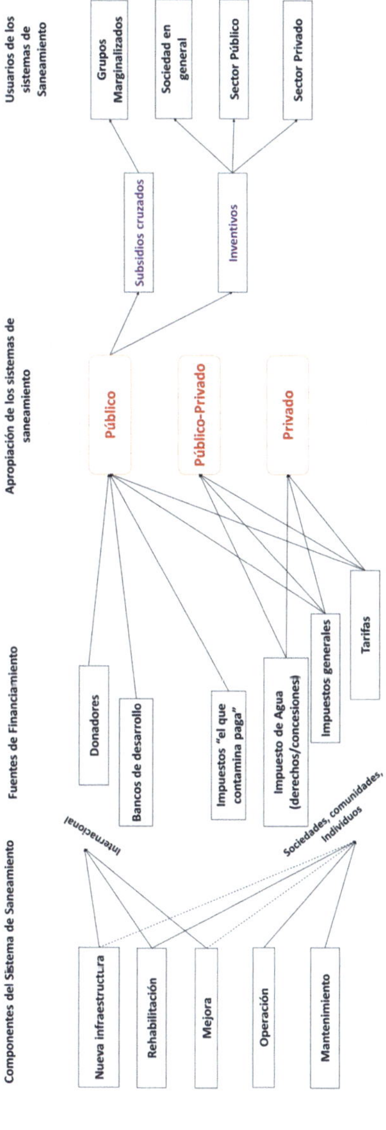

Figura 5.6 Opciones convencionales empleadas para financiar el saneamiento.

Subsidios cruzados e incentivos.

El gobierno es quien decide la política para establecer subsidios cruzados[7] e incentivos para el saneamiento. Estos instrumentos son útiles para asegurar un acceso equitativo a los servicios de saneamiento y permitir su sustentabilidad en contextos en los cuales es muy difícil contar con financiamiento. Incluso, cuando el gobierno tiene por meta no subsidiar el saneamiento debido a los altos costos de inversión, operación y mantenimiento que hay para las comunidades desfavorecidas, resulta pronto evidente que por lo menos durante un periodo de transición los subsidios son requeridos. De acuerdo con el Banco Mundial, los 'incentivos' se crean para lograr resultados que provengan de acciones específicas por parte de gobiernos locales o regionales, instituciones y de los sectores privado y social. Los incentivos pueden ser positivos o negativos (incentivos perversos) dependiendo del tipo de relaciones y acciones que promuevan. Los incentivos pueden promover el financiamiento de proyectos de saneamiento. Por ejemplo, declarar como legal el derecho universal al saneamiento crea incentivos para que los municipios financien este rubro. El impuesto relativo al principio 'quien contamina paga' y el establecimiento de subsidios son también ejemplos de incentivos. Muchas referencias consideran que los subsidios son un incentivo perverso para el saneamiento. Ello pues, hasta la fecha, su empleo no han resuelto todos los problemas que existen para mejorar la cobertura de los servicios, y de hecho, los servicios se están tornando cada vez más deficiente en todo el mundo (GWP, 2000, 2008).

Financiamiento domiciliar o auto suministro

Como ya fue señalado, son los propios domicilios, y no los gobiernos, quienes financian la mayor parte del saneamiento, por ejemplo, por medio de esquemas de auto suministro. El auto suministro incluye cualquier gasto realizado por comunidades o personas privadas para instalar u operar la infraestructura de saneamiento. Desafortunadamente, la información disponible sobre ello, como mecanismo de financiamiento, es muy difícil de rastrear pues no se declara ni monitorea. Las contribuciones que provienen de los presupuestos de los hogares casi nunca son reportadas por lo que la información con la que se cuenta en su mayoría son sólo estimaciones (WHO, 2022). Quienes elaboran las políticas, hacen uso del auto suministro como parte de una estrategia no convencional para mejorar la cobertura de saneamiento. Sin embargo, el auto suministro puede ser también una forma de perpetuar las desigualdades, pues de acuerdo con Augsburg y Rodríguez-Lesmes (2020), el 25% de la población con los ingresos más altos tienen una mayor probabilidad de comprar letrinas con recursos propios que el 25% que tiene los ingresos más bajos, la cual con mayor certeza tendrá que emplear préstamos informales o subsidios de gobierno para poder hacerlo.

---

[7] Los subsidios cruzados implican usar fondos que provienen de un servicio de saneamiento rentable en la zona en cuestión (pero también de otro sector, como la educación o de la salud) para cubrir los costos de los servicios de áreas de bajo recursos o con servicios deficientes.

Tarifas

Las tarifas y los cobros a los usuarios son cargos establecidos por las organizaciones que operan los servicios o por entidades autónomas. Estos cargos se establecen independientemente de quien opere el servicio sea una entidad pública, privada o comunitaria. Los recursos que se recaban de esta forma pueden ingresar al gobierno o ir directamente a los organismos operadores del servicio. El establecimiento de cargos o tarifas para el saneamiento ayuda a generar el ingreso necesario para su operación y mantenimiento, así como para promover su sustentabilidad financiera. Estos cargos incluyen el cobro por el empleo de baños públicos, las conexiones a los drenajes, los servicios de tratamiento de agua o al manejo de lodos fecales. Las tarifas de agua potable también se pueden emplear como ingresos colaterales para generar préstamos o inversiones. Las tarifas son un componente importante de la recuperación de los costos para la prestación del servicio de saneamiento. A pesar de ello, sólo cerca del 30% de los países que aplican tarifas logran recuperar por lo menos el 80% de los costos de operación y mantenimiento (Figura 5.7; WHO, 2022). Las tasas de recuperación de costos varían mucho entre países y municipalidades, ello se asocia con la capacidad económica de la región y la existencia de sistemas eficientes para recolectar los cargos.

Aplicar tarifas de saneamiento es un gran reto. La cantidad que se debe cargar a la tarifa de agua por este concepto puede resultar significativa, por ejemplo, en Minas Gerais, Brasil, el 42.5% del cargo por el agua se debe al saneamiento (Resolución No. 154/2021). Las tarifas de saneamiento también deben ser asequibles. Para que la gente esté dispuesta a pagarlas, se requiere educación y concientización sobre los efectos que el agua residual provoca en la salud humana y en el ambiente (agua contaminada). Sin embargo, con frecuencia ello resulta en que la gente considere que estos costos, por tratarse de bienes públicos y sociales, deban ser cubiertos por el gobierno. En contraste, la gente considera lógico pagar por el vaciado de sus letrinas ya que sin ello los efectos negativos se reflejan directamente en sus hogares. Más aún, la discusión sobre

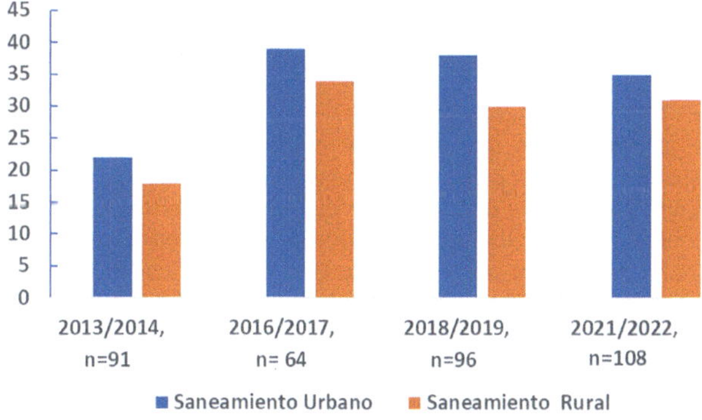

Figura 5.7 Porcentaje de países que indicaron cubrir más del 80% de los costos de operación y mantenimiento a partir de tarifas (fuente: con información de WHO, 2022).

las tarifas de saneamiento se mezcla con la de la privatización, y casi siempre es rechazada por considerar que el saneamiento es un derecho humano y por tanto debe ser suministrado por el gobierno. Con ello en mente, la discusión sobre si hacer o no una reforma de las tarifas[8] y el contar con entidades independientes para establecerlas (Wu *et al.*, 2016) no es un tema que se considere en este libro ya que primero es necesario resolver en qué medida, desde el punto de vista práctico, los servicios de saneamiento son un derecho humano y en qué grado un servicio público. De cualquier forma, cuando se implantan las tarifas de saneamiento, se considera que el concepto del mercado no controlado (libre mercado) no es una opción en este sector y que para mantener los servicios asequibles para todos se tienen que implementar subsidios cruzados (GWP, 2000; OECD, 2015). Por otra parte, cuando las tarifas de saneamiento se asocian con el reúso de agua es mucho más fácil que la gente entienda y acepte pagar una tarifa, pero ésta es cubierta por la persona beneficiada, la cual no necesariamente es la misma que produce el agua residual o las heces fecales.

Ayuda internacional[9]

A pesar de que el apoyo que proviene de donadores es una fracción muy pequeña del financiamiento que recibe el WASH, en cerca de un tercio de los países es significativo (más del 25% del total). Las organizaciones internacionales de desarrollo y las agencias de donadores apoyan financieramente el saneamiento por medio de subvenciones, préstamos preferenciales (Cuadro 5.2) o asistencia técnica. Durante la Década del Agua Potable y Saneamiento (1981–1990), las inversiones fueron principalmente financiadas por agencias donantes, pero la mejora en la cobertura del servicio tanto del agua potable como del saneamiento en el Sur Global fue limitada. Como resultado, las agencias de ayuda externa recientemente se están enfocando al desarrollo de la capacidad y a apoyar el reforzamiento de políticas y marcos legales (Brown & Heller, 2017; WHO, 2022). Por su vocación para el desarrollo económico y social, la banca de desarrollo está mejor posicionada que los bancos comerciales para financiar el saneamiento (Hutchings *et al.*, 2018). A pesar de ello, los países deben analizar cuidadosamente si el apoyo que reciben es el apropiado para atender sus necesidades. En ocasiones, las agencias de desarrollo al incluir componentes de asistencia técnica, construcción de la capacidad o

---

[8] Las reformas tarifarias son consideradas como un elemento esencial para el financiamiento sostenible. Wu *et al.* (2016) recomendaron que dichas reformas se realicen de forma independiente y antes de establecer cualquier acuerdo de participación PPP para que sea posible demostrar los beneficios que se logran por el incremento de tarifas y se evite una mala percepción por crear este tipo de asociaciones. Tomar decisiones sobre quién paga y porqué, cuánto se paga y el deseo de pagar es un reto en los servicios de saneamiento por ser éstos esencialmente un bien público (Augsburg & Sainati, 2020).

[9] El uso del término 'ayuda' en esta sección incluye la ayuda oficial al desarrollo (AOD, o ODA), los préstamos de asistencia oficial al desarrollo y las subvenciones privadas, pero no préstamos otorgados en condiciones que no son preferenciales. Esta ayuda se mide por medio de la AOD (ODA) en la forma definida para el monitoreo de la Meta 6.a de los ODS (WHO, 2022).

educación de recursos humanos, integran metodologías y puntos de vista que no necesariamente se alinean con los objetivos nacionales y regionales, ni tampoco con las necesidades locales (Figura 5.8). Menos de un tercio de los países que recibieron apoyo de donadores reportaron que los fondos recibidos se alineaban por completo con sus planes del sector hídrico. De manera abrumadora, los países con más bajos recursos señalaron una menor alineación con sus planes nacionales de los fondos que provenían de donantes que los países de ingresos medios o altos (WHO, 2022). Por otra parte, el financiamiento del saneamiento no se distribuye de forma homogénea, ya que beneficia en mayor medida a la densa población formal urbana en detrimento de la población rural, urbana informal o pobre, colocando más fondos para el agua potable que para el saneamiento y, siempre fondos insuficientes para la educación y el entrenamiento (WHO, 2022).

Cuadro 5.2 Empleo de préstamos para saneamiento en China (Kitano & Qu, 2021)

Para promover el desarrollo del saneamiento sustentable se requieren préstamos internacionales y cooperación de largo plazo en el sector. Un ejemplo de ello para el saneamiento urbano en Asia fue el apoyo que la República Popular de China recibió de Japón para construir su primera PTAR, la cual fue concluida en 1993. La Planta Gaobeidian de Beijing, con una capacidad de 500,000 m³/d, fue la primera PTAR y estuvo financiada mediante préstamos internacionales (Kitano & Qu, 2021). La construcción de esta planta permitió mejorar la Calidad del agua del río Tonghuihe la cual se emplea para enfriamiento y en riego.

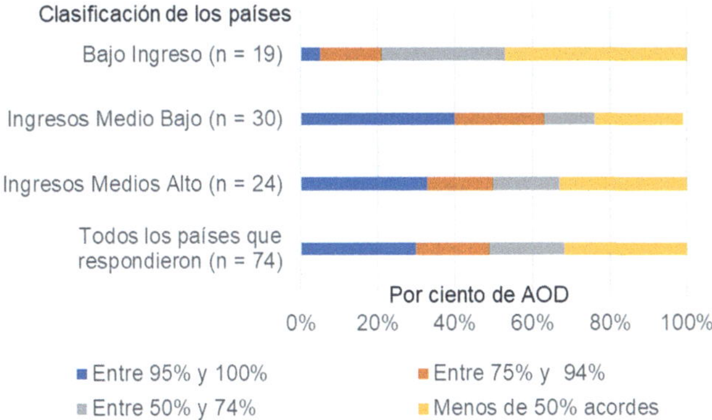

Figura 5.8 Porcentaje de países (por grupo de ingreso de acuerdo con el Banco Mundial) que reciben Ayuda Oficial para el Desarrollo (AOD) y que reportaron que los fondos donados se alinean con los planes de agua de su sector nacional (*fuente*: con datos de la WHO, 2022).

La Meta 6.a.1 de los ODS busca incrementar la cooperación internacional y la construcción de la capacidad en el sector del agua, y es monitoreada por medio del volumen de AOD (WHO, 2022). Y, aunque éste abarca todas las áreas relacionadas con el agua potable, el saneamiento y la higiene, la mayoría de los fondos (76%) se destinan a los servicios de agua potable (WHO, 2022). Ello, a pesar de que el cumplimiento de la meta de los ODS 6.2 está muy por debajo de la meta del ODS 6.1, referente al agua potable (Tabla 5.2). Además, entre 2017 y 2020 el apoyo para el agua potable y para el saneamiento disminuyó en 5.6%, y la zona de atención geográfica cambió de África Subsahariana al sur este de Asia (Figura 5.9). A pesar de ello, el apoyo que recibe África Subsahariana tanto para el suministro de agua como para el saneamiento sigue siendo la mayor parte del apoyo total (WHO, 2022).

Financiamiento privado

Una forma de atender la falta de fondos para los servicios de saneamiento es el uso de empresas privadas (Tsillas, 2015). Dependiendo del modelo que se emplee, los ingresos para cubrir los costos de estas empresas provienen de la construcción o renta de la infraestructura o de las tarifas de agua residual. Sin embargo, como ya fue señalado, por lo regular las tarifas son insuficientes para cubrir los costos de la infraestructura y de mantenimiento.

Tabla 5.2 Apoyo externo y cooperación internacional (meta 6.a de los ODS).

Apoyo externo y cooperación internacional (Meta 6.a de los ODS).	2018	2019	2020
Desembolsos del AOD para el sector agua (dólares a precio constante 2020)	9.6 billones	9.1 billones	8.7 billones
Por ciento de países en donde los fondos de los donantes se alinean por completo (95–100%) con los planes nacionales[a] del sector agua	–	–	30
Ayuda para agua potable y saneamiento[b]			
Porcentaje del total de compromisos para agua potable y saneamiento	4.6	4.6	3.6
Desglose de los apoyos para agua potable/saneamiento	65%/35%	63%/37%	60%/40%

Fuente: WHO (2022).

[a] Un plan nacional para el sector hídrico tiene un alcance más amplio que un plan nacional de WASH el cual es sólo abarca el agua potable, el saneamiento y la higiene, mientras que el primero cubre elementos adicionales de relevancia para el ODS como son la calidad del agua, el uso eficiente, la gestión de los recursos hídricos y el agua ambiental.

[b] El apoyo para agua y saneamiento incluye actividades específicas de suministro de agua potable y saneamiento, así como actividades relacionadas con su manejo administrativo y de política, la conservación del recurso, el desarrollo de cuencas y el manejo y disposición de desechos, los anteriores elementos son listados en la base de datos de actividades de apoyo de la OECD-CRS dentro del sector suministro de agua y saneamiento (todas con códigos correspondientes a las series 140xx).

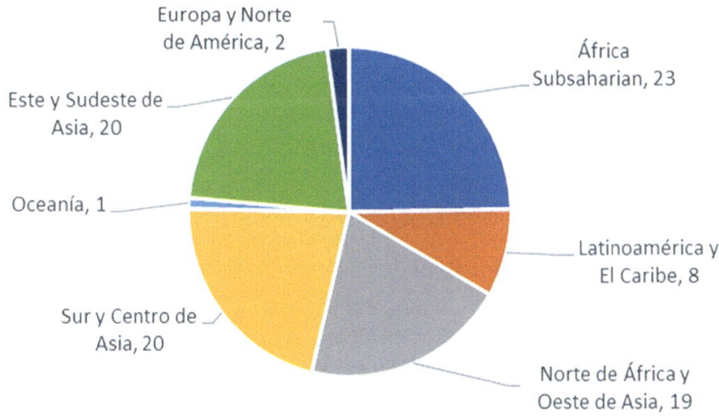

Figura 5.9 Porcentaje de la ayuda internacional que se destina por región al suministro de agua y saneamiento para cumplimiento de los ODS en 2020 (*fuente*: con información de WHO, 2022).

APPs y mezcla de financiamientos

Las APPs implican la colaboración entre los sectores público y privado para financiar y administrar proyectos de saneamiento. Las compañías privadas pueden aportar fondos, experiencia y tecnología, mientras que los gobiernos suministran la vigilancia regulatoria. Los modelos de APPs se estructuran de diversas maneras, por ejemplo, como arreglos para la construcción-operación-transferencia o contratos que se basen en el rendimiento. Las APPs ayudan a movilizar fondos, mejorar la eficiencia en la prestación del servicio y promover la innovación para su financiamiento.

En algunos países, las APPs son opciones de financiamiento que gozan de una mala reputación y, en muchos generan opiniones muy polarizadas. Algunos de estos mecanismos, y en particular los del sector del agua, han fallado para cumplir con los objetivos del servicio o para proteger a las poblaciones vulnerables. Mas aún, las bajas tasas de retorno actúan como desincentivos para la inversión privada (Howard, 2021). A pesar de ello, algunos países han logrado aprovechar estas asociaciones para ampliar significativamente la proporción de población que recibe servicios de saneamiento. China es el líder en el uso de APPs para el suministro de agua y para el saneamiento, representando el 40% de las asociaciones que existen a nivel global. Ello se atribuye a varios factores, entre los cuales se encuentran el que (Wu *et al.*, 2016):

- Construyeron relaciones comerciales adecuadas, con mucha paciencia y mediante un proceso durante el cual tanto entidades de gobierno como las privadas trabajaron juntas diseñando contratos que en un inicio fueron deficientes.
- Existe una muy fuerte voluntad política en diferentes niveles para alinear los marcos legales y de política.

- Hicieron reformas para incrementar las tarifas a niveles 'razonables' y que permitieran asegurar que el sector comercial fuera viable, a la vez que impidieron de manera tajante la recuperación total de los costos a partir de los consumidores.
- Las regulaciones prohíben tazas garantizadas de retorno o de inversión.
- Con el tiempo, hicieron una transición de inversiones privadas internacionales a inversiones privadas nacionales.

La mezcla de financiamientos incluye préstamos preferenciales, inversiones equitativas, garantías o asistencia técnica provenientes de instituciones financieras de desarrollo, banca comercial e inversionistas de impacto. La mezcla de fondos es útil para recabar recursos adicionales para poder cubrir aspectos de los proyectos a los que les haga falta financiamiento.

5.4.1.2 *Mecanismos innovadores de financiamiento*

Como se mencionó, las herramientas económicas convencionales han sido insuficientes o inadecuadas para atender las necesidades de financiamiento de la diversidad de grupos que participan en la cadena de saneamiento. Por ello, se han desarrollado y están en desarrollo nuevas opciones. Éstas se adaptan a la participación de diferente tipo y niveles (multi-nivel) de actores y amplían las fuentes de financiamiento y sus posibles combinaciones. Éstas son (UN-Habitat & WHO, 2021; UN-Water, 2015b, 2024):

- Fondos nacionales para el saneamiento
- Subsidios y subvenciones en favor de los pobres
- Bonos municipales
- Bonos de impacto
- Bonos/fondos verdes
- Contribuciones comunitarias
- Microfinanciamiento
- Plataformas para financiamiento colectivo
- Filantropía
- Responsabilidad social empresarial
- Tecnología innovadora y modelos de negocio
- Fondos para cambio climático
- Seguros y mitigación de riesgos.

Fondos Nacionales para el Saneamiento

Establecer un fondo nacional para el saneamiento crea un mecanismo de financiamiento sostenible para los programas. Estos fondos se establecen con contribuciones de gobiernos, apoyo de donadores o fuentes innovadoras de financiamiento. Representan una fuente exclusiva de recursos para iniciativas de saneamiento de nivel nacional o subnacional.

Bonos municipales

Para desarrollar infraestructura de saneamiento, los municipios pueden emitir bonos[10] que sirven para colectar fondos. Dichos bonos se venden a quienes quieran invertir en ellos, y lo que se recaude se emplea para financiar proyectos de infraestructura para PTARs, drenajes o manejo de desechos. El repago de los bonos se estructura por medio de honorarios o cualquier otro mecanismo que genere ingresos.

Subsidios en favor de los pobres y subvenciones

Como comentado, los subsidios[11] se otorgan para disminuir la carga financiera de individuos o comunidades por la construcción o mejora de la infraestructura de saneamiento. Las subvenciones[12] se destinan a organizaciones o instituciones que colaboran con el sector del saneamiento en apoyo de sus iniciativas. Es esencial el que ambos instrumentos sean orientados hacia el interés de atender a los hogares de más bajos recursos para asegurar que 'nadie quede afuera'.

Bonos de Impacto

Los bonos de impacto se conocen también como bonos de impacto social o de desarrollo. Implican la participación de inversionistas privados quienes avanzan el capital para financiar proyectos de saneamiento, pero con un retorno condicionado al logro de objetivos sociales específicos. Al proveer el capital a negocios de saneamiento, organizaciones, nuevas empresas (*startups*) y proveedores de servicio, los inversionistas de bonos de impacto contribuyen al desarrollo de soluciones innovadoras, logrando a la vez un beneficio económico propio como respuesta a su inversión a la par que contribuyen a la obtención de logros sociales tangibles. El retorno financiero para este tipo de inversionistas proviene del gobierno o de cualquier otra institución interesada en pagarlo a cambio de lograr resultados predefinidos, ya sea el avance del saneamiento, o bien, alguna otra meta como, por ejemplo, la reducción de riesgos a la salud. Los bonos de impacto transfieren los riesgos de una inversión del sector público al sector privado.

---

[10] Un bono es un instrumento económico que representa una especie de préstamo que realiza un inversionista a quien lo emite, en este caso la municipalidad. Los bonos se emplean por compañías, municipios, estados y gobiernos soberanos para financiar proyectos. Los dueños de los bonos son los deudores o quienes los emiten. Al igual que con los préstamos, los bonos pagan intereses y tienen fechas límites para hacerlo

[11] Los subsidios son beneficios que se dan a grupos o individuos por parte del gobierno, por lo regular son en efectivo o mediante la reducción de un impuesto.

[12] Una subvención es una cantidad de dinero que un gobierno u otra institución otorga a un individuo u organización para un propósito específico como puede ser la educación o el alojamiento.

Fondos Verdes

Un fondo verde es un fondo mutuo[13] o cualquier otra herramienta de inversión que se emplee para apoyar exclusivamente proyectos que sean considerados con conciencia social o que promuevan directamente la responsabilidad ambiental (Chen, 2022). Los fondos verdes se emplean por empresas comprometidas en apoyar negocios que protejan al ambiente, como son los proyectos de control de la contaminación del agua, de desarrollo sustentable, edificios sustentables, de bienestar humano o de incremento de la productividad, temas que pueden ser todos relacionables con el saneamiento. Las inversiones verdes iniciaron en los años 1990s con el derrame de petróleo del navío Exxon Valdez y, que ocasionó un desastre ambiental de atención mundial. Con el tiempo, los fondos verdes, además de ser orientados a aspectos ambientales, han comenzado a incluir proyectos relacionados con el cambio climático. La rentabilidad no es el único criterio que consideran los inversionistas para invertir en fondos verdes, ya que consideran otros como son la responsabilidad social de las empresas, la imagen de la industria y el apoyo para contar con un mundo más sustentable. Cerca del 39% de los bonos verdes emitidos en 2017 fueron para agua potable, agua residual y manejo de desechos sólidos (World Bank, 2017). En 2018, un total de 100.5 billones de USD de los bonos se relacionaron con temas de agua. Estos bonos fueron principalmente emitidos en Europa (63%), Asia-Pacifico (19.6%) y Norteamérica (14.9%) (World Bank, 2019b).

Contribuciones comunitarias

Una comunidad también puede contribuir al financiamiento de proyectos por medio de grupos de ahorro, organizaciones comunitarias o contribuciones laborales. Este enfoque promueve que la comunidad se involucre y se apropie de la infraestructura, facilitando que la misma cumpla con sus objetivos. En particular, los grupos de mujeres se encuentran muy bien posicionados en este rubro, ya que es usual que las mujeres cuenten con mecanismos de financiamiento ya establecidos y que emplean en sus empresas sociales. Además, las mujeres son también las principales beneficiarias de la mejora de los servicios de saneamiento.

Microfinanciamiento

Las instituciones de microfinanciamiento (Cuadro 5.3) son una opción para proveer de fondos a soluciones de saneamiento a nivel de comunidades o de hogares. Estas instituciones, ofrecen préstamos pequeños a individuos o comunidades para construir o mejorar infraestructura de saneamiento.

---

[13] Un fondo mutuo es una opción de inversión en la cual el dinero proviene de muchas personas, organizaciones o naciones y que se conjunta para comprar una variedad de acciones, bonos u otras garantías. Un fondo mutuo es manejado por un administrador, el cual elabora para cada participante un portafolio de inversiones estructurado de acuerdo con los objetivos establecidos en el fondo.

El microfinanciamiento empodera a los individuos y a las comunidades al proporcionarles acceso a un capital que les permite invertir en sus necesidades de saneamiento. De acuerdo con el reporte GLAAS 2022a, las mujeres son quienes principalmente emplean el microfinanciamiento. De hecho, las mujeres representan el 89% de los créditos que Water.org otorga para agua potable (WHO, 2022), demostrando que los programas de financiamiento empoderan a las mujeres.

Cuadro 5.3 Microfinanciamiento en Gana y Camboya

Existen empresarios motivados en establecer negocios relacionados con los servicios de saneamiento. El Toilet Board Coalition (www.toiletboard. org), fundado en 2015, es un ejemplo de inversionistas del sector privado que están acelerando el contar con soluciones de saneamiento por medio de negocios que dan asesorías a pequeñas y medianas empresas en el uso de apoyo financiero. Otro ejemplo, y que tiene un gran impacto, es la compañía WASHKING de Gana, la cual instala excusados acoplados con biodigestores en hogares, oficinas y escuelas. Otra empresa es Micro Enterprises for Sanitation, está en India, y se dedica a formar grupos de mujeres y de autoayuda para crear negocios que den servicios de mantenimiento a los baños.

En Gana, el empleo de un enfoque financiero multifacético demostró ser más útil que la simple sensibilización para el autosuministro del saneamiento. Los resultados de este modelo indican que otorgar subsidios a las personas más pobres y vulnerables de las comunidades junto con promover el saneamiento liderado por la propia comunidad logra una reducción estadística adicional de 10,000 (25%) diarreas, en comparación con los esquemas que sólo promueven el saneamiento liderado por la comunidad. Sin embargo, ninguna de estas dos opciones logra un incremento neto elevado, por lo que sigue siendo necesario dar prioridad a las inversiones que provengan del gobierno a nivel nacional.

Las transferencias condicionadas de dinero en efectivo (subsidios del lado de la demanda) también han resultado ser eficientes para el avance del saneamiento (Howard, 2021). En Camboya, por ejemplo, otorgar préstamos usando esquemas de microfinanciamiento incrementa la voluntad de invertir en letrinas, aun cuando no se otorguen subsidios (Yishay *et al.*, 2017). También, las personas invierten en mejorar los sistemas de saneamiento de la misma forma que lo hacen cuando se otorgan subsidios o préstamos con planes de pago diferido, si se emplean esquemas de depósitos y ahorros flexibles combinados con un manejo del dinero por medio de teléfonos celulares (Lipscomb & Schechter, 2018).

Fuente: con información de Crocker *et al.* (2017, 2021).

Plataformas de financiamiento colectivo

Las plataformas de financiamiento colectivo se emplean para captar fondos en apoyo de los proyectos de saneamiento, en especial, los de pequeña escala o para comunidades. Para que estas plataformas tengan éxito se requiere concientizar, tanto a la comunidad que recibe el apoyo como la sociedad civil que es capaz de darlo, sobre las ventajas y formas de operación de estos esquemas. La creación de 'colectivos de donadores' y la participación de financiamiento multinivel son parte de los procesos de empoderamiento social.

Filantropía

Las organizaciones y fundaciones filantrópicas ofrecen apoyos o donativos para actividades de saneamiento, especialmente en áreas en donde las fuentes de financiamiento tradicional participan poco. Sin embargo, los donadores potenciales no siempre están bien informados de la situación local y, los fondos se dedican a construir proyectos más que asegurar el que operen adecuadamente.

Responsabilidad social empresarial

Las empresas pueden colocar fondos de sus programas de Responsabilidad Social Empresarial (RSE) para apoyar proyectos de saneamiento que atiendan a sus propios empleados, las comunidades en donde se localizan, o bien, de las cuales extraen recursos naturales. Estas inversiones se pueden usar para infraestructura de saneamiento, de educación, en campañas de concientización o para asociaciones de organizaciones locales que trabajen en saneamiento. Las iniciativas de RSE contribuyen a los objetivos corporativos de sustentabilidad ambiental a la par de que atienden necesidades sociales.

Tecnología innovadora y modelos de negocios

Dado el potencial que hay para reusar y recuperar recursos en las PTARs, es posible desarrollar modelos innovadores de financiamiento y de negocios que saquen partida de la posibilidad de generar ingresos adicionales en este tipo de industrias. El esquema más frecuente y fácil de implementar es el reúso de agua para riego agrícola o en la industria, pero la variedad de opciones y regiones para el reúso se incrementa a la par que la diversificación económica y conforme aumenta el estrés hídrico. Algunas áreas posibles de comercialización son el reuso comercial, el riego de zonas paisajísticas urbanas, la recarga de acuíferos, el uso recreativo y ambiental, la generación de energía y el consumo potable de agua mediante tratamiento avanzado.

Cada vez más, *cerrar un ciclo* terminando con un desecho versus usar el desecho como un recurso ha demostrado aportar beneficios que pueden ser empleados para disminuir los costos de capital cuando los periodos de retorno son favorables para promover inversiones externas en proyectos que van desde un nivel de los hogares hasta otro de grandes zonas urbanas (Cuadro 5.4). Por ejemplo, los sistemas descentralizados de tratamiento de agua residual pueden ser diseñados para producir biogás o fertilizantes como subproductos, los cuales se pueden comercializar y obtener ingresos adicionales.

Cuadro 5.4 Ingresos para el saneamiento por la venta de biogás, fertilizante o briquetas de combustible

Waste to Wealth (de los Desechos al bienestar) es una colaboración entre varios ministerios del Gobierno de Uganda, el Instituto del Agua, Ambiente y Salud de la Universidad de las Naciones Unidas y Anaergia, y que tiene el apoyo de Grand Challenges Canada. Mediante esta colaboración se estableció una forma de obtener beneficios económicos para apoyar la vivienda, salud y el ambiente mediante la venta de biogás, fertilizante o briquetas de combustible sólido producidos a partir de subproductos de la digestión anaerobia a la vez que se produce agua de riego o para recarga del acuífero. La tecnología que se usa no es nueva, pero al concebir los desechos como fuente de bienestar, es decir usando un esquema de economía circular, crearon oportunidades novedosas de financiamiento, particularmente para el capital de inversión y cuando el acceder al saneamiento resultaba prohibitivo por sus costos. Esto es particularmente válido bajo escenarios de recuperación de las inversiones con retorno de 12 meses para sistemas que se empleen en hogares, escuelas y centros de salud y de 5 años para sistemas comunitarios más grandes, en este caso incluso considerando los costos de operación y mantenimiento.

Fuente: con información de Schuster-Wallace *et al.* (2017), Toilet Board Coalition (2019).

A gran escala, la composta o el biogás que generan las PTARs tienen un valor posible en el mercado. La composta se puede usar como acondicionador de suelo o fertilizante. El biogás es una fuente de energía que se puede utilizar para reducir el consumo de electricidad en el propio el proceso de tratamiento. Se destaca que ya existen casos en grandes zonas urbanas que han obtenido por décadas beneficios de la riqueza que hay en sus aguas residuales, generando energía que emplean en sus propios procesos por medio de la digestión anaerobia.

Recientemente se ha encontrado que ya es financiablemente factible reciclar nutrientes a partir de un proceso de tratamiento de agua residual por lo que existen varias empresas que generan productos fertilizantes a partir de plantas depuradoras municipales. En modelos de menor escala, a nivel de empresa comunitaria, los beneficios obtenidos pueden ser reinvertidos para expandir los servicios de agua potable, saneamiento e higiene, o bien, en otros servicios sociales. A nivel de hogares o de instituciones (escuelas o centros de cuidados), los lodos de las depuradoras pueden ser empleados como fertilizantes en hortalizas domésticas, incrementando y diversificando la disponibilidad de alimentos contribuyendo así a la mejora de la nutrición. En particular, el fósforo es un recurso limitado y podría muy pronto agotarse si no se implementan acciones para su reciclaje (SWIM-SM, 2013 – Programa de Manejo Integral del

Agua). También, la recuperación de energía y de nutrientes puede reducir otras formas de consumo de energía (e.g., la producción de fertilizantes comerciales) (Dickin *et al.*, 2020).

Existen algunas otras opciones innovadoras y emergentes para colectar fondos. Por ejemplo, el diseño de baños públicos que incorporan mecanismos de cobro por su uso o por presentar publicidad. Sin embargo, todo nuevo modelo de negocio debe ser cuidadosamente analizado. La comercialización de los datos de los consumidores (comportamientos, preferencias, análisis de sus aguas residuales) (Toilet Board Coalition, 2019) si bien es una oportunidad emergente para generar ingresos, conlleva consideraciones éticas y de privacidad que deben ser bien entendidas antes de proceder a su aplicación en amplia escala.

Fondos para el cambio climático

Afortunadamente, los servicios de agua potable y de saneamiento se consideran en varios sectores como medidas de adaptación al cambio climático. Esto significa que existen fuentes de financiamiento para mejorar el saneamiento que provienen de los fondos para la adaptación (Caretta *et al.*, 2022). Por ejemplo, las estrategias de adaptación de los sectores de salud y del ambiente incluyen la necesidad de incrementar la cobertura de saneamiento. También, la menor disponibilidad de agua como resultado del cambio climático puede ser manejada, al menos en forma parcial, al incrementar el saneamiento y acoplarlo con el reúso del agua. Otro ejemplo, es el empleo de fondos para adaptar a las ciudades a un ambiente con mayores inundaciones por medio de la construcción de drenajes urbanos sostenibles y de drenajes, en general (Caretta *et al.*, 2022).

De acuerdo con la WHO (2022), mientras que la cantidad (y el porcentaje) de ayuda etiquetada para la adaptación al cambio climático y usada para agua potable y saneamiento varió de 500 a 750 millones de USD (ajustados a USD de 2020) entre 2010 y 2020, es decir de 7 a 11%, en el mismo periodo la cantidad erogada para la adaptación incrementó de 600 millones USD a cerca de 2 150 millones USD (i.e., alrededor de 10 a 32%).

La mitigación (Cuadro 5.5) es una fracción muy importante del financiamiento comprometido para el clima (Caretta *et al.*, 2022). Por ejemplo, de los 15.4 billones de USD que se emplearon para financiar proyectos a partir de 'fondos verdes', el 79% se empleó para la mitigación y el resto para la adaptación (World Bank, 2017). A pesar de ello, de acuerdo con el Adaptation Fund (2018), el financiamiento para la adaptación sigue siendo una fracción importante de los recursos que se destinan al agua para su gestión (13%), el manejo costero (12%) y la disminución de riesgos por desastres (10%). Algo similar ocurre con los fondos para la adaptación urbana, la cual reciben entre ~3–5% del total del financiamiento de adaptación. A partir de los 30.8 billones USD para los cuales se dispone de información, se conoce que los proyectos de gestión del agua potable y del agua residual recibieron la mayor parte de fondos (761 Millones de USD anualmente), seguidos por proyectos para el manejo de riesgos por desastres (323 millones USD), entre 2017–2018 (Richmond *et al.*, 2021). El financiamiento privado sigue siendo la menor fuente de financiamiento para la adaptación (World Bank, 2019a), a pesar de ello una fracción importante se destina al agua (39% de los bonos verdes emitidos en 2017 fueron canalizados al agua potable, el agua residual y el manejo de desechos sólidos, World Bank, 2017).

Asimismo, una gran parte de la ayuda internacional se emplea en proyectos de adaptación y no de mitigación y se destina, además, al agua y al saneamiento pues el enfoque que aplica es el incremento de infraestructura y las acciones de resiliencia (WHO, 2022). En todos los casos, para acceder a este tipo de apoyos de cambio climático es importante seleccionar soluciones de saneamiento que empleen enfoques o tecnologías que sean de bajo arrepentimiento (low-regret) o híbridas (sección 3.3.7.2).

Seguros y mitigación de riesgos

Los seguros pueden ser usados para mitigar riesgos por medio de proyectos de saneamiento, por ejemplo, construyendo infraestructura de control o cubriendo los costos adicionales que causan los desastres naturales. También, las aseguradoras ofrecen coberturas específicas para el sector del saneamiento, mismas que reducen los costos de los proyectos para los desarrolladores o para quienes reciben préstamos.

5.4.2 Consideraciones para contar con un mecanismo adecuado para el financiamiento

A continuación, se presentan tres tipos de consideraciones por tomar en cuenta cuando se elige un mecanismo de financiamiento, éstas son: (a) las referentes a la filosofía en la cual se basan los criterios; (b) las que se refieren a la atención específica de grupos, y (c) las referentes a aspectos técnicos.

5.4.2.1 La filosofía en la cual se basan los criterios

Necesidad de desarrollar mecanismos financieros para todos

Debido a que se busca activar la cadena completa de saneamiento en la cual participan muchas entidades (empresas grandes, mediana, pequeñas o unipersonales, APPs, centros educativos o de investigación, ONGs, empresas sociales, grupos comunitarios y los propios hogares) con diversas formas de organización y que realizan una amplia variedad de tareas, se requiere contar con una gran diversidad de mecanismos de financiamiento para proporcionar fondos. Esto es algo que el gobierno debe asegurar. También es importante que, como parte de los mecanismos de financiamiento, se promueva el adecuado cobro de impuestos municipales (de cualquier tipo) para que a largo plazo sea posible generar un flujo viable de ingresos para refinanciar las actividades de saneamiento. La meta es hacer que las empresas de este giro sean elegibles para recibir préstamos y capaces de usar instrumentos de deuda, en especial, para invertir a futuro en infraestructura nueva y más costosa.

Cuadro 5.5 Fuentes de ingresos para proveer el saneamiento en México

Las tarifas de agua son la principal fuente de ingreso para prestar los servicios en México. Estas tarifas se determinan, para dotar hasta de 30 m³ por mes por domicilio – volumen equivalente al consumo de una familia de cuatro miembros –, considerando una cantidad fija más otro cargo que incrementa de manera exponencial para evitar el consumo excesivo de agua. La cantidad fija puede ser subsidiada para los grupos socialmente vulnerables, garantizándoles así su derecho humano al agua. En algunos estados, existe un tercer componente de la tarifa, ligada al saneamiento. De una revisión de 40 ciudades realizada en 2021, se encontró que las tarifas de agua potable varían para 30 m³/mes, de 0.33 USD/m³ a 1.6 USD/m³. Y, que menos de la mitad de las ciudades cuentan con tarifa de saneamiento, la cual varía de 0.01 USD/m³ a 0.75 USD/m³.

Como en muchos otros países, las inversiones para el agua potable son superiores a las del saneamiento (cerca del doble). Como estrategia para incrementar las inversiones en saneamiento, parte de los proyectos son financiados mediante el Programa Nacional Mexicano para mitigar el calentamiento global. La emisión de los gases de efecto invernadero se puede mitigar mediante: (a) el tratamiento del agua residual; (b) la captura y producción de energía a partir del metano generado durante el tratamiento del agua residual y de los lodos y; (c) empleando la energía solar que se genera *in situ*; (d) dando prioridad a proyectos de menor consumo energético; y, (e) instalando en las PTARs equipo de bajo consumo energético (en especial bombas y turbo sopladores). Por medio de estas actividades, en 2021 se evitó la emisión de 12.04 millones de toneladas de dióxido de carbono equivalente.

El consumo de energía en las PTARs representa hasta el 70% de los costos de operación. Este elevado costo es la principal razón por la cual las PTARs dejan de operar. Por ello, la cogeneración y el empleo de energía solar son parte de la estrategia nacional para incrementar, promover y mantener la cobertura de saneamiento en el país. Como se mencionó, la cogeneración se logra mediante el empleo del metano producido en las PTARs. En 2022, la cantidad de energía así generada fue de 26 MW. Las celdas solares fotovoltaicas se usan en las PTARs pequeñas y representan una generación total de 3.1 kW, ahorrando entre 15 a 100% del consumo total de energía.

CONAGUA opera programas específicos para atender las necesidades de la población más vulnerable. Gracias a este esfuerzo, en 2021, se conectaron 23 944 habitantes al drenaje y se mejoraron los sistemas de drenaje de 48.889 habitantes. Adicionalmente, se instalaron 3 041 sanitarios secos y biodigestores.

Para mejorar sus servicios de saneamiento, las comunidades solicitan al gobierno que les regrese el pago que hacen por la descarga del agua usada (principio de quien contamina paga). De esta manera en 2021, se emplearon 56 millones de USD adicionales para el saneamiento.

Fuente: con información de CONAGUA (2022).

Puesto que el auto suministro representa una proporción significativa de los fondos que se invierten en saneamiento, se debe prestar especial atención a los mecanismos posibles de financiamiento. La relevancia de ello quedó demostrada en India, en donde el 80% de los nuevos sanitarios fueron autofinanciados, el 9% se sufragaron mediante préstamos informales y 8% con subsidios del gobierno (Augsburg & Rodríguez-Lesmes, 2020). También, se reconoce la importancia del mercadeo social en las decisiones que las familias toman para invertir en el saneamiento, por ejemplo, la probabilidad de invertir en un sanitario incrementó cuando en una casa había un hombre con edad legal cercana al matrimonio pues se deseaba tener una mujer en casa (Programa sin letrina, no hay novia, Augsburg and Rodríguez-Lesmes, 2020).

Transparencia y rendición de cuentas

Para lograr un acceso universal y seguro al saneamiento es fundamental asegurar que los fondos se inviertan adecuadamente pero también que se atiendan las áreas con mayor necesidad, y para ello es preciso contar con mecanismos financieros transparentes y que las inversiones estén sujetas a la rendición de cuentas. El gobierno debe desarrollar e implementar mecanismos apropiados de transparencia tanto para el sector público como para el privado. De esta manera será posible vigilar si los fondos se usan en forma apropiada tanto en sistemas de saneamiento manejados de forma pública como privada. De ser necesario, también se debe contar con instrumentos accesibles para fincar responsabilidades civiles y penales. También, es útil desarrollar métodos para rastrear el origen y destino de los fondos de manera que se pueda entender quién paga y porqué paga, así como para establecer criterios de equidad para la distribución de fondos públicos.

5.4.2.2 Grupos para los cuales el financiamiento es crítico
Mujeres

Las mujeres representan la mayor parte de los pobres, y en particularmente en sociedades patriarcales carecen de autoridad para la toma de decisiones en los hogares y para acceder a fondos que les permitan financiar el saneamiento (WHO, 2022). Las empresas comunitarias de saneamiento y las que son operadas por grupos de mujeres, en particular, son muy poderosas para facilitar el acceso al servicio. En los grupos comunitarios, a parte de los subproductos de desecho que pueden ser revalorizables, los productos higiénicos – como el jabón- pueden incrementar los ingresos de las participantes. En especial, los grupos de mujeres son más susceptibles de recibir financiamiento e inversiones de capital para proyectos de saneamiento universal y sustentable. En muchos casos, los grupos de mujeres que ya existen, como son los clubes en donde se rota el empleo de ahorros comunes, así como los de tipo empresarial, implican la existencia de mecanismos financieros que se pueden emplear para autosuministro del saneamiento y en apoyo a los pobres.

Gente pobre

A pesar de que muchos países cuentan con estrategias de apoyo para los pobres, en realidad los planes de desarrollo o las estrategias de saneamiento no siempre logran establecer mecanismos que en la práctica lleguen a ellos (e.g., Bisung *et al.*, 2016). Los mecanismos empleados abarcan los que directamente se destinan a los domicilios (disminución de tarifas, mecanismos especiales de financiamiento), procedimientos institucionales que proveen saneamiento en general (e.g. dirigidos a los sectores pobres de las ciudades o a quienes vivan en asentamientos informales) así como esquemas regulatorios diseñados para atender a los pobres, sin embargo, todos éstos deben estar acompañados de un monitoreo que verifique el que se cumpla con el propósito de atender a los más pobres (Hutchings *et al.*, 2018). A pesar de que el 80% de los países cuentan tanto en sus políticas como sus planes con medidas específicas para atender a quienes viven en estado de pobreza, aproximadamente sólo la mitad cuenta con acciones de monitoreo para rastrear de manera consistente su avance y, son muchos menos los que cuentan con mecanismos de financiamiento (WHO, 2022).

5.4.2.3 *Aspectos técnicos*

Mecanismos de selección

Para que el saneamiento sea sustentable es necesario seleccionar opciones viables desde el punto de vista técnico, económico y financiero (UN-Habitat & WHO, 2021), pero también, las soluciones deben ser socialmente aceptadas, incluso por aquellos que no son directamente beneficiados por el proyecto. Muchos proyectos de saneamiento se han tenido que parar por razones sociales, las cuales de manera genérica se denominan como el síndrome de 'no en mi patio de atrás'[14].

Mezcla de mecanismos financieros y fuentes de financiamiento

Sin duda, para el saneamiento disponer de un único mecanismo de financiamiento no es la mejor opción, sino que, al contrario conviene contar con varios de ellos para poder tener la flexibilidad requerida para atender todas las necesidades nacionales (Cuadros 5.6 y 5.7), así como las circunstancias locales. Contar con un portafolio de opciones que tanto municipalidades como comunidades puedan moldear a su contexto específico y cambiante es útil para que el gobierno pueda lograr un saneamiento para todos. Es importante destacar que la selección y combinación de mecanismos financieros y la fuente de los fondos depende del contexto local, la disponibilidad de recursos, los antecedentes culturales, así como del acceso y de los retos específicos de saneamiento que uno tenga que afrontar. Un saneamiento eficiente y sustentable se puede lograr empleando, cómo y en dónde sea relevante, una estrategia que considere el involucramiento de participantes múltiples así como de sólidos mecanismos de financiamiento, todo como parte de una alianza entre el gobierno, actores del sector privado, desarrolladores y comunidades locales. Este uso de mecanismos mixto de financiamiento implica la necesidad de asegurar que el acceso a los fondos esté bien coordinado.

---

[14] Expresión que describe la oposición de una persona a que ubiquen una instalación en su barrio. Al parecer, esta frase se usó por primera vez a mediados de los años 1970s, cuando algunas comunidades se opusieron a la instalación de plantas nucleares, así como a la construcción de grandes proyectos de desarrollo en su entorno. La expresión también se ha empleado para proyectos de tratamiento o de reúso de agua, aun cuando la población local esté en favor del control de la contaminación o del uso eficiente del recurso.

Cuadro 5.6 Evolución de los mecanismos de saneamiento en Brasil

En el sector, un avance histórico de la estructura institucional del saneamiento empezó en los 1960s con la creación del Banco Nacional de vivienda (NHB, siglas en inglés), el cual realizó importantes inversiones. En los últimos 60 años, dichas inversiones hicieron mucho por el avance al acceso universal al suministro del agua y a los servicios de saneamiento, pero aún falta mucho por hacer para atender las necesidades de todos, en especial considerando las características específicas de Brasil.

De acuerdo con Borjas (2014), en Brasil el financiamiento de los servicios públicos para el saneamiento básico fue posible gracias a las diferentes fuentes y formas para otorgar los recursos como fueron las subvenciones a partir del presupuesto nacional, las inversiones directas de capital privado y público, los préstamos a partir de fondos privados y públicos, y los acuerdos con las agencias (para exención de impuestos o empleando los impuestos colectados de otros servicios, entre otros). Los recursos financieros provienen del Fundo de Garantia do Tempo de Serviço (FGTS), el Fondo de Apoyo para los Trabajadores y de diversas agencias multilaterales, como son el Banco Mundial (IBRD), el Banco Interamericano para el Desarrollo (BID) y el Banco Japonés para la Cooperación (Tabla B.5.1).

Tabla B.5.1 Principales fuentes de financiamiento para el agua y saneamiento en Brasil.

Tipo	Fuente
Recursos sin costo	Presupuesto general de la nación, subvenciones públicas, tesorería (federación, estados, municipalidades y distritos federales).
Recursos con costo	Fondos manejados por el Gobierno Federal (FGTS y FAT/BNDES los cuales son fondos fiduciarios brasileños).
Recursos provenientes del prestador de servicios	Impuestos, tarifas.
Sistemas nacionales de financiamiento para recursos hídricos	Cargos a usuarios relacionados con los recursos hidráulicos
Préstamos foráneos	Préstamos de organizaciones internacionales (BID o Banco Interamericano de desarrollo, IBRDI o Banco Internacional para la Reconstrucción y desarrollo, JBIC o Banco Japonés para la Cooperación Internacional, KfW o Kreditanstalt für Wiederaufbau).
Fuentes/Instrumentos privados	En alianza con el sector privado. Empresas para bienes inmuebles. Obligaciones. Acciones y bonos. Fondos de Derecho de Crédito (FDC). Fondos de inversiones en Bienes Inmuebles (FII).

Fuente: Borjas, 2014

Son dos los programas relativos a las inversiones que destacan. El primero, es el de *Saneamiento para todos* (Saneamento Para Todos, en portugués), establecido en 2005 y operado por la CEF (*Caixa Economica Federal*, en portugués), y el segundo, es para financiar proyectos de saneamiento con recursos de FGTS que corresponde a la época del NHB. Actualmente, el principal programa para financiar al sector de saneamiento es el Programa para acelerar el Crecimiento (Programa de Aceleração de Crescimento, PAC en portugués), establecido en 2007, y que cubre la infraestructura de varios sectores, como el de logística, energía e infraestructura urbana. este último rubro incluye las áreas de vivienda y saneamiento básico. De acuerdo con el 7° reporte del PAC (2015–2018), se han invertido 50.3 billones de reales en trabajos de saneamiento en 3 753 municipalidades (Correia *et al.*, 2020).

El artículo 8 del decreto nuevo No 10.710, detalla un plan para contar con recursos. Los prestadores de servicio deben indicar quien será el agente financiero y cuáles son sus estrategias de financiamiento. La estructura financiera en Brasil está alineada con las prioridades nacionales, pero para acceder a los recursos de inversión se consideran también los recursos internos con que se cuentan para el financiamiento de proyectos, lo que ha resultado evidente para las compañías de agua que tiene una baja colecta de fondos. En este contexto, es fácil concluir que resulta crucial lograr el ingreso de recursos por medio de las tarifas para poder suplir carencias, lograr la ampliación de los servicios de saneamiento y alcanzar la universalidad que el nuevo marco legal exige. De acuerdo con Cicogna *et al.* (2022) este es un aspecto controversial para poder expandir la infraestructura de saneamiento en regiones con zonas alejadas de los centros urbanos. Las inversiones que demandan plazos muy largos de retorno junto con elevados costos del capital para el tipo de financiamiento requerido, pueden llevar a la necesidad de tener que incrementar las tarifas hasta un punto en el cual no resulte viable prestar servicios en regiones con un bajo ingreso per cápita, aun cuando se socialicen los costos locales a la región entera que el prestador de servicios atiende.

A las agencias reguladoras les toca definir cómo se deben ajustar las tarifas de manera periódica, con el objetivo de mitigar riesgos, estabilizar el sector y, de manera consecuente, lograr la atracción de nuevas inversiones. Brasil cuenta con cerca de cien entidades que regulan los servicios de saneamiento que están operadas por municipios, intermunicipios, distritos o a nivel estatal. Estas instituciones regulan de forma independiente o conjunta los servicios de saneamiento, suministro de agua, servicios de drenaje y de gestión (ANA, 2024). Las tarifas se cargan únicamente en las áreas en donde existe el servicio, como lo establece la Ley Federal 11445. En general, la tarifa para el drenaje representa el 80% de la tarifa de agua para el usuario, lo que corresponde al porcentaje recomendado por la Asociación de Estándares Técnicos de Brasil, como coeficiente de retorno, toda vez que el 20% de agua se pierde en el riego de jardines, evaporación, consumo en alimentos, entre otros.

Fuente: con información de Borjas (2014), Santos *et al.* (2018).

Cuadro 5.7 Opciones para financiar el Plan Maestro de Reúso agua 2025 en Túnez

El plan de actuación para el reúso de agua en Túnez se planeó para ser cubierto en 30 años. Su monto total es de 3.8 billones de USD, con 0.96 billones de USD de inversión inicial, 1.9 billones de USD para renovar infraestructura (64 millones USD/año) y 0.9 billones USD para operación (32 millones USD/año).

El Sistema de financiamiento se seleccionó considerando cumplir con los cuatro objetivos siguientes: (1) un objetivo financiero: recuperar la totalidad de los costos a mediano plazo para asegurar la sustentabilidad del servicio; (2) un objetivo social: el sistema tarifario que se implemente debe ser aceptado por los usuarios; (3) un objetivo ambiental: el sistema financiero debe contribuir al mejor manejo de la demanda de agua para tomar en cuenta la escasez del recurso y motivar el ahorro, y (4) un objetivo económico para lograr la adjudicación eficiente de los recursos de agua.

Las diferentes opciones que fueron identificadas para financiar el Plan Maestro de Reúso de Agua 2050 fueron:

- Financiamiento por medio de poner un precio al agua de reúso de manera que se recuperara el 20% de los costos totales en 30 años.
- Financiamiento por medio de establecer una tarifa de reúso para los usuarios del saneamiento a nivel nacional de manera tal que todos los usuarios del agua participen en el reúso de ésta. El incremento del 20% en la tarifa de saneamiento (de 0.22 a 0.26 USD/m^3) financiaría el 10% del costo del reúso en 30 años. La cantidad total pagada de agua por los usuarios (agua potable + saneamiento) resultó de 0.48 USD/m^3 en promedio para todos los usuarios combinados.
- Financiamiento por medio de un impuesto ambiental, 'impuesto para la recuperación del agua', el cual se aplicaría al turismo por cada noche que pasara en el país, semejante a una tasa de impuesto ya existente. Ello porque al promover el reúso de agua, sin duda se mejoraría la calidad del agua para nadar y, en general, también el ambiente costero. Así, en la práctica, los turistas serían los beneficiarios por la política de reúso del agua del país. Este impuesto financiaría entre el 4 y 23% del costo del reúso en 30 años.
- Financiamiento por medio de donadores y/o el Fondo Verde para el Clima.
- Financiamiento por medio de APPs.
- Financiamiento por medio de impuestos locales o nacionales.

Datos y monitoreo

En la sección 5.4.1.1, se discutió que el financiamiento público es indispensable para que nadie quede afuera. Pero direccionar los esfuerzos y verificar que ello ocurra tal y como se planeó, requiere contar con sistemas de monitoreo y de reporte adecuados. Asegurar un saneamiento para todos implica que los

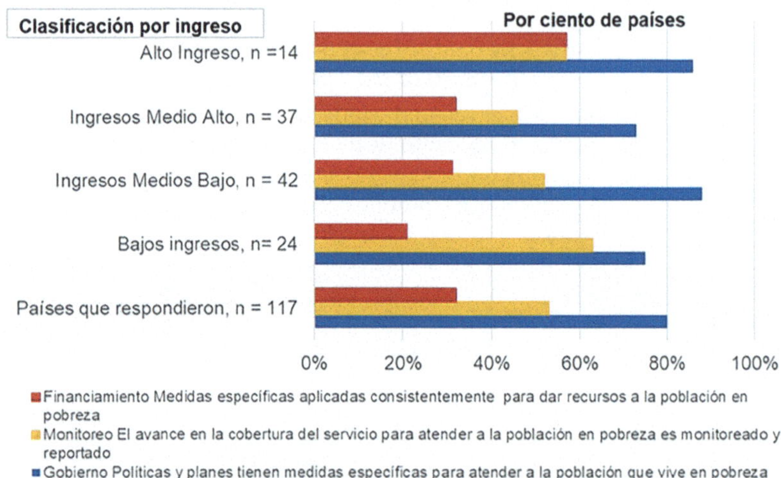

Figura 5.10 Porcentaje de países con acciones para mejorar e incrementar los servicios de saneamiento a poblaciones específicas en sus políticas y planes, las monitorean y reportan (*fuente*: con información de WHO, 2022).

países identifiquen y establezcan medidas que lleguen a todos los sectores de la población, es decir a los asentamientos que se encuentran rezagados, lo que difiere de un país a otro. Las Figuras 5.10 y 5.11 muestran que son pocos los países que en sus políticas y planes cuentan con la aplicación de medidas para atender a la población vulnerable, y muchos menos los que monitorean y reportan su avance (WHO, 2022).

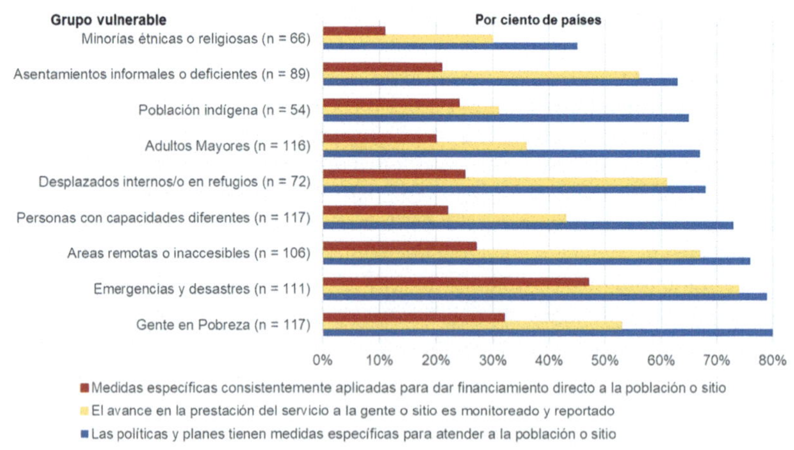

Figura 5.11 Acciones para extender los servicios de saneamiento a la gente que vive en pobreza (*fuente*: GLAAS, 2022a).

5.4.3 Estrategia de desembolso

Existen tres estrategias diferentes de desembolso las cuales no son mutualmente excluyentes, éstas son:

- Desembolso convencional
- Fondos revolventes
- Financiamiento con base en resultados (FBR)

5.4.3.1 Desembolso convencional

En este caso se presenta un presupuesto, los fondos se proveen de manera periódica y la organización ejecuta los recursos para los usos de la entidad. Por lo regular los fondos se colocan periódicamente a lo largo del año de acuerdo con un calendario acordado con antelación. Si la organización no logra gastar los recursos tal y como se establece en ese calendario, casi siempre quitan el presupuesto, sin importar las necesidades de saneamiento que se tengan.

5.4.3.2 Fondos revolventes

Los fondos revolventes son mecanismos de financiamiento que buscan el repago o reposición de fondos una vez usados para apoyar nuevos proyectos de saneamiento. Por ejemplo, una organización con base comunitaria puede establecer un fondo revolvente a partir del cual los miembros de la comunidad pueden tomar dinero prestado para construir sus baños. Conforme se van pagando los préstamos, los fondos son reciclados y quedan disponibles para otros miembros de la comunidad.

5.4.3.3 Financiamiento con base en resultados, FBR

Los mecanismos FBR ligan las erogaciones financieras con el logro de resultados o a la obtención de objetivos. Por ejemplo, los fondos se liberan con base en el número de baños construidos, el porcentaje de domicilios en los cuales se da acceso a un saneamiento mejorado, o bien, la disminución de enfermedades hídricas. Los FBR incentivan la eficiencia y asegura que haya una rendición de cuentas.

5.5 EJECUCION DE FONDOS

Muchos hemos escuchado decir 'si crees que fue difícil conseguir fondos, espera a que veas lo difícil que es gastarlos …', desafortunadamente esto es cierto. Al igual que muchas otras actividades de gobierno, la prestación de buenos servicios no sólo depende de una buena planeación y de obtener los fondos necesarios para ello sino también de que tan eficientemente se ejecuten los mismos (UN-Water, 2024). Para asegurar el uso rápido y adecuado de los fondos es necesario contar con administradores e inspectores públicos que entiendan el reto que representa el tener que proveer el saneamiento para todos, y en particular, para los grupos vulnerables. También, estas personas deberían entender que es necesario y posible adquirir fondos adicionales para diversificar los 'mandatos de las empresas de saneamiento, reusar agua y recuperar subproductos. Esto evitaría que los procedimientos administrativos sean un cuello de botella aun cuando se disponga de recursos económicos. Por otra parte, el que una actividad haya sido considerada dentro del presupuesto y, que después, sea efectivamente fondeada (*presupuesto WASH*) no implica necesariamente que los gobiernos gasten los fondos (WHO, 2022b). Así, se entiende sólo por erogaciones para el *WASH* como la cantidad de dinero que efectivamente se usó en éste por los gobiernos, fuentes externas, domicilio o a partir de cualquier otro tipo de financiamiento. Por ello, a pesar de que los presupuestos vayan en aumento, en la práctica, los gobiernos pueden tener una ejecución limitada de los mismos en función de qué tan bien los asignen y los ministerios concernidos los ejecuten. Menos de la mitad de los países en donde se requiere acelerar la cobertura reportaron haber aplicado el 75% de su presupuesto en compromisos locales de los cuatro subsectores. También, la mitad de los países reportó usar menos del 75% de los montos comprometidos de los fondos nacionales en el suministro de agua potable y saneamiento de zonas urbanas y rurales. El obstáculo más frecuente que se menciona para emplear el capital interno en el WASH en forma eficiente son los lentos y complejos procedimientos administrativos que se tienen para poder ejercer los presupuestos (WHO, 2022).

El financiamiento y la ejecución de presupuesto no son tareas fáciles, como presentado, sino son tareas altamente técnicas. Los tomadores de decisiones y quienes elaboran las políticas deben tener un buen conocimiento de este tema al igual que necesitan mucho apoyo de administradores que sean, tanto como pueda ser posible, sensibles al tema del saneamiento y al reto que representa el lograr que éste sea 'para todos'.

doi: 10.2166/9781789065053_0165

Capítulo 6
Conclusiones

Situación actual del saneamiento y causas: Actualmente, sólo el 25% de los países están en tiempo de cumplir con sus metas de saneamiento (WHO, 2022). Esta 'crisis de saneamiento', como a algunos les gusta denominarla, primero fue atribuida a una falta de fondos, posteriormente a una 'gobernanza' deficiente, más tarde a la necesidad de contar con la participación ciudadana y luego a la mala gestión de la participación pública y privada. Desde entonces, la lista de causas no cesa de aumentar. Posiblemente, sea ya tiempo de considerar que la crisis del saneamiento observada en el Sur Global simplemente se debe a su complejidad y a la clara asociación con la pobreza y la inequidad. Si todo mundo fuera lo suficientemente rico, todos – sin recomendaciones, apoyo de nadie e incluso ignorando completamente las causas de su situación – se las arreglarían para contar con servicios de saneamiento y 'de primera clase'.

Además de las implicaciones financieras, los servicios de saneamiento no son un tema 'políticamente sexi' o 'un tema adecuado' para hablar de él en público. Peor aún, quienes tienen en sus manos la responsabilidad del bienestar público no defienden ni apoyan al saneamiento. Para muchas mujeres, y algunos hombres también, que diariamente han tenido que cambiar los pañales de sus hijos, esto resulta muy difícil entender.

En varios de los países con altos ingresos, en donde por décadas el saneamiento se ha provisto de manera exitosa, los gobiernos han contado con recursos suficientes para ello desarrollando, a la largo de varias administraciones, un sistema eficiente y sin haber tenido que atender la larga lista de recomendaciones que el Sur Global recibe de manera continua para realizar la misma tarea; por ejemplo, reducir las emisiones de los gases de efectos invernadero y minimizar la contaminación del agua. Frente al reto que representa por sí solo el tener que prestar los servicios de saneamiento y la larga y creciente lista de todas las otras recomendaciones que se tienen que atender, es claro que el lograr la cobertura para todos es una tarea de mediano y largo plazo. Afortunadamente, considerando la importancia que muchos países han dado al cumplimiento de la Agenda 2030, al objetivo de desarrollo 6 y a la meta 6.2, la cobertura de saneamiento está mejorando. Hoy en día este éxito debe ser evaluado no sólo en términos del incremento en la cobertura, sino también en el logro de un servicio sustentable y de buena calidad. Ello es particularmente relevante ya que muchas instalaciones que han sido construidas dejan de funcionar por la imposibilidad de cubrir el costo energético, la falta de disponibilidad de agua, el diseño o construcción deficientes y la mala adecuación de los servicios a las condiciones sociales y culturales. Francamente hablando, se requiere que las instalaciones de saneamiento para la gente pobre sean tan confortables y dignas como lo son las que la gente rica tiene. De otra forma, y de manera muy entendible, los servicios serán rechazados por la gente y no habrá saneamiento sustentable.

Para todos: A nivel mundial, el reto más grande para prestar los servicios de saneamiento es la aspiración de 'hacerlo para todos'. Ello requiere realizar actividades que no son usuales, así como contar con información de la cual no se dispone. Identificar y localizar a los grupos vulnerables, entender sus necesidades y encontrar las opciones para poder atender a sus demandas amerita un cuidadoso análisis, planeación, disponibilidad de recursos financieros y humanos capaces, así como una implementación eficiente.

Gestión en general: Bajo las condiciones que prevalecen en el Sur Global (o en la Mayoría del Mundo, para emplear un término más actual), las autoridades que tienen que ver con el saneamiento (de cualquier sector) tendrán que tomar de forma oportuna las mejores decisiones que puedan con la información que dispongan. Además, deberán colaborar con las partes interesadas de todos los sectores, así como con todos los actores que conforman la cadena de saneamiento para que, considerando realísticamente las capacidades técnicas y financieras, puedan implementar acciones adaptadas a las condiciones socio culturales de cada localidad. En sociedades inestables, además se necesitará considerar la situación política. Los tomadores de decisiones y quienes formulan las políticas requieren dominar herramientas de cooperación, puesto que colaborar a todo lo largo de la cadena de saneamiento es fundamental. Ello implica que es indispensable saber ser parte de un grupo, trabajar con diferentes sectores, niveles de gobierno, usuarios, y gente afectada o beneficiada por los proyectos. Para ello, se requiere que cada institución o actor conozca y entienda el papel que debe jugar formal o políticamente.

Marcos administrativo y legal: Desarrollar un portafolio de soluciones diferenciadas para condiciones urbanas o rurales es fundamental. Para que dicho portafolio sea aplicable, las reglamentaciones y los procedimientos administrativos deben ser flexibles y se pueda considerar las nuevas tendencias en el saneamiento. Un ejemplo es el concepto (aún en evolución) de la economía circular, el cual tiene mucho sentido, especialmente para las comunidades indígenas para las cuales el vivir en harmonía con su ambiente siempre ha sido parte de sus tradiciones. También, la economía circular resulta lógica cuando se considera que el agua es un recurso que no se destruye con su uso, sino que sólo necesita ser acondicionado para su reúso, como un vestido. Pero para implementar programas de reúso de agua, como son los de riego agrícola, la participación de otros sectores y actores es esencial para asegurar la protección de la salud, las necesidades agronómicas, los requerimientos para la exportación y la participación de los agricultores. Para que todos los actores participen realizando nuevas actividades se requiere comunicación, educación y capacitación. En particular, para el uso benéfico de los compuestos que se encuentran en el agua residual o que se producen durante su tratamiento.

La cadena de saneamiento es una cadena de servicios ubicados éstos después del usuario. Muchos sectores y niveles administrativos, así como una variedad muy dispersa de interesados y socios participan en ella. El marco legal es muy útil para clarificar los mandatos de cada uno y para establecer mecanismos de coordinación entre ellos, pero en especial es útil para dar a los gobiernos locales un marco adecuado para que realicen sus tareas, puesto que son ellos los que implementan el saneamiento en el terreno y tienen la responsabilidad directa ante los usuarios. Para evitar que el marco legal y lo que ocurre en la práctica no coincidan, se requiere aplicar la ley en muchos países del Sur global.

Involucramiento, participación y coordinación de actores y socios': El principal objetivo para involucrar al público es el asegurar que todos están conscientes del papel que uno y otros juegan, incluyendo sus derechos y responsabilidades. El gobierno debe retener el papel de la coordinación de los procesos, respetando el principio de la rendición de cuentas. Para que los procesos sean efectivos, los tomadores de decisiones y quienes formulan las políticas se deben ganar la confianza de usuarios y actores del saneamiento manteniendo a todas las partes bien informadas, preservando la motivación individual, demostrando compromiso organizacional, promoviendo el diálogo y la comunicación con la sociedad y asegurando un sólido proceso de toma de decisiones y resultados justos. También es relevante actuar diplomáticamente, porque no sólo importa lo que se dice sino también cómo se dice. Lo tomadores de decisiones y quienes elaboran las políticas de agua necesitan ser los primeros en difundir que el saneamiento aporta bienestar a la gente y a las comunidades en áreas que no sólo son del agua, sino también de la salud, la educación, la equidad de género, la seguridad alimentaria y el desarrollo económico.

En el Sur Global, es importante tener presente que aun cuando la participación de la sociedad en los proyectos de saneamiento sea limitada, ello no implica que no se tenga que proporcionar información o que no se deba considerar las necesidades socio culturales locales. El saneamiento es un derecho humano y su prestación debe ser de manera equitativa y oportuna para todas las comunidades, sin considerar el nivel sociocultural o económico, sin hacer diferencia alguna en la calendarización de las tareas o en la calidad de los servicios entre comunidades. En varias partes del Sur global, tanto hombres como mujeres – en especial, en donde las familias monoparentales dominan– emplean mucho tiempo en el transporte a sus trabajos y para obtener ingresos económicos que muchas veces son mínimos y, cuando disponen de tiempo, tienen que optar entre diversas actividades como son la participación pública, incluyendo la oportunidad de hacer cambios en los partidos políticos, realizar procedimientos administrativos personales o quehaceres, pasar tiempo con sus familias o participar en eventos religiosos. Bajo estas circunstancias, puede ser útil el empleo de estas otras actividades para incrementar la conciencia sobre el saneamiento, y eventualmente motivar a la gente para que se involucre más en su diseño e implementación.

Financiamiento: Los mecanismos convencionales de financiamiento han sido hasta ahora insuficientes para fondear el saneamiento. Afortunadamente, se han desarrollado mecanismos financieros no convencionales, algunos de los cuales se encuentran aún en estado de evolución, pero que se pueden adaptar a las necesidades financieras de todos los componentes de la cadena de saneamiento.

Enfoque de género: El papel de las mujeres es especialmente importante para el saneamiento debido al liderazgo que ellas tienen en las comunidades y su habilidad para organizar y garantizar la sustentabilidad de sistemas. También, su participación en los procesos de toma de decisiones es esencial. El papel que las mujeres juegan como cuidadoras del hogar y como parte de la comunidad ha hecho que ellas entiendan mejor la relevancia del saneamiento, por lo que con frecuencia no tienen miedo de hablar de este tema en público y están dispuestas a elevarlo de nivel en la agenda política.

En resumen, necesitamos reconsiderar el saneamiento en términos de quién tiene acceso al mismo, la sustentabilidad en el acceso y su contribución a proteger la salud humana y el ambiente. Como se expuso en este libro, dicha reconsideración requiere personas diferentes, soluciones distintas, otros mecanismos de financiamiento y nuevos marcos legales e institucionales. Todos juntos, podremos hacer que nadie se quede afuera.

Definiciones

Adaptación La adaptación al cambio climático son las actividades que se implementan para reducir la vulnerabilidad de la resiliencia ambiental por medio de mejorar la habilidad a adaptarse o para absorber y/o reducir la exposición a perturbaciones, cambios bruscos y la variabilidad causada por el cambio climáticos (WHO, 2022a).

Ayuda (Financiera) Cualquier tipo de asistencia oficial que se proporcione para el desarrollo. Incluye las subvenciones públicas, préstamos y subvenciones privadas que reciba un país. No incluye los préstamos que no estén otorgados a tasa preferencial. Se mide por medio del ODA (Asistencia para el Desarrollo Internacional ODA (Overseas Development Aid).

Bono Préstamo que un inversionista hace a un prestamista. Los bonos se usan por compañías, municipalidades, estados y gobiernos soberanos para financiar proyectos.

Cadena de saneamiento Serie de instalaciones y servicios que se requieren para proveer saneamiento. Incluye baños, métodos y procesos para la recolección de excreta y agua residual, transporte y tratamiento del agua y de desechos, reúso de agua o su disposición.

Cero desechos Actividades en las cuales nada se desecha, sino que todo es reusado o reciclado. En saneamiento ello incluye el agua y los subproductos.

Cobeneficio Impactos positivos que se producen a partir de las medidas que un sector adopta beneficiando de manera sinérgica a otros sectores.

Contratos basados con la eficiencia (CBS, o PBCs por sus siglas en inglés) Contractos que son diseñados de manera tal que los pagos quedan condicionados a que se obtengan resultados.

Construir-Operar-Transferir (COT o BOT en inglés) Contrato celebrado entre una entidad pública y otra privada en el cual el financiamiento, diseño, construcción, manejo y operación de las instalaciones se realiza por entes privados mediante un esquema de concesión. La entidad privada tiene el derecho a operar las instalaciones por un periodo específico, durante el cual los costos de inversión, operación y mantenimiento se recuperan por medio del proyecto. Este tipo de contratos se usan, por lo regular, para grandes proyectos.

Contexto frágil (o inestable) Los contextos frágiles son aquellos en donde prevalece la combinación de una exposición al riesgo y la insuficiente capacidad de un estado o comunidad para enfrentarlo o manejarlo. Esta fragilidad puede conducir a la violencia, pobreza, inequidad, desplazamiento de la población y degradación ambiental y política. Los países bajo esta clasificación son: Afganistán, Angola, Bangladesh, Benín, Burkina Faso, Burundi, Camboya, Camerún, República Central Africana, Chad, Comores, Congo, Costa de Marfil, República Democrática de Corea, Republica de Congo, Yibuti, Guinea Ecuatorial, Eritrea, Suazilandia, Etiopía, Gambia, Guatemala, Guinea, Guinea-Bissau, Haití, Honduras, Irán, Iraq, Kenia, Lao), Lesoto, Liberia, Libia, Madagascar, Mali, Mauritania, Mozambique, Myanmar, Nicaragua, Níger, Nigeria, Paquistán, Nueva Guinea, Sierra Leona, Islas Solomon, Somalia, Sudan del Sur, Palestina, Sudan, Siria, Tayikistán, Tanzania, Timor-Leste, Togo, Turkmenistán, Uganda, República Bolivariana de Venezuela, Yemen, Zambia, Zimbabue (JMP, 2023; OECD, 2020).

Convenio (compact) Relación amplia y de largo plazo para rendir cuentas y que conecta a funcionarios con proveedores organizacionales. Usualmente no es un contrato *per se* que legalmente se pueda hacer cumplir, sino, un contrato explícito y verificable, es una especie de convenio (World Bank, 2003).

D

Defecación al aire libre (definición de la ONU) Disposición de las heces humanas en el campo, bosques, arbustos, cuerpos de agua superficiales, playas o cualquier otro espacio abierto o junto con la basura.

Descentralización Este término se emplea para describir la amplia variedad de formas que hay para transferir el 'locus de proceso para toma de decisiones', por ejemplo, del gobierno central al regional, municipal o local (Sayer *et al.*, 2004).

Desconcentración Proceso mediante el cual agentes del gobierno central son relocalizados y dispersados geográficamente (Sayer *et al.*, 2004)

Diseño-Construcción-Operación (DCO) Es un modelo para implementar contratos en el cual un único contratista es seleccionado para diseñar y construir un proyecto para luego operarlo por un periodo determinado.

E

Economía circular Sistema económico en el cual los materiales nunca se vuelven un desecho, sino que son regenerados para ser recuperados y eventualmente volverse materia prima. En el contexto del saneamiento, la economía circular se puede aplicar a la cadena completa del mismo, para considerar el reúso de agua y la recuperación y reciclado de subproductos.

Estados Isla en desarrollo (SIDS) American Samoa, Anguilla, Antigua y Barbuda, Aruba, Bahamas, Barbados, Belice, Bonaire, San Eustaquio y Saba, Islas vírgenes Británicas, Cabo Verde, Comores, Islas Cook, Cuba, Curasao, Dominica, República Dominicana, Fidji, Polinesia francesa, Granada, Guam, Guinea-Bissau, Guyana, Haití, Jamaica, Kiribati, Maldives, Islas Marshall, Mauricio, Micronesia (Estado federado de), Montserrat, Nauru, Nueva Caledonia, Niue, Islas Mariana del Norte, Palau, Papua Nueva Guinea, Puerto Rico, Saint Kits y Nevis, Saint Lucia, Saint Vincent y Granadines, Samoa, Sao Tome y Príncipe, Seychelles, Singapur, Sint Maarten (parte holandesa), Islas Solomon, Suriname, Timor-Leste, Tonga, Trinidad and Tobago, Tuvalu, estados Unidos de las Islas Vírgenes, Vanuatu (JMP, 2023).

Estimación de costos Son los costos que el gobierno proyecta para implementar un plan o estrategia (WHO 2022a).

Ejecución/erogación Cantidad de dinero que se gasta o se emplea efectivamente a partir de un presupuesto.

F

Fondo mutuo Opción de inversión en el cual el dinero proviene de muchas personas, organizaciones o países y que se conjunta para comprar diversos tipos de acciones, bonos, u otros valores.

G

Gobernanza policéntrica Es un concepto que describe que el gobierno tiene varios centros para la toma de decisiones, o bien, posee autoridades múltiples y ninguna de ella tiene el poder total sobre todas las decisiones que se hayan tomado de manera colectiva.

Gobierno del saneamiento Combinación de la estructura con los procedimiento y reglas que se diseñan para gestionar el saneamiento. Tiene cuatro componentes: la política (que establece la visión global), el marco institucional (que contiene la estructura y procedimientos administrativos), el marco legal (con las reglas de funcionamiento de toda la estructura de gobierno) y los interesados (componente social).

Guerrilla Conjunto de personas que conforman una armada no oficial. Por lo general pelean contra una armada oficial, la fuerza policiaca o el gobierno.

I

Instalaciones de saneamiento aceptables   (definición de la ONU) Cualquier tipo de instalación de saneamiento mejorada que tenga potencial para ser manejada de forma segura, pero se destaca que la definición del tratamiento seguro del agua residual sólo incluye a los tanques sépticos y las redes de drenaje (alcantarillado). Ello porque considera que todos los hogares generan agua residual, la cual abarca tanto las aguas negras (provenientes de la defecación y la micción) como las aguas grises (provenientes de todos los otros usos domésticos, entre los cuales está el lavado y aseo personal). El manejo seguro del saneamiento se refiere al manejo seguro de las aguas negras. El drenaje y los tanques sépticos, a diferencia de las letrinas, son capaces de manejar tanto aguas negras como grises. En principio, el agua gris puede ser tratada de forma segura y por separado de las aguas negras (por ejemplo, por medio de letrinas húmedas individuales o comunitarias.

Instalaciones de saneamiento compartidas (definición de la ONU)   Instalaciones de saneamiento que no son consideradas como una opción de servicio con manejo seguro debido a su limitada accesibilidad, la falta de privacidad y los posibles impactos en la salud por el hecho de ser compartidas.

L

Lodos de drenajes o cloacas   Combinación de natas, lodos y líquido que se acumula en los tanques sépticos.

M

Marco institucional   Conjunto de organizaciones formales de un gobierno que se emplean para regular, proveer y vigilar una actividad. En el campo del saneamiento, el marco institucional incluye muchas organizaciones de nivel nacional, regional y local. No todas pertenecen al sector del agua.

Mitigación   La mitigación al cambio climático es la actividad que contribuye al objetivo de estabilizar, a un nivel en el cual se evite las interferencias antropogénicas, las concentraciones de gases de efecto invernadero en la atmósfera que son dañinas para el sistema del clima, por medio de promover esfuerzos para reducir o limitar las emisiones de gases de efecto invernadero, o bien, incrementando el secuestro de los mismos empleando métodos verdes (WHO, 2022a).

P

Países en desarrollo sin salida al mar (LLDCs)   Países que carecen de un acceso territorial al mar. Son Afganistán, Armenia, Azerbaiyán, Bután, Bolivia (estado plurinacional de), Botsuana, Burkina Faso, Burundi, República del África central, Chad, Suazilandia, Etiopía, Kazakstán, Kirguizistán, Laos, Lesoto, Malawi, Mali, Mongolia, Nepal, Níger, Sudan del Norte, Tayikistán, Turkmenistán, Uganda, Uzbekistán, Zambia, Zimbabue (JMP, 2023).

Países menos desarrollados (PMD o en inglés LDCs)   Son países con bajos ingresos y que enfrentan impedimentos estructurales severos para su desarrollo sustentable. Incluyen Afganistán, Angola, Bangladesh, Benín, Bután, Burkina Faso, Burundi, Camboya, República de África central, Chad, Comores, república Democrática del Congo, Yibuti, Eritrea, Etiopia, Gambia, Guinea, Guinea-Bissau, Haití, Kiribati, Laos, Lesoto, Liberia, Madagascar, Malawi, Mali, Mauritania, Mozambique, Myanmar, Nepal, Níger, Ruanda, Sao Tomé y Príncipe, Senegal, Sierra Leone, Islas Solomon, Somalia, Sudan del Sur, Sudan, Timor-Leste, Togo, Tuvalu, Uganda, República Unida de Tanzania, Yemen, Zambia (JMP, 2023).

Participación pública   Intervención de los ciudadanos en el proceso de toma de decisiones para el manejo de los recursos y en acciones que tengan impacto en el desarrollo de las comunidades.

Percepción ambiental   Sistema de procesamiento de la información mediante la cual los individuos exploran activamente su entorno extrayendo información en una interacción constante entre ellos y su entorno. La percepción pública se relaciona estrechamente con factores sociales, de salud, económicos y ambientales y determinan la aceptación o el rechazo de los sistemas de saneamiento o de reúso de agua.

Presupuesto de gobierno   Son fondos de inversión que se designan para ser empleados en actividades específicas como, por ejemplo, el saneamiento. El presupuesto puede estar alineado con planes y estrategias. La disponibilidad de presupuesto implica que existe una cantidad total determinada de dinero para un fin pero que debe ser ejercida.

Privacidad   Estado individual en el cual uno no se siente observado, escuchado o molestado por cualquier otra persona cuando va a hacer o hace uso de instalaciones de saneamiento o de fuentes de agua, y también para actividades relativas a la higiene (e.g., menstruación, baño) (JMP, 2023).

Problemas complejos   Conjunto de problemas para los cuales la relación causa- efecto es ambigua, impredecible, no lineal y, en donde, el problema en sí mismo está en constante evolución conforme recibe retroalimentación interna y externa. Debido a estas características, los problemas complejos tienen un amplo conjunto de soluciones las cuales tienen diferentes grados de eficiencia y que también evolucionan conforme evoluciona el problema. Para los problemas complejos el objetivo no es encontrar 'la solución' sino que las soluciones produzcan una situación estable por el mayor tiempo posible.

R

Rendición de cuentas/ responsabilidad   Es la relación que se establece entre actores y tiene cinco características: delegación, financiamiento, eficiencia, información sobre la eficiencia y el hacer que se cumplan los reglamentos. La rendición de cuentas pública se da entre el gobierno y la sociedad, mientras que la rendición de cuentas comercial ocurre en una relación cliente-usuarios (World Bank, 2003).

S

Salud   Incluye el bienestar físico, mental y social personal y que afectan y a su vez son afectados por las opciones y condiciones del WASH (JMP, 2023).

Saneamiento   Acceso y uso de instalaciones y servicios para la disposición de orina y heces fecales humanas. Cuando el saneamiento es seguro, el sistema está diseñado y es usado para separar la excreta humana del contacto humano en todas las etapas de la cadena de servicios de saneamiento, desde su captura y almacenamiento, pasando por el vaciado, transporte y tratamiento (*in-situ* o *ex-situ*) hasta la disposición o uso final.

Saneamiento básico   (definición ONU) Empleo de instalaciones mejoradas que no se comparten entre hogares.

Saneamiento básico   (este libro) En este testo se entiende por saneamiento básico la forma con la cual es definido por WHO (2018) y que evita la compleja discusión de la escalera del saneamiento de GLAAS (2022a): *'acceso y uso de instalaciones y servicios para la disposición segura de heces y orina humanas. Un sistema de saneamiento seguro es un sistema diseñado y usado para separar la excreta humana del contacto humano en todas las etapas de la cadena de servicios de saneamiento, desde su colección en los excusados, su manejo mediante almacenamiento, el transporte y tratamiento (in-situ o ex-situ), así como su disposición o uso final'.*

Saneamiento ecológico o 'ecosan'   Opción de saneamiento que involucra el reúso de los desechos humanos como recursos en lugar de realizar la simple disposición de ellos. Este tipo de sistemas reconocen que el desecho humano contiene nutrientes y materia orgánica como materiales valiosos que pueden ser reciclados en forma de fertilizantes o mejoradores del suelo en lugar de tratarlos como desecho.

Saneamiento inteligente   Soluciones de saneamiento que promueven el manejo sustentable y eficiente del agua, la recuperación de recursos y la mejora de la salud pública en el contexto de las ciudades inteligentes.

Saneamiento limitado   (definición de la ONU) Empleo de instalaciones mejoradas pero que son compartidas entre varios hogares.

Saneamiento manejado de forma segura (definición de la ONU)   Empleo de instalaciones mejoradas que no son compartidas entre hogares casas y en donde la excreta es dispuesta de manera segura *in-situ* o removida para ser tratada posteriormente *ex situ*.

Saneamiento no mejorado   (definición de la ONU) empleo de letrinas de fosa sin tarima o plataforma, letrinas colgantes o cubetas-letrina

Sistemas de saneamiento sustentable   Son los sistemas que, además de proteger la salud humana y la del ambiente, son también económicamente viables, socialmente aceptables e institucionalmente implementables (SuSanA, 2008).

Sistemas in situ de saneamiento (SIS)   Sistema de saneamiento en el cual la excreta y el agua residual son colectados, almacenados y/o tratados en el mismo terreno en donde son generados.

Sistemas sin drenaje (SSD)   Sistema de saneamiento que no está conectada a la red del drenaje.

Subsidios   El beneficio que grupos, organizaciones o individuos reciben en la forma de una reducción al impuesto o pagos en efectivo por parte del gobierno con la finalidad de motivar un comportamiento determinado de éstos.

Subvención   Cantidad de dinero que un gobierno u otra institución otorga a un individuo u organización para un propósito específico como sería la compra de letrinas.

T

Toma de decisiones a nivel domiciliario Oportunidad que tienen los individuos para influir y participar en la elaboración de decisiones sobre agua potable, saneamiento e higiene adentro de sus casas.

Tracoma   Enfermedad infecciosa causada por la bacteria Chlamydia y que causa el enrojecimiento de la parte interna de los párpados, causando dolor y eventualmente ceguera, la cual puede llegar a ser permanente.

Tratamiento aceptable (definición ONU) Los procesos de tratamiento secundarios o de nivel superior son adecuados para prestar un servicio de saneamiento con manejo seguro. Algunas veces, se diseñan también para el manejo seguro del agua residual tratada. Sin embargo, se debe proporcionar información adicional sobre el cumplimiento con valores para parámetros límites relevantes que se usen como indicador del ODS 6.3.1 del agua residual tratada (por ejemplo, los estándares de calidad del efluente).

V

Vector   Organismo vivo que transmite un agente infeccioso de un animal a un humano o a otro animal. Algunos ejemplos son los mosquitos, las chinches, las moscas, las pulgas y los piojos (EFSA, 2024).

Voz   (de la sociedad) Camino que conecta a los ciudadanos con los políticos y que incluyen procesos formales e informales, como el voto, las actividades electorales, el cabildeo y propaganda, el patrocinio y clientelismo, las actividades de comunicación, el acceso a la información, entre otras. Los ciudadanos delegamos funciones – como es el cumplimiento de la ley y el respeto del orden en una comunidad , en políticos que sirven a nuestros intereses y quienes las realizan prestando servicios.

Referencias

Abedin M. A., Collins A. E., Habiba U. and Shaw R. (2019). Climate change, water scarcity, and health adaptation in southwestern coastal Bangladesh. *International Journal of Disaster Risk Science*, **10**(1), 28–42, https://doi.org/10.1007/s13753-018-0211-8

Adaptation Fund (2018). Briefing Note. Adaptation-Fund-Briefing-Note-April-2018-web. pdf, www.adaptation-fund.org/wp-content/uploads/2018/04/Adaptation-Fund-Brie fing-Note-April-2018-web.pdf, accessed in February 2024.

ADB (2021a). Case Stories on Inclusive Sanitation. Changing the Future of Sanitation through Reinvented Toilets. chrome-extension://efaidnbmnnnibpcajpcglclefindmkaj/; https://www.adb.org/sites/default/files/publication/696031/case-story-4-sanitation-reinvented-toilets.pdf, accessed in December 2023.

ADB (2021b). Citywide Inclusive Sanitation Guidance Notes: Addressing Gender Equality and Social Inclusion in Urban Sanitation Projects. https://www.adb.org/publications/gender-equality-social-inclusion-urban-sanitation-projects, accessed in November 2023.

AfChoudry E. and Islam S. (2015). Nature of transboundary water conflicts: issues of complexity and the enabling conditions for negotiated cooperation. *Journal of Contemporary Water Research and Education*, **155**, 43–52, https://doi.org/10.1111/j.1936-704X.2015.03194.x

African Development Bank (AFBD). United Nations Environmental Program (UNEP), GRID-Arendal, 2020 Sanitation and Wastewater Atlas of Africa. 284pp. https://www.afdb.org/sites/default/files/documents/publications/sanitation_and_wastewater_atlas_of_africa_compressed.pdf, accessed in June 2023.

Agrawal A. and Ribot J. (1999). Accountability in decentralization: a framework with South Asian and West African environmental cases. *The Journal of Developing Areas*, **33**, 473–502.

Akpan I. J., Soopramanien D. and Kwak D. H. (2020). Cutting-edge technologies for small business and innovation in the era of COVID-19 global health pandemic. Journal of Small Business and Entrepreneurship, 1–11, https://doi.org/10.1080/08276331.2020.1799294

Alhumoud J. M. and Madzikanda D. (2010) Public perceptions on water reuse options: the case of Sulaibiya wastewater treatment plant in Kuwait. *International Business and Economics Research Journal (IBER)*, **9**(1), https://doi.org/10.19030/iber.v9i1.515

Amoah P., Drechsel P. and Abaidoo R. C. (2005). Irrigated urban vegetable production in Ghana: sources of pathogen contamination and health risk elimination. Irrigation and Drainage, (54), S1–S118, https://doi.org/10.1002/ird.185

ANA (2024). Agências Infranacionais – Agência Nacional de Águas e Saneamento Básico (ANA) (www.gov.br)

Anderson J., Baggett S., Jeffrey P., McPherson L., Marks J. and Rosenblum R. (2008). Public acceptance of water reuse, Section 3 emerging topic, chapter 18. In: Water reuse: an international survey of current practice, issues and needs, B. Jiménez and T. Asano (eds.), IWA Publishing, UK, 628 pp. ISBN: 9781843390893, https://doi.org/10.2166/9781780401881

Andrade L., O'Dwyer J., O'Neill E. and Hynds P. (2018). Surface water flooding, groundwater contamination, and enteric disease in developed countries: a scoping review of connections and consequences. *Environmental Pollution*, **236**, 540–549, https://doi.org/10.1016/j.envpol.2018.01.104

A/RES/70/1. United Nations (2015). Transforming our world: the 2030 Agenda for Sustainable Development. https://documents-dds-ny.un.org/doc/UNDOC/GEN/N15/291/93/PDF/N1529193.pdf, accessed September 2023.

Arsenault R., Bourassa C., Diver S., McGregor D. and Witham A. (2019). Including indigenous knowledge systems in environmental assessments: restructuring the process. *Global Environmental Politics*, **19**(3), 120–132, https://doi.org/10.1162/glep_a_00519

Augsburg B. and Rodríguez-Lesmes P. (2020). Sanitation dynamics: toilet acquisition and its economic and social implications in rural and urban contexts. *Journal of Water, Sanitation and Hygiene for Development*, **10**(4), 628–641, https://doi.org/10.2166/washdev.2020.098

Augsburg B. and Sainati T. (2020). WASH economics and financing: towards a better understanding of costs and benefits. *Journal of Water, Sanitation and Hygiene for Development*, **10**(4), 615–617, https://doi.org/10.2166/washdev.2020.002

Austigard Å. D., Svendsen K. and Heldal K. K. (2018). Hydrogen sulphide exposure in wastewater treatment. *Journal of Occupational Medicine and Toxicology*, **13**, 10, https://doi.org/10.1186/s12995-018-0191-z

Bagheri A., Fami H. S., Rezvanfar A., Asadi A. and Yazdani S. (2008). Perceptions of paddy farmers towards sustainable agricultural technologies: case of Haraz Catchments area in Mazandaran province of Iran. *American Journal of Applied Sciences*, **5**(10), 1384–1391, https://doi.org/10.3844/ajassp.2008.1384.1391

Bargh J. A. and Barndollar K. (1996). Automaticity in action: the unconscious as repository of chronic goals and motives. In: The psychology of action: linking cognition and motivation to behavior, P. M. Gollwitzer and J. A. Bargh (eds.), The Guilford Press, pp. 457–481.

Bargh J. and Ferguson M. (2000). Beyond behaviorism: on the automaticity of higher mental processes. *Psychological Bulletin*, **126**(6), 925–45, https://doi.org/10.1037/0033-2909.126.6.925. Corpus ID: 30847637.

Bayrau A., Boelee E., Drechsel P. and Dabbert S. (2010). Wastewater use in crop production in peri-urban areas of Addis Ababa: impacts on health in farm household. *Environment and Development Economies*, **16**(1), 25–49.

Becerra-Castro C., Lopes A. R., Vaz-Moreira I., Silva E. F., Manaia C. M. and Nunes O. C. (2015). Wastewater reuse in irrigation: a microbiological perspective on implications in soil fertility and human and environmental health. *Environment International*, **75**, 117–135, https://doi.org/10.1016/J.ENVINT.2014.11.001

Bernard K., Drechsel P., Seidu R., Amerasingue P., Cofie O. and Konradsen F. (2010). Harnessing farmers' knowledge and perceptions for health risk reduction in wastewater-irrigated agriculture. In: Wastewater irrigation and health, P. Drechsel, C. Scott, L. Raschid-Sally, M. Redwood and A. Bahri (eds.), Chapter 17, IDRC-IWMI, pp. 337–354.

Big Blue Ocean Clean up (2023). https://www.bigblueoceancleanup.org/news/2021/11/4/is-sewage-pollution-still-a-major-threat-to-our-oceans, accessed in November 2023.

BIO by Deloitte (2015). Cranfield University, Directorate-General for Environment (European Commission), ICF International, https://data.europa.eu/doi/10.2779/603205

Bisung E., Karanja D. M., Abudho B., Oguna Y., Mwaura N., Ego P. and … Elliott S. J. (2016). One community's journey to lobby for water in an environment of privatized water: is Usoma too poor for the pro-poor program? *African Geographical Review*, **35**(1), 70–82, https://doi.org/10.1080/19376812.2015.1088391

Borjas P. C. (2014). Public policy of sanitation: an analysis of recent Brazilian experience (Política pública de saneamento básico: uma análise da recente experiência brasileira). *Saúde e Sociedade, São Paulo*, **23**(2), 432–447, https://doi.org/10.1590/S0104-12902014000200007

Borja-Vega C., Grabinsky J. and Kløve E. (2022). Introducing a framework for analyzing weaknesses in institutional service delivery and the human rights to water and sanitation: case studies from the Democratic Republic of Congo, Haiti, Mozambique, and Niger. *Water*, **14**, 3209, https://doi.org/10.3390/w14203209

Branchet P., Arpin-Pont L., Piram A., Boissery P., Wong-Wah-Chung P. and Doumenq P. (2021). Pharmaceuticals in the marine environment: what are the present challenges in their monitoring? *Science of the Total Environment*, **766**, 142644, https://doi.org/10.1016/j.scitotenv.2020.142644

Brown C. and Heller L. (2017). Affordability in the provision of water and sanitation services: evolving strategies and imperatives to realise human rights. *International Journal of Water Governance*, **6**, 19–38. https://journals.open.tudelft.nl/ijwg/article/view/5812

Cabral B. G. C., Chernicharo C. A. L., Hoffmann H., Neves P. N. P., Platzer C., Bressani-Ribeiro T. and Rosenfeldt S. (2017). Resultados do Projeto de Medições de Biogás em Reatores Anaeróbios/Probiogás (Results of the biogas measurement project in anaerobic reactors/Probiogás); Deutsche Gesellschaf //efaidnbmnnnibpcajpcglclefindmkaj/; https://rotaria.net/wp-content/uploads/2023/10/PROBIOGAS-Resultados-ETEs.pdf, accessed in January 2024.

Cairns-Smith S., Hill H. and Nazarenke E. (2014). Urban sanitation: why a portfolio is needed. Boston Consulting Group, Boston, MA, USA. Available online: http://www.bcg.com/documents/file178928.pdf, accessed on 23 May 2016.

Campos C., Casas C., Bohórquez P., Cárdenas M., Cáceres L. and Muñoz M. (2001). Evaluation of water ecotoxicity tests in the municipality of Mosquera, Cundinamarca (Colombia). Quebec, Canadá. http://hdl.handle.net/10625/35803

Campos C., Valderrama L. and Venegas C. (2012). Talleres de Educación Ambiental. Pontificia Universidad Javeriana. Editorial Javeriana. Bogotá. **65** (in Spanish).

Caretta M. A. and Borjeson L. (2015). Local gender contract and adaptive capacity in smallholder irrigation farming: a case study from the Kenyan drylands. *Gender Place and Culture*, **22**(5), 644–661, https://doi.org/10.1080/0966369X.2014.885888

Caretta M. A., Mukherji A., Arfanuzzaman M., Betts R. A., Gelfan A., Hirabayashi Y., Lissner T. K., Liu J., Lopez Gunn E., Morgan R., Mwanga S. and Supratid S. (2022). Water. Review. In: B. E. Jimenez Cisneros and Z. Kundzewicz (eds.), for chapter Climate change 2022: impacts, adaptation and vulnerability. Contribution of working group II to the sixth assessment report of the intergovernmental panel on climate change, Portner H.-O., Roberts D. C., Tignor M., Poloczanska E. S., Mintenbeck K., Alegria A., Craig M., Langsdorf S., Loschke S., Moller V., Okem A., Rama B. (eds.), Cambridge University Press, Cambridge, UK and New York, NY, USA, pp. 551–712, https://doi.org/10.1017/9781009325844.006

Carr E. R. and Thompson M. C. (2014). Gender and climate change adaptation in agrarian settings: current thinking, new directions, and research frontiers. *Geography Compass*, **8**(3), 182–197, https://doi.org/10.1111/gec3.12121

Carratala A., Bachmann V., Julian T. R. and Kohn T. (2020). Adaptation of human Enterovirus to warm environments leads to resistance against chlorine disinfection. *Environmental Science and Technology*, **54**(18), 11292–11300, https://doi.org/10.1021/acs.est.0c03199

Castleden H. E., Martin D., Cunsolo A., Harper S., Hart C., Sylvestre P., Stefanelli R., Day L. and Lauridsen K. (2017). Implementing indigenous and Western knowledge systems (part 2): 'You have to take a backseat' and abandon the arrogance of expertise. *The International Indigenous Policy Journal*, **8**, 4, https://doi.org/10.18584/iipj.2017.8.4.8

Castro de Esparza M. L., Sáenz R., Ratto A., Aurazo de Zumaeta M., Grados O., Ortiz D. *et al.* (1990). CEPIS/PAHO, IDRC. Assessment of health risks from the use of wastewater in agriculture.

Castro de Esparza M. L. and Aurazo de Zumaeta M. (2007). Informe final del proyecto AQUAtox: juventud, ciencia, salud y medio ambiente; y anexos. CEPIS/OPS-IDRC Canadá. Editor Organización Panamericana de la Salud. Dc. Colecciones, IDRC Research Results, Washington, DC, USA. http://hdl.handle.net/10625/36039 (2000–2009), https://idl-bnc-idrc.dspacedirect.org/items/b9431987-db63-494e-919a-8e26a2911bfd

Cen T., Zhang X., Xie S. and Li D. (2020). Preservatives accelerate the horizontal transfer of plasmid-mediated antimicrobial resistance genes via differential mechanisms. *Environment International*, **138**(February), 105544, https://doi.org/10.1016/j.envint.2020.105544

Chen J. (2022). Green Fund: What it is, how it works, FAQs (investopedia.com), Green Fund, accessed in February 2024.

Chorus I. and Welker M. (eds.) (2021). Toxic cyanobacteria in water, 2nd edn, CRC Press, Boca Raton, FL, on behalf of the World Health Organization, Geneva, CH.

Cicogna M. P. V., Junior R. T., Gremaud A. P. and Figueiredo A. G. B. (2022). Financiamento do Saneamento: Linhas de Crédito e Perfil do Endividamento das Sociedades Anônimas no Brasil. *Revista Tempo do Mundo*, **29**. ago. 2022.

CONAGUA (2022). Situación del Subsector Agua Potable, Alcantarillado y Saneamiento, edición 2022, Secretaría de Medio Ambiente y Recursos Naturales, 150 pp., SGAPDS-13-22-a.pdf (www.gob.mx), accessed in August 2023 (in Spanish).

CONAGUA (2023). https://www.gob.mx/conagua, accessed in December 2023.

Coninck H., Revi A., Babiker M., Bertoldi P., Buckeridge M., Cartwright A., Dong W., Ford J., Fuss S., Hourcade J.-C., Ley D., Mechler R., Newman P., Revokatova A., Schultz S., Steg L. and Sugiyama T. (2018). Strengthening and implementing the global response. In: Global warming of 1.5°C. An IPCC special report on the impacts of global warming of 1.5°C above preindustrial levels and related global greenhouse gas emission pathways, in the context of strengthening the global response to the threat of climate change, sustainable development, and efforts to eradicate poverty, V. Masson-Delmotte, P. Zhai, H.-O. Portner, D. Roberts, J. Skea, P. R. Shukla, A. Pirani, W. Moufouma-Okia, C. Pean, R. Pidcock, S. Connors, J. B. R. Matthews, Y. Chen, X. Zhou, M. I. Gomis, E. Lonnoy, T. Maycock, M. Tignor and T. Waterfield (eds.), IPCC, Cambridge University Press, Cambridge.

Conway K., Lebu S., Heilferty K., Salzberg A. and Manga M. (2023). On-site sanitation system emptying practices and influential factors in Asian low- and middle-income countries: a systematic review. *Hygiene and Environmental Health Advances*, **6**, https://doi.org/10.1016/j.heha.2023.100050

Cookey P. E., Darnswasdi R. and Ratanachai C. (2016). Local people's perceptions of lake basin water governance performance in Thailand. *Ocean & Coast Management*, **120**, 11–28. https://doi.org/10.1016/j.ocecoaman.2015.11.015

Cookey P. E., Kugedera Z., Alamgir M. and Brdjanovic D. (2020). Perception management of non-sewered sanitation systems towards scheduled faecal sludge emptying behaviour change intervention. *Humanities and Social Sciences Communications*, **7**, 183, https://doi.org/10.1057/s41599-020-00662-0

Correia M. L. S. F., Esperdião F. and Melo R. L. (2020). Evolução das políticas públicas de saneamento básico do Brasil, do PLANASA ao PACSaneamento. 1216_1583448349_SEP_2020__Com_identificao__pdf_ide.pdf.

Costa N. R. (2023). Basic sanitation policy in Brazil: ideas, institutions and challenges in the twenty-first century. *Ciência and Saúde Coletiva*, **28**(9), 2595–2600. https://doi.org/10.1590/1413-81232023289.20432022.

Cotruvo J., Bridgers D., Cairns W., Jiménez Cisneros B., Cunliffe D., Davidson D., de Roda Husma A., Eaton A., Fawell J., Golmer K., LoPiccolo D. and Nam Ong C. (2013). Water recovery and reuse: guideline for safe application of water conservation methods in beverage production and food processing. *A Publication of the ILSI Research Foundation Center, Washington*, **71**.

Crocker J., Saywell D. and Bartram J. (2017). Sustainability of community-led total sanitation outcomes: evidence from Ethiopia and Ghana. *International Journal of Hygiene and Environmental Health*, **220**(3), 551–557, https://doi.org/10.1016/j.ijheh.2017.02.011

Crocker J., Fuente D. and Bartram J. (2021). Cost effectiveness of community led total sanitation in Ethiopia and Ghana. *International Journal of Hygiene and Environmental Health*, **232**, 113682, https://doi.org/10.1016/j.ijheh.2020.113682

Crook R. and Manor J. (1998). Democracy and decentralisation in South Asia and West Africa. Cambridge University Press, Cambridge, https.//doi.org/10.1017/9780511607899

Cunha Marques R. (2010). Regulation of Water and Wastewater Services: An International Comparison, IWA Publishing, Vol. **9**, https://doi.org/10.2166/9781780401492

Cunha A. S. (2011). Saneamento Básico no Brasil: desenho institucional e desafios federativos. Textos para discussão (1565). IPEA (Instituto de Pesquisa Econômica Aplicada), Rio de Janeiro. ISSN 1415-4765, 25p, https://repositorio.ipea.gov.br/bitstream/11058/1338/1/TD_1565.pdf (in Portuguese).

Cutter S., Osman-Elasha B., Campbell J., Cheong S. M., McCormick S., Pulwarty R., Supratid S., Ziervogel G., Calvo E., Daud Mutabazi D., Arnall A., Arnold M., Linnerooth Bayer L., Bohle H. G., Emrich C., Hallegatte S., Koelle B., Oettle N., Polack E., Ranger N., Rist S., Suarez P. and Wilches-Chaux G. (2012). Managing the risks from climate extremes at the local level. In: Managing the risks of extreme events and disasters to advance climate change adaptation. A special report of working groups I and II of the intergovernmental panel on climate change, C. B. Field, V. Barros, T. F. Stocker, Q. Dahe, D. J. Dokken, K. L. Ebi, M. D. Mastrandrea, K. J. Mach, G. K. Plattner, S. K. Allen, M. Tignor and P. M. Midgley (eds.), Cambridge University Press, Cambridge, UK and New York, NY, USA, pp. 291–338.

Danert K. and Hutton G. (2020). Shining the spotlight on household investments for water, sanitation and hygiene (WASH): let us talk about HI and the three 'T's. *Journal of Water, Sanitation and Hygiene for Development*, **10**(1), 1–4, https://doi.org/10.2166/washdev.2020.139

Dash J. and Kapur D. (2021). Understanding effectiveness of capacity development: lessons from sanitation capacity building platform (SCBP), Part II: Sanitation capacity building platform: understanding the process and effectiveness, National Institute of Urban Affairs and Sanitation Capacity and Building Platform, chromeextension://efaidnbmnnnibpcajpcglclefindmkaj/, https://scbp.niua.org/sites/default/files/Capacity_Development.pdf

de França Doria M., Segurado P., Korc M., Heller L., Jimenez Cisneros B., Hunter P. R. and Forde M. (2021). Preliminary assessment of COVID-19 implications for the water and sanitation sector in Latin America and the Caribbean. *International Journal of Environmental Research and Public Health*, **18**, 11703, https://doi.org/10.3390/ijerph182111703

Delaire C., Peletz R., Haji S., Kones J., Samuel E., Easthope-Frazer A., Charreyron E., Wang E., Feng A., Mustafiz R., Jabeen Faria I., Antwi-Agyei P., Donkor E., Adjei K., Monney I., Kisiangani J., MacLeod C., Mwangi B. and Khush R. (2021). How much will safe sanitation for all cost? Evidence from five cities. *Environmental Science and Technology*, **55**(1), 767–777, https://doi.org/10.1021/acs.est.0c06348, pubs.acs.org/action/showCitFormats?doi=10.1021/acs.est.0c06348andref=pdf

Department of Environment and Natural Resources (2023). Republic of Philippines, https://www.denr.gov.ph/, accessed in December 2023.

De Shay R., Comeau D. L., Sclar G. D., Routray P. and Caruso B. A. (2020). Community perceptions of a multilevel sanitation behavior change intervention in rural Odisha, India. *International Journal of Environmental Research and Public Health*, **17**(12), 4472, https://doi.org/10.3390/ijerph17124472

Dickin S., Bayoumi M., Giné R., Andersson K. and Jiménez A. (2020). Sustainable sanitation and gaps in global climate policy and financing. *NPJ Clean Water*, **3**(1), 24, https://doi.org/10.1038/s41545-020-0072-8

Dickin S., Schuster-Wallace C., Qadir M. and Pizzacalla K. (2016). A review of health risks and pathways for exposure to wastewater use in agriculture. *Environmental health perspectives*, **124**(7), 900–909.

Dijksterhuis A. and van Knippenberg A. (1998). The relation between perception and behavior, or how to win a game of trivial pursuit. *Journal of Personality and Social Psychology*, **74**(4), 865–877, https://doi.org/10.1037/0022-3514.74.4.865

Djoudi H., Locatelli B., Vaast C., Asher K., Brockhaus M. and Basnett Sijapati B. (2016). Beyond dichotomies: gender and intersecting inequalities in climate change studies. *Ambio*, **45**(3), 248–262, https://doi.org/10.1007/s13280-016-0825-2

Dodane P. H., Mbeguere M., Sow O. and Strande L. (2012). Capital and operating costs of full-scale fecal sludge management and wastewater treatment systems in Dakar, Senegal. *Environmental Science and Technology*, **46**, 3705–3711, https://doi.org/10.1021/es2045234

Doménech L. (2011). Rethinking water management: from centralized to decentralized water supply and sanitation model. *Documents d'anàlisi geogràfica*, **57**(2), 593–310.

Dottori F., Szewczyk W., Ciscar Martinez J. C., Zhao F., Alfieri L., Hirabayashi Y., Bianchi A., Mongelli I., Frieler K., Betts R. and Feyen L. (2018). Increased human and economic losses from river flooding with anthropogenic warming. *Nature Climate Change*, **8**(9), 781–786, https://doi.org/10.1038/s41558-018-0257-z

Eakin H., Shelton R., Baeza A., Bojorquez-Tapia L., Flores S., Parajuli J., Grave I., Estrada A. and Hernandez B. (2020). Expressions of collective grievance as a feedback in multi-actor adaptation to water risks in Mexico City. *Regional Environmental Change*, **20**(1), 17, https://doi.org/10.1007/s10113-020-01588-8

Eawag (2021). Massive open online courses (MOOCs): MOOC series 'sanitation, water and solid waste for development'. Department of Sanitation, Water Solid Waste for Development. Swiss Federal Institute of Aquatic Science and Technology (Eawag). https://www.eawag.ch/en/department/sandec/e-learning/moocs/

EFSA (2024). European Food Safety Authority, https://www.efsa.europa.eu/en/topics/topic/vector-borne-diseases, accessed in February 2024.

Ehalt Macedo H., Lehner B., Nicell J., Grill G., Li J., Limtong A. and Shakya R. (2022). Distribution and characteristics of wastewater treatment plants within the global river network. *Earth System Science Data*, **14**, 559–577, https://doi.org/10.5194/essd-14-559-2022

Ellis A., Haver J., Villasenor J., Parawan A., Venkatesh M., Freeman M. C. and Caruso B. A. (2016). WASH challenges to girls' menstrual hygiene management in Metro Manila, Masbate, and South-Central Mindanao, Philippines. *Waterlines*, **35**(3), 306–323, https://doi.org/10.3362/1756-3488.2016.022

ESAWAS, Eastern and Southern Africa Water and Sanitation Regulators Association (2022). The water supply and sanitation regulatory landscape across Africa: continent-wide synthesis report, https://www.esawas.org/repository/Esawas_Report_2022.pdf, accessed in February 2024.

ESAWAS (2023). https://www.esawas.org/index.php/component/content/article/33-articles/102-defining-an-institutional-framework-for-cwis-doing-things-differently, accessed in December 2023.

Esquivel A. (2015). Acceptance and water reuse. An assessment of the water reuse program operating in San Marcos. Master of Public Administration. Texas State University, Texas, 86p.

European Commission (2010). Water reuse for irrigation. https://water.jrc.ec.europa.eu/wreuse.html, https://environment.ec.europa.eu/topics/water/water-reuse_en, accessed in November 2023.

European Commission, *et al.* (2015). Directorate-General for environment. In: Optimising water reuse in the EU – final report, part I, J. Knox, P. Jeffrey and L. Van Long (eds.), Publications Office. **2015**, Corporate author(s).

FAO (2017). Reuse of water for agriculture in Latin America and the Caribbean, state, principles and needs. Chile.

Fauconnier I., Jenniskens A., Perry P., Fanaian S., Sen S., Sinha V. and Witmer L. (2018). Women as change-makers in the governance of shared waters. UN Water, Gland, Switzerland. 50pp, https://doi.org/10.2305/IUCN.CH.2018.22.en

Fewtrell L. and Bartram J. (2001). Water quality. Guidelines, standards and health: assessment of risk and risk management for water-related infectious disease. IWAP and WHO, London. 431p. ISBN 1 900222 28 0 (IWA Publishing), ISBN 92 4 154533 X (World Health Organization).

Fielding K. S., Dolnicar S. and Schultz T. (2018). Public acceptance of recycled water. *International Journal of Water Resources Development*, **35**(4), 551–586, https://doi.org/10.1080/07900627.2017.1419125

Flores Uijtewaal B., Goksu A. and Saltiel B. (2018). Incentives for improving water supply and sanitation service delivery: a South American perspective. Water Global Practice: Knowledge World Bank, World Bank Document 126196-14-5-2018-12-2-53-WTex.

Freeman M. C., Garn J. V., Sclar G. D., Boisson S., Medlicott K., Alexander K. T., Penakalapati G., Anderson D. M., Mahtani A. G., Grimes and Classen T. (2017). The impact of sanitation on infectious disease and nutritional status: a systematic review and meta-analysis. *International Journal of Hygiene and Environmental Health*, **220**(6), 928–949, https://doi.org/10.1016/j.ijheh.2017.05.007

Garduño-Jiménez A. L. and Carter L. J. (2023). Insights into mode of action mediated responses following pharmaceutical uptake and accumulation in plants. *Frontiers in Agronomy*, **5**, 1293555. https://doi.org/10.3389/fagro.2023.1293555

Garduño-Jiménez A. L., Durán-Álvarez J. C., Ortori C. A., Abdelrazig S., Barrett D. A. and Gomes R. L. (2023). Delivering on sustainable development goals in wastewater reuse for agriculture: initial prioritization of emerging pollutants in the Tula Valley, Mexico. *Water Research*, **238**, 119903, https://doi.org/10.1016/j.watres.2023.119903

Gatto D., Salas Barboza A., Garcés V., Rodríguez Álvarez M. S., Iribarnegaray M. A., Liberal V. I., Fasciolo G. E., van Lier J. B. and Seghezzo L. (2015). The use of (treated) domestic wastewater for irrigation. Current situation and future challenges. *International Journal of Water and Wastewater Treatment*, **1**(2), 1–10, https://doi.org/10.16966/ijwwwt.107

Gaw S., Thomas K. V. and Hutchinson T. H. (2014). Sources, impacts and trends of pharmaceuticals in the marine and coastal environment. *Philosophical Transactions of the Royal Society B, Biological Science*, **369**, 20130572, https://doi.org/10.1098/rstb.2013.0572

GLAAS (2021/2022). Assessment report 2021/2022, https://glaas.who.int/glaas/data, accessed in February 2024.

GLAAS (2022a). Progress on sanitation and hygiene in Africa 2000–2022. UN water global analysis and assessment of sanitation and drinking-water. UN Water, World Health Organization and UNICEF, https://www.unicef.org/media/147516/file/Africa-WASH-regional-snapshot-2022.pdf, accessed in February 2024.

GLAAS (2022b). ES WHO 2022a but UN-water also indicates it is their report. Strong systems and sound investments: evidence on and Key insights into accelerating progress on sanitation, drinking-water and hygiene. UN water global analysis and assessment of sanitation and drinking-water. UN Water and World Health Organization.

GMI (2013). Global Methane Initiative. Municipal Wastewater Methane: Reducing Emissions, Advancing Recovery and Use Opportunities. January 2013. Fact Sheet. 4p. https://www.globalmethane.org/documents/ww_fs_eng.pdf

Gomes A. R., Justino C., Rocha-Santos T., Freitas A. C., Duarte and Pereira R. (2017). Review of the ecotoxicological effects of emerging contaminants to soil biota. *Journal of Environmental Science and Health, Part A*, **52**(10), 992–1007, https://doi.org/10.1080/10934529.2017.1328946

Gonda N. (2016). Climate change, 'technology' and gender: 'adapting women' to climate change with cooking stoves and water reservoirs. *Gender, Technology and Development*, **20**(2), 149–168, https://doi.org/10.1177/0971852416639786

Governance Institute (2023). https://www.governanceinstitute.com.au/resources/what-is-governance/, accessed in December 2023.

Greenwood N. N. and Earnshaw A. (1997). Chemistry of the elements, 2nd ed., Butterworth-Heinemann. ISBN 978-0-08-037941-8.

Gu Q., Chen Y., Pody R., Cheng R., Zheng X. and Zhang Z. (2015). Public perception, and acceptability toward reclaimed water in Tianjin. *Resources, Conservation and Recycling*, **104**, 291–299, https://doi.org/10.1016/j.resconrec.2015.07.013

Gundy P. M., Gerba C. P. and Pepper I. L. (2009). Survival of coronaviruses in water and wastewater. *Food and Environmental Virology*, **1**, 10–, https://doi.org/10.1007/s12560-008-9001-6

Gupta J. and Pahl-Wostl C. (2013). Global water governance in the context of global and multilevel governance: its need, form, and challenges. *Ecology and Society*, **18**(4).

GWP (2000). Towards water security: a framework for action. Global Water Partnership, Stockholm, Sweden. Available at: www.gwpforum.or, accessed in November 2023.

GWP (2008). Sustainable sanitation and water management toolbox, GWP toolbox. Integrated Water Resources Management. https://sswm.info/node/1177, accessed in January 2024.

Hachimoto K. (2021). Institutional frameworks for onsite sanitation management systems. ADBI Development Case Study No. 2021-1 (June). Asian Development

Bank Institute. 18p. https://www.adb.org/sites/default/files/publication/711441/adbi-cs2021-01.pdf, accessed in January 2023.

Halpern J. and Trémolet S. (2006). Regulation of water and sanitation services: getting better service to poor people. GPOBA, World Bank, Washington, DC. https://documents.worldbank.org/en/publication/documents-reports/documentdetail/601751468166154983/regulation-of-water-and-sanitation-services-getting-better-service-to-poor-people, accessed in March 2025.

Harmsworth G., Shaun A. and Mahuru R. (2016). Indigenous Māori values and perspectives to inform freshwater management in Aotearoa-New Zealand. *Ecology and Society*, **21**(4), https://doi.org/10.5751/ES-08804-210409

Hartley T. (2006). Public perception and participation in water reuse. *Desalination*, **187**, 115–126, https://doi.org/10.1016/j.desal.2005.04.072

Heller L. (2020). Human rights and the privatization of water and sanitation services. Report of the Special Rapporteur on the human rights to safe drinking water and sanitation (A/75/208), https://www.ohchr.org/en/documents/thematic-reports/a75208-human-rights-and-privatization-water-and-sanitation-services, accessed in February 2024.

Heller L., Albuquerque C. D., Roaf V. and Jiménez A. (2020). Overview of 12 years of special rapporteurs on the human rights to water and sanitation: looking forward to future challenges. *Water (Switzerland)*, **12**(9), https://doi.org/10.3390/W12092598

Howard G. (2021). The future of water and sanitation: global challenges and the need for greater ambition. *AQUA–Water Infrastructure, Ecosystems and Society*, **70**(4), 438–448 and *Journal of Water Supply: Research and Technology-Aqua*. 70. 10.2166/aqua.2021.127

Hughes J., Cowper-Heays K., Olesson E., Bell R. and Stroombergen A. (2020). Impacts and implications of climate change on wastewater systems: a New Zealand perspective. *Climate Risk Management*, **31**, 100262, https://doi.org/10.1016/j.crm.2020.100262

Hulland K., Martin N., Dreibelbis R., DeBruicker Valliant J. and Winch P. (2015). What factors affect sustained adoption of safe water, hygiene, and sanitation technologies? A systematic review of literature. EPPI-Centre, Social Science Research Unit, UCL Institute of Education, University College London, London. ISBN: 978-1-907345-77-7, https://www.3ieimpact.org/sites/default/files/2019-01/srs_2-_factors_for_sustained_wash_adoption.pdf, accessed in February 2024.

Hutchings P., Johns M., Jornet D., Scott C. and Van den Bossche Z. (2018). A systematic assessment of the pro-poor reach of development bank investments in urban sanitation. *Journal of Water, Sanitation and Hygiene for Development*, **8**(3), 402–414, https://doi.org/10.2166/washdev.2018.147

Hutton G. (2013). Global costs and benefits of reaching universal coverage of sanitation and drinking-water supply. *Journal of Water and Health*, **11**(1), 1–12, https://doi.org/10.2166/wh.2012.105

Hutton G. and Haller L. (2004). Evaluation of the costs and benefits of water and sanitation improvements at the global level. World Health Organization. Water, Sanitation and Health Team. WHO/SDE/WSH/04.04, https://www.researchgate.net/publication/228594838_Evaluation_of_the_Costs_and_Benefits_of_Water_and_Sanitation_Improvements_at_the_Global_Level, accessed in November 2023.

Hutton G. and Varughese M. (2020). Global and regional costs of achieving universal access to sanitation to meet SDG target 6.2. UNICEF, New York, 26pp, https://www.unicef.org/media/90806/file/WashReports-CostsOfSanitation.pdf, accessed in June 2023.

Huynh P. T. A. and Resurreccion B. P. (2014). Women's differentiated vulnerability and adaptations to climate-related agricultural water scarcity in rural central Vietnam. *Climate and Development*, **6**(3), 226–237, https://doi.org/10.1080/17565529.2014.886989

IICA, Instituo Interamericano de Convenção para a Agricultura (2017) Semeando saberes, inspirando soluções: Boas Práticas na Convivência com o Semiárido/ Sento Sé, Cinthia. Brasília: IICA, 94 p. ISBN: 978-92-9248-659-4

IPCC (2018). Summary for policymakers. IPCC Special Report on the Impacts of Global Warming of 1.5°C, https://www.ipcc.ch/sr15/chapter/spm/, accessed in February 2024.

IUCN (2020). IUCN global standard for nature-based solutions: a user-friendly, framework for the verification, design and scaling up of NbS, 1st edn, IUCN, Gland, Switzerland, https://doi.org/10.2305/iucn.ch.2020.08.en

IWRM Action Hub (2023), https://iwrmactionhub.org/, accessed December 2023.

Jagai J. S., Li Q., Wang S., Messier K. P., Wade T. J. and Hilborn E. D. (2015). Extreme precipitation and emergency room visits for gastrointestinal illness in areas with and without combined sewer systems: an analysis of Massachusetts data, 2003–2007. *Environmental Health Perspective*, **123**(9), 873–879, https://doi.org/10.1289/ehp.1408971

James H. (2019). Women, water and 'wicked problems': community resilience and adaptation to climate change in Northern Pakkoku, Myanmar. In: Population, development, and the environment: challenges to achieving the sustainable development goals in the Asia Pacific, H. James (ed.), Springer Singapore, Singapore, pp. 215–225, https://doi.org/10.1007/978-981-13-2101-6_13

Jenkins M. W., Cumming O. and Cairncross S. (2015). Pit latrine emptying behavior and demand for sanitation services in Dar Es Salaam, Tanzania. *International Journal of Environmental Research Public Health* **12**, 2588–2611. https://doi.org/10.3390/ijerph120302588

Jiménez B. (2007). Helminths ova control in wastewater and sludge for agricultural reuse, in water reuse new paradigm towards integrated water resources management in encyclopaedia of biological, physiological and health sciences, water and health, Vol. II. In: Life support system, W. Grabow (ed.), EOLSS Publishers Co. Ltd.-UNESCO, Paris, France, pp. 429–449. ISBN: UNESCO 93-3-103999-7, https://www.susana. org/en/knowledge-hub/resources-and-publications/library/details/1497

Jiménez B. and Asano T. (2008). Water reclamation and reuse around the world. Section 1: world overview, chapter 1. In: Water reuse: an international survey of current practice issues and needs, B. Jiménez and T. Asano (eds.), IWA Publishing, London, UK, pp. 3–26. ISBN: 978-1843390893, https://doi.org/10.2166/9781780401881

Jiménez B. and Chávez A. (1998). Removal of helminth eggs in an advanced primary treatment with sludge blanket. *Environmental Technology*, **19**(11), 1061–1071. https://doi.org/10.1080/09593331908616764

Jiménez B., Barrios J., Mendez J. and Diaz J. (2004). Sustainable management of sludge in developing countries. *Water Science and Technology*, **49**(10), 251–258. https://doi.org/10.2166/wst.2004.0656

Jiménez B., Drechsel P., Kone D., Bahri A., Raschid-Sally L. and Qadir M. (2010). General wastewater, sludge and excreta use situation, Chapter 1. In: Wastewater irrigation and health: assessing and mitigating risks in low-income countries, Drechsel and Scott (eds.), Earthscan Press, London, UK, pp. 3–28. ISBN: 978-1-84407-795-3 (hardback), ISBN: 978-1-84407-796-0 (pbk), https://doi.org/10.4324/9781849774666

Jiménez A., Saikia P., Giné R., Avello P., Leten J., Liss Lymer B., Schneider K. and Ward R. (2020). Unpacking water governance: a framework for practitioners. *Water*, **12**(3), 827, https://doi.org/10.3390/w12030827

Jiménez Cisneros B. (1995). Wastewater reuse to increase soil productivity. *Water Science and Technology*, **32**(12), 173–180. https://doi.org/10.1016/0273-1223(96)00152-7 180

Jiménez-Cisneros B. (2001). La Contaminación Ambiental en México: Causas, Efectos y Tecnología Apropiada. Limusa. 926pp. ISBN: 968-18-6042-X. ISBN: 978-96-8-186042-4. México (Distribución en Latinoamérica) (in Spanish).

Jiménez-Cisneros B. (2011). Safe sanitation in low economic development areas. In: Treatise on water science, P. Wilderer (ed.), Academic Press, Oxford, vol. **4**, pp. 147–200, https://doi.org/10.1016/B978-0-444-53199-5.00082-8

Jiménez Cisneros B. E., Oki T., Arnell N. W., Benito G., Cogley J. G., Döll P., Jiang T. and Mwakalila S. S. (2014). Freshwater resources, Chapter 3. In: Climate change impacts, adaptation, and vulnerability. Part A, 1st edn. Global and sectoral aspects. Contribution of working group II to the fifth assessment report of the intergovernmental panel on climate change, C. B. Field, V. R. Barros, D. J. Dokken, K. J. Mach, M. D. Mastrandrea, T. E. Bilir, M. Chatterjee, K. L. Ebi, Y. O. Estrada, R. C. Genova, B. Girma, E. S. Kissel, A. N. Levy, S. MacCracken, P. R. Mastrandrea and L. L. White (eds.), Cambridge University Press, Cambridge, UK and New York, NY, USA, pp. 229–269. http://ipcc-wg2.gov/AR5/images/uploads/WGIIAR5-Chap3_FGDall.pdf

JMP (Joint Monitoring Programme) (2022). WHO-UNICEF. Progress on household drinking water, sanitation and hygiene 2000-2020: five years into the SDGs. Geneva: World Health Organization and United Nations Children's Fund; 2021, https://washdata.org/sites/default/files/2022-01/jmp-2021-washhouseholds-highlights.pdf, accessed 21 October 2022.

JMP (Joint Monitoring Programme) (2023). Progress on household drinking water, sanitation and hygiene 2000–2022: special focus on gender. United Nations Children's Fund (UNICEF) and World Health Organization (WHO), New York, https://cdn.who.int/media/docs/default-source/wash-documents/jmp-2023_layout_v3launch_5july_low-reswhowebsite.pdf?sfvrsn=c52136f5_3anddownload=true, accessed in February 2024.

Kar K. and Chambers R. (2008). Handbook on community-led total sanitation. Plan International UK; Institute of Development Studies at the University of Sussex, London, UK. bloodwater.org/content/uploads/2023/10/rc314.pdf

Kehoe P. and Chang T. (2018). Innovative water use in an urban setting. Waterlines, https://www.wateronline.com/doc/innovative-water-use-in-an-urban-setting-0001, accessed in December 2023.

Keraita B. and Drechsel P. (2012). Implementing non-conventional options for safe water reuse in agriculture in resource poor environments Ghana-agriculture. International Water Management Institute. EPA2012.

Keraita B., Drechsel P., Seidu R., Amerasinghe P., Cofie O. O. and Konradsen F. (2010). Harnessing farmers' knowledge and perceptions for health-risk reduction in wastewater-irrigated agriculture. In: Wastewater irrigation and health: assessing and mitigation risks in low-income countries, P. Drechsel, C. A. Scott, L. Raschid-Sally, M. Redwood and A. Bahri (eds.), Earthscan-IDRC-IWMI, UK, pp. 337–354. https://idrc-crdi.ca/en/book/wastewater-irrigation-and-health-assessing-and-mitigating-risk-low-income-countries#:~:text=, ISBN: 9781844077953.

Keraita B., Davila J. M. S., Drechsel P., Winkler M. and Medlicott K. (2015). Risk mitigation for wastewater irrigation systems in low-income countries: opportunities and limitations of the WHO guidelines. In: Alternative water supply systems, London, pp. 367–369. https://edoc.unibas.ch/36298/

Khan S. J., Deere D., Leusch F. D. L., Humpage A., Jenkins M. and Cunliffe D. (2015). Extreme weather events: should drinking water quality management systems adapt to changing risk profiles? *Water Research*, **85**, 124–136, https://doi.org/10.1016/j.watres.2015.08.018

Khan H. K., Rehman M. Y. A. and Malik R. N. (2020). Fate and toxicity of pharmaceuticals in water environment: an insight on their occurrence in south Asia. *Journal of Environmental Management*, **271**, 111030, https://doi.org/10.1016/j.jenvman.2020.111030

Kihila J., Mtei K. M. and Njau K. N. (2014). Wastewater treatment for reuse in urban agriculture; the case of Moshi municipality, Tanzania. *Physics and Chemistry of the Earth, Parts A/B/C*, **72–75**, 104–110, https://doi.org/10.1016/j.pce.2014.10.004

Kilobe B. M., Mdegela R. H. and Mtambo M. M. A. (2013). Acceptability of wastewater resource and its impact on crop production in Tanzania: the case of Dodoma, Morogoro and Mvomero wastewater stabilization ponds. *Kivukoni Journal*, **1**(2), 94–103, https://www.suaire.sua.ac.tz/server/api/core/bitstreams/d703d053-0c18-49a9-8731-db5656509644/content, accessed in February 2024.

Kingsley F. (2021). Sewer workers: health hazards of working in sewage and sanitation.

Kishimoto S., Steinfort L. and Petitjean O. (2020). *The future is public: Towards democratic ownership of services.* Transnational Institute (TNI). Amsterdam, The Netherlands: 258 p. https://www.tni.org/files/publication-downloads/futureispublic_online_def.pdf.

Kitano N. and Qu F. (2021). Five lessons for shaping policies and programs to accelerate urban sanitation in Asia: A case study on the Beijing Gaobeidian wastewater treatment plant. ADB (Asian Development Bank), Policy Brief No. 6 https://www.adb.org/sites/default/files/publication/734796/adbi-brief-five-lessons-shaping-policies-092421.pdf, consulted May 2024.

Knight L. D. and Presnell S. E. (2005). Death by sewer gas: case report of a double fatality and review of the literature. *American Journal of Forensic Medicine & Pathology*, **26**(2), 181–5. PMID: 15894856, https://doi.org/10.1097/01.paf.00001 63834.87968.08

Kundzewicz Z. W., Mata L. J., Arnell N., Döll P., Jiménez B., Miller K., Oki T., Şen Z. and Shiklomanov I. (2008). The implications of projected climate change for freshwater resources and their management. *Hydrology Science Journal*, **53**(1), 3. https://doi.org/10.1623/hysj.53.1.3(Q1)

Larson A. M. Democratic decentralization in the forestry sector: lessons learned from Africa, Asia and Latin America. The Politics of Decentralization: Forests, Power and People, https://www.researchgate.net/publication/237787535_Democratic_Decentralisation_in_the_Forestry_Sector_Lessons_Learned_from_Africa_Asia_and_Latin_America

Lau J. T., Tsui H., Lau M. and Yang X. (2004). SARS transmission, risk factors, and prevention in Hong Kong. *Emerging Infectious Diseases*, **10**(4), 587–92, https://doi.org/10.3201/eid1004.030628. PMID: 15200846; PMCID: PMC3323085.

Lautze J., de Silva S., Giordano M. and Sanford L. (2011). Putting the cart before the horse: water governance and IWRM. *United Nations Sustainable Journal*, **35**(1), 1–8, https://doi.org/10.1111/j.1477-8947.2010.01339.x

Liberath Msaki G., Njaua K. N., Treydtec A. C. and Lyimoe T. (2022). Social knowledge, attitudes, and perceptions on wastewater treatment, technologies, and reuse in Tanzania. Water Reuse, (2), 223–241.

Lipscomb M. and Schechter L. (2018). Subsidies versus mental accounting nudges: harnessing mobile payment systems to improve sanitation. *Journal of Development Economics*, **135**, 235–254, https://ssrn.com/abstract=2991771r, https://doi.org/10.2139/ssrn.2991771, https://doi.org/10.1016/j.jdeveco.2018.07.007

Madikizela L. M., Tavengwa N. T. and Chimuka L. (2017). Status of pharmaceuticals in African water bodies: occurrence, removal and analytical methods. *Journal of Environmental Management*, **193**, 211–220, https://doi.org/10.1016/J.JENVMAN.2017.02.022

Marti E., Variatza E. and Balcazar J. L. (2014). The role of aquatic ecosystems as reservoirs of antibiotic resistance. *Trends in Microbiology*, **22**(1), 36–41, https://doi.org/10.1016/j.tim.2013.11.001

Massoud M. A., Tarhini A. and Nasr J. A. (2009). Decentralized approaches to wastewater treatment and management: applicability in developing countries. *Journal of Environmental Management*, **90**(1), 652–659, https://doi.org/10.1016/j.jenvman.2008.07.001

Maurer M., Rothenberger D. and Larsen T. A. (2005). Decentralised wastewater treatment technologies from a national perspective: at what cost are they competitive? *Water Supply*, **5**(6), 145–154, https://doi.org/10.2166/ws.2005.0059

Mayilla W., Keraita B., Ngowi H., Konradsen F. and Magayane F. (2017). Perceptions of using low-quality irrigation water in vegetable production in Morogoro, Tanzania. *Environment, Development and Sustainability*, **19**(1), 165–183, https://doi.org/10.1007/s10668-015-9730-2

MDS and SNS (2021). Ministério do Desenvolvimento Regional – MDR (Brasil). Secretaria Nacional de Saneamento – SNS. Panorama do Saneamento Básico no Brasil 2021/Secretaria Nacional de Saneamento do Ministério do Desenvolvimento Regional, Brasília/DF, **2021**. 223p. https://www.gov.br/cidades/pt-br/acesso-a-informacao/acoes-e-programas/saneamento/snis/produtos-do-snis/panorama-do-saneamento-basico-do-brasil, accessed in November 2023.

Mezzelani M., Gorbi S. and Regoli F. (2018). Pharmaceuticals in the aquatic environments: evidence of emerged threat and future challenges for marine organisms. *Marine Environmental Research*, **140**, 41–60, https://doi.org/10.1016/j.marenvres.2018.05.001

Michetti M., Raggi M., Guerra E. and Viaggi D. (2019). Interpreting farmers' perceptions of risks and benefits concerning wastewater reuse for irrigation: a case study in Emilia-Romagna (Italy). *Water*, **11**(1), 108, https://doi.org/10.3390/w11010108

Mills F., Blackett I. and Tayler K. (2014). Assessing on-site systems and sludge accumulation rates to understand pit emptying in Indonesia, 37th WEDC International Conference Hanoi, Vietnam, https://wedc-knowledge.lboro.ac.uk/resources/conference/37/Mills-1904.pdf, Sustainable Sanitation Services for All in a Fast Changing World, referred paper 1904, consulted May 2024.

Mills F., Willetts J., Evans B., Carrard N. and Kohlitz J. (2020). Costs, climate and contamination: three drivers for citywide sanitation investment decisions. *Frontiers in Environmental Science*, **8**, 130, https://doi.org/10.3389/fenvs.2020.00130

Missirian A. and Schlenker W. (2017). Asylum applications respond to temperature fluctuations. *Science*, **358**(6370), 1610–1614, https://doi.org/10.1126/science.aao0432, https://www.jstor.org/stable/26401164

Mo J., Guo J., Iwata H., Diamond J., Qu C., Xiong J. and Han J. (2022). What approaches should be used to prioritize pharmaceuticals and personal care products for research on environmental and human health exposure and effects? Environmental Toxicology Chemistry, https://doi.org/10.1002/etc.5520. Epub ahead of print. PMID: 36377688.

MoLGRD&C (Ministry of Local Government Rural Development and Cooperatives) (2017) Institutional and Regulatory Framework for Faecal Sludge Management (IRF-FSM). Government of the People's Republic of Bangladesh. https://ocw.un-ihe.org/pluginfile.php/4172/mod_resource/content/1/FSM%20Framework-Mega%20City%20Dhaka.pdf. Accessed 22 April 2020.

Murphy H. M., Corston-Pine E., Post Y. and McBean E. A. (2015). Insights and opportunities: challenges of Canadian first nations drinking water operators. *The International Indigenous Policy Journal*, **6**(3), https://doi.org/10.18584/iipj.2015.6.3.7

Narayan A. S. (2022). Planning Citywide Inclusive Sanitation. Doctoral Thesis, ETH Zurich, Zurich, Switzerland, published by EWAG, https://www.research-collection. ethz.ch/handle/20.500.11850/561822, accessed in January 2024.

Narayan A. S., Marks S. J., Meierhofer R., Strande L., Tilley E., Zurbrügg C. and Lüthi C. (2021). Advancements in and integration of water, sanitation, and solid waste for low- and middle-income countries. *Annual Review of Environment and Resources*, **46**, 193–219, https://doi.org/10.1146/annurev-environ-030620-042304

Nataraj S. K. (2022). Emerging Pollutants Treatment in Wastewater. CRC Press. 1st ed. https://doi.org/10.1201/9781003214786. 326 p.

Neves-Silva P., Braga J. G. and Heller L. (2023). Different positions in society, differing views of the world: the privatization of water and sanitation services in Minas Gerais, Brazil. *Frontiers in Sustainable Cities*, **5**, 1165872, https://doi.org/10.3389/frsc.2023.1165872

Ngoran S. D. and Xue X. (2015). Addressing urban sprawl in Douala, Cameroon: lessons from Xiamen integrated coastal management. *Journal of Urban Management*, **4**(1), 53–72, https://doi.org/10.1016/j.jum.2015.05.001

NOM-001-SEMARNAT (2006). Norma Oficial Mexicana (in Spanish) available at http://legismex.mty.itesm.mx/normas/ecol/semarnat001-2022_03.pdf, consulted May 2024.

NRC (2009). Contaminants, National Research Council (US) Committee on emergency and continuous exposure guidance levels for selected submarine, hydrogen sulfide. National Academies Press (USA), www.ncbi.nlm.nih.gov/books/NBK219913/

OECD (2009). Private sector participation in water infrastructures. OECD Check list for Publication. 132pp, https://doi.org/10.1787/9789264059221, https://www. oecd-ilibrary.org/finance-and-investment/private-sector-participation-in-water-infrastructure_9789264059221-en.March

OECD (2015). Water resources allocation: sharing risks and opportunities, OECD studies on water. OECD Publishing, Paris, https://doi.org/10.1787/9789264229631-en

OECD (2019). Making blended finance work for water and sanitation: unlocking commercial finance for SDG 6, https://www.oecd-ilibrary.org/sites/5efc8950-en/1/2/1/index.html?itemId=/content/publication/5efc8950-en&_csp_=6f524d6f7dc25 0ba913c88ad8727c82b&itemIGO=oecd&itemContentType=book, accessed in January 2024.

OECD (2020). States of fragility, https://peacerep.org/2020/11/01/psrp-research-informs-oecds-states-of-fragility-2020/, accessed in January 2024.

Our World in Data team (2023). 'Ensure access to water and sanitation for all', published online at OurWorldInData.org. Retrieved from https://ourworldindata.org/sdgs/clean-water-sanitation [online resource].

Özerol G., Vinke-de Kruijf J., Brisbois M. C., Casiano Flores C., Deekshit P., Girard C., Knieper C., Mirnezami S. J., Ortega-Reig M., Ranjan P., Schröder N. J. S. and Schröter B. (2018). Comparative studies of water governance: a systematic review. *Ecology and Society*, **23**(4), 43, https://doi.org/10.5751/ES-10548-230443

Palmer M. A., Liu J., Matthews J. H., Mumba M. and D'Odorico P. (2015). Manage water in a green way. *Science*, **349**, 584–585, https://doi.org/10.1126/science.aac7778

Parsons M., Nalau J. and Fisher K. (2017). Alternative perspectives on sustainability: indigenous knowledge and methodologies. *Challenges in Sustainability*, **5**(1), 7–14, https://doi.org/10.12924/cis2017.05010007

Passos F., Bressani-Ribeiro T., Rezende S. and Chernicharo C. A. L. (2020). Potential applications of biogas produced in small-scale UASB-based sewage treatment plants in Brazil. Energies, (13), 3356, https://doi.org/10.3390/en13133356

Pastor R. and Miglio R. (2013). Programa de Educación en Ciencia y tecnología del Agua para la Población Infanto-Juvenil del Perú (AQUAtech). Universidad Agraria de la Molina con la cooperación y financiamiento de AECI (España), http://www.lamolina.edu.pe/proyectos/proyecto_AQUAtech/componentes.htm

Pastor R., Cano A., Miglio R. and Castro de Esparza M. L. (2011). Increase awareness of the environmental risk of PPCPs in Latin American schools. 8th IWA International Conference on Water Reclamation & Reuse, 26–29 September 2011. Barcelona, España, http://www.lamolina.edu.pe/proyectos/proyecto_AQUAtech/divulgacion/poster/IWA

Peal A., Evans B., Blackett I., Hawkins P. and Heymans C. (2014a). Fecal sludge management: a comparative assessment of 12 cities. *Journal of Water, Sanitation and Hygiene for Development*, **4**(4), 563–575. https://doi.org/10.2166/washdev.2014.026

Peal A., Evans B., Blackett I., Hawkins P. and Heymans C. (2014b). Fecal sludge management (FSM): analytical tools for assessing FSM in cities. *Journal of Water, Sanitation and Hygiene for Development*, **4**(3), 371–383, https://doi.org/10.2166/washdev.2014.139

Pelling M., Kerr R., Biesbroek R., Caretta M., Cissé G., Costello M., Ebi K., Gunn E., Parmesan C. Schuster-Wallace C.J., Tirado M.C., van Alst M. and Woodward A. (2021). Synergies between COVID-19 and climate change impacts and responses. *Journal of Extreme Events*, **8**(03), 2131002, https://doi.org/10.1142/S2345737621310023

Peña-Guzmán C., Ulloa-Sánchez S., Mora K., Helena-Bustos R., Lopez-Barrera E., Alvarez J. and Rodriguez-Pinzón M. (2019). Emerging pollutants in the urban water cycle in Latin America: a review of the current literature. *Journal of Environmental Management*, **237**, 408–423, https://doi.org/10.1016/j.jenvman.2019.02.100

Peters D. (2011). Building an institutional framework (WS), http://archive.sswm.info/print/1489?tid=491, accessed in July 2022.

Pokhrel N. and Adhikary S. (2017). Tapping the unreached: Nepal small towns water supply and sanitation sector projects – a sustainable model of service delivery. Asian Development Bank, https://www.adb.org/sites/default/files/institutional-document/363611/tapping-unreached-nepal.pdf, accessed in February 2021, https://doi.org/10.22617/TIM178754-2

Pontificia Universidad Javeriana y Universidad de La Salle (2021). Proyecto Soluciones Integrales para la Paz. Soluciones Centradas en Sistemas de Producción Integrada con Base Agroecológica Sostenible (SIPIBAS), 120pp (internal report in Spanish).

Post V. and Athreye V. (2016). Financing sanitation, the essence of public and private funding for sanitation. Financing Sanitation Paper Series #2. Waste and Finish Society, https://www.susana.org/_resources/documents/default/3-2439-7-1455032722.pdf, accessed in December 2023.

Prinz W. (1990). A common coding approach to perception and action. In: Relationships between perception and action, O. Neumann and W. Prinz (eds.), Springer-Verlag, Berlin, Germany, pp. 167–201.

Qadir M. (2022). Chapter 13. Potential of municipal wastewater for resource recovery and reuse. In: Water and climate change, T. M. Letcher (ed.), Elsevier, pp. 263–271. ISBN 9780323998758, https://doi.org/10.1016/B978-0-323-99875-8.00013-6

Qadir M., Drechsel P., Jiménez Cisneros B., Kim Y., Pramanik A. and Mehta P. (2020). Global and regional potential of wastewater as a water, nutrient and energy source. *Natural Resources Forum*, **44**(1), 40–51, https://doi.org/10.1111/1477-8947.12187

Radin M., Jeuland M., Wang H. and Whittington D. (2020). Benefit–cost analysis of community-led total sanitation: incorporating results from recent evaluations. *Journal of Benefit-Cost Analysis*, **11**(3), 380–417, https://doi.org/10.1017/bca.2020.6

Razak S. and Drechsel P. (2010). Cost-effectiveness analysis of interventions for diarrhoeal disease reduction among consumers of wastewater-irrigated lettuce in Ghana. International Water Management Institute: *RePEc:ags:iwmibc:127726*, https://doi.org/10.22004/ag.econ.127726

Resolution N. (154/2021). Regulatory agency for water and sewage services of Minas Gerais State, Brazil, ARSAE-MG, Resolution No. 154/2021, 28 June 2021 (Resolução ARSAE-MG N 154, de 28 de junho DE 2021 – ARSAE MG), www. arsae.mg.gov.br/2021/06/28/resolucao-arsae-mg-no-154-de-28-de-junho-de-2021/, accessed in October 2023.

Ribot J. (2002). Democratic decentralization of natural resources: institutionalizing popular participation. World Resources Institute, Washington, DC, https://www. fao.org/3/XII/0775-A4.htm, accessed in November 2024.

Richmond M., Upadhyaya N. and Pastor A. O. (2021). An Analysis of Urban Climate Adaptation Finance. A Report from the Cities Climate Finance Leadership Alliance, https://www.climatepolicyinitiative.org/wp-content/uploads/2021/02/An-Analysis-of-Urban-Climate-Adaptation-Finance.pdf, accessed in December 2023.

Rigaud K., de Sherbinin K., Jones A., Bergmann B., Clement J., Ober V., Schewe K., Adamo J., McCusker S., Heuser B. and Midgley S. (2018). Groundswell: preparing for internal climate migration. World Bank, Washington, DC, http://hdl.handle. net/10986/29461, License: CC BY 3.0 IGO.

Ritchie H., Spooner F. and Roser M. (2019). 'Sanitation'. Published online at OurWorldInData.org. Retrieved from: https://ourworldindata.org/sanitation [online resource], accessed in November 2023.

Rivera F., Warren A., Ramirez E., Decamp O., Bonilla P., Gallegos E., Calderón A. and Sánchez J. T. (1995). Removal of pathogens from wastewaters by the root zone method (RZM) author links open overlay. *Water Science and Technology*, **32**(3), 211–218, https://doi.org/10.2166/wst.1995.0143

Robinson K., Robinson C. and Hawkins S. (2005). Assessment of public perception regarding wastewater reuse. *Water Supply*, **5**(1), 59–65, https://doi.org/10.2166/ ws.2005.0008

Rodríguez D. J., Serrano H. A., Delgado A., Nolasco D. and Saltiel G. (2020). From waste to resource: shifting paradigms for smarter wastewater interventions in Latin America and the Caribbean. World Bank Group, USA, https://policycommons.net/ artifacts/1262506/from-waste-to-resource/1835944/, accessed in February 2024. CID: 20.500.12592/5n0x06.

Rodríguez-Rodríguez G., Ballesteros H. M., Martínez-Cabrera H., Vilela R., Pennino M. G. and Bellido J. M. (2021). On the role of perception: understanding stakeholders' collaboration in natural resources management through the evolutionary theory of innovation. *Sustainability*, **13**, 3564, https://doi.org/10.3390/su13063564

Rogers P. and Hall A. (2003). Effective water governance. Tec background paper No. 7. Global Water Partnership Technical Committee, ISBN: 91-974012-9-3, https:// www.gwp.org/globalassets/global/toolbox/publications/background-papers/07-effective-water-governance-2003-english.pdf

Saad D., Byrne D. and Drechsel P. (2017). Social perspectives on the effective management of wastewater. In: Physico-chemical wastewater treatment and resource recovery,

R. Farooq and Z. Ahmad (eds.), IntechOpen, Chapter 12, https://doi.org/ 10.5772/67312

Sainati T., Zakaria F., Locatelli G., Sleigh P. A. and Evans B. (2020). Understanding the costs of urban sanitation: towards a standard costing model. *Journal of Water, Sanitation and Hygiene for Development*, **10**(4), 642–658, https://doi.org/10.2166/ washdev.2020.093

Saleem M., Burdet T. and Heaslip V. (2019). Health and social impacts of open defecation on women. *BMC Public Health*, **19**(1), 158. https://pubmed.ncbi.nlm. nih.gov/30727975, https://doi.org/10.1186/s12889-019-6423-z

Sanitation and water for all (2021). Reach out and reach up: insights into global perspectives on water, sanitation and hygiene, https://www.sanitationandwaterforall.org/reach-out-and-reach-global-study-external-perceptions-water-sanitation-and-hygiene, accessed in December 2023.

Santos F. F. S., Filho J. D., Machado C. T., Vasconcelos J. F. and Feitosa F. R. S. (2018). O desenvolvimento do saneamento básico no Brasil e as consequências para a saúde pública. *Revista Brasileira de Meio Ambiente*, **4**(1). Corrente, Piauí, Instituto Federal de Educação, Ciência e Tecnologia, https://revistabrasileirademeioambiente.com/ index.php/RVBMA/article/view/127

Sayer J. A., Elliott C., Barrow E., Gretzinger S., Maginnis S., McShane T. and Shepherd G. (2004). The implications for biodiversity conservation of decentralized forest resources management, paper prepared on behalf of IUCN and WWF for the UNFF inter-sessional workshop on decentralisation Interlaken. Switzerland, May 2004, chrome-extension://efaidnbmnnnibpcajpcglclefindmkaj/, https://www.cifor. org/publications/pdf_files/events/documentations/interlaken/papers/JSayer.pdf, accessed in December 2023.

Schertenleib R., Lüthi C. C., Panesar A., Büürma M., Kapur D., Narayan A. S., Pres A., Salian P., Spuhler D. and Tempel A. (2021). A sanitation journey – principles, approaches and tools for urban sanitation. SuSanA@ Deutsche Gesellschaft für Internationale Zusammenarbeit (GIZ) GmbH and Eawag, Bonn, Germany and Dübendorf, Switzerland, 80pp, www.susana.org/en/knowledge-hub/resources-and-publications/ library/details/4087

Schuster-Wallace C. J. and Dickson S. (2017). Pathways to a water secure community. In: Individuals and communities: the human face of water in the water security in a New World, Z. Adeel, R. Sandford and D. Devlaeminck (eds.), Springer, pp. 197–216, https://doi.org/10.1007/978-3-319-50161-1_10

Schuster-Wallace C. J., Dickin S. and Metcalfe C. (2014). Waterborne and foodborne diseases, climate change impacts on health. In Global Environmental Change, pp. 615–622, https://doi.org/10.1007/978-94-007-5784-4_102

Schuster-Wallace C. J., Metcalfe C. and Cave K. (2017). From waste to wealth: sustainable wastewater management in Uganda: wastewater management framework. United Nations University Institute for Water, Environment, and Health, https://inweh. unu.edu/wp-content/uploads/2021/03/Wastewater-Management-Framework_ FINAL.pdf, accessed in December 2023.

Sclar G., Garn J., Penakalapati G., Alexander K., Krauss J., Freeman M., Boisson S., Medlicott K. and Clasen T. (2017). Effects of sanitation on cognitive development and school absence: a systematic review. *International Journal of Hygiene and Environmental Health*, **220**, 917–927, https://doi.org/10.1016/j.ijheh.2017. 06.010

Sclar G., Penakalapati B. A., Caruso E. A., Rehfuess J. V., Garn K. T., Alexander M. C., Freeman S., Boisson K., Medlicott and Clasen T. (2018). Exploring the relationship between sanitation and mental and social well being: a systematic review and qualitative synthesis. *Social Science & Medicine*, **217**, 121–134, https://doi.org/10.1016/j.socscimed.2018.09.016

Sclar G. D., Routray P., Majorin F., *et al.* (2022). Mixed methods process evaluation of a sanitation behavior change intervention in rural Odisha, India. *Global Implementation Research and Applications*, **2**, 67–84, https://doi.org/10.1007/s43477-022-00035-6

Scott D. and Becken S. (2010). Adapting to climate change and climate policy: progress, problems, and potentials. *Journal of Sustainable Tourism*, **18**(3), 283–295, https://doi.org/10.1080/09669581003668540

SEP (2024). https://www.google.com/search?q=la+escuela+es+nuestra+resultados&oq=la+escuela+es+nuestra+resultados&gs_lcrp=EgZjaHJvbWUyBggAEEUYOTIICAEQABgWGB7SAQg1MjczajBqNKgCALACAA&sourceid=chrome&ie=UTF-8, accessed in December 2023.

Seppala O. (2002). Effects of water and sanitation policy reform implementation: need for systemic approach and stakeholder participation. *Water Policy*, **4**(4), 367–388, https://doi.org/10.1016/S1366-7017(02)00036-3

SFPUC (2023). Onsite water reuse program guidebook. A guide for implementing onsite water reuse systems in San Francisco, //efaidnbmnnnibpcajpcglclefindmkaj/, https://sfpuc.org/sites/default/files/documents/OnsiteWaterReuseGuideAugust2022.pdf, accessed in December 2023.

Sinharoy S. S. and Caruso B. A. (2019). On world water day, gender equality and empowerment require attention. *The Lancet Planetary Health*, **3**(5), e202–e203, https://doi.org/10.1016/S2542-5196(19)30021-X

Somerville M. (2014). Developing relational understandings of water through collaboration with indigenous knowledges. *WIREs Water*, **1**(4), 401–411, https://doi.org/10.1002/wat2.1030

Speich B., Croll D., Fürst T., Utzinger J. and Keiser J. (2016). Effect of sanitation and water treatment on intestinal protozoa infection: a systematic review and meta-analysis. *The Lancet Infectious Diseases*, **16**, 87–99, https://doi.org/10.1016/S1473-3099(15)00349-7

Stephan M., Marshall G. and McGinnis M. (2019). An introduction to polycentricity and governance. In: Governing complexity, A. Thiel, W. Blomquist and D. Garrick (eds.), Cambridge University Press, New York, Chapter 1, pp. 21–44, https://doi.org/10.1017/9781108325721.002

Strande L., Ronteltap M. and Brdjanovic D. (2014). Faecal sludge management – systems approach for implementation and operation. IWA Publishing, London, UK, https://doi.org/10.2166/9781780404738, ISBN electronic: 781780404738.

Strande L., Schoebitz L., Bischoff F., Ddiba D., Okello F., Englund M., Warda B. J. and Niwagaba C. B. (2018). Methods to reliably estimate faecal sludge quantities and qualities for the design of treatment technologies and management solutions. *Journal of Environmental Management*, **223**, 898–907, https://doi.org/10.1016/j.jenvman.2018.06.100

Sultana F. (2018). Gender and water in a changing climate: challenges and opportunities. In: Water security across the gender divide, C. Frohlich, G. Gioli, R. Cremades and H. Myrttinen (eds.), Springer International Publishing, Cham, pp. 17–33, https://doi.org/10.1007/978-3-319-64046-4_2

Sunshine Coast Regional District (2019). Wastewater service review and asset management plans. Sunshine Coast Regional District, https://www.scrd.ca/wp-content/uploads/2023/01/2019-Wastewater-Service-Review-and-Asset-Management-Plan.pdf, accessed in December 2023.

SuSanA (2008). Towards more sustainable sanitation solutions – SuSanA Vision Document. Sustainable Sanitation Alliance (SuSanA), https://www.susana.org/en/knowledge-hub/resources-and-publications/library/details/267, accessed in November 2023.

Świacka K., Maculewicz J., Kowalska D., Caban M., Smolarz K. and Świeżak J. (2022). Presence of pharmaceuticals and their metabolites in wild-living aquatic organisms – current state of knowledge. *Journal of Hazardous Materials*, **424**, 127350, https://doi.org/10.1016/j.jhazmat.2021.127350

SWIM-SM (2013). Sustainable Water Integrated Management – Support Mechanism Contract Reference ENPI/2010/255-560 Workplan for the 2nd Year of Project Implementation September 2012–August 2013, Presented at the SWIM-SM Steering Committee Meeting 17–18 October 2012, Brussels, https://www.swim-sm.eu/files/SWIM-SM_2nd_PSC_WorkPlan_for_2013.pdf

Swiss Re (2024). https://www.swissre.com/our-business/public-sector-solutions/insurance-to-protect-and-enable-nature-based-solutions.html, accessed in February 2024.

Tang J. W., Marr L. C., Li Y. and Dancer S. J. (2021). COVID-19 has redefined airborne transmission. *BMJ*, **373**, n913, https://doi.org/10.1136/bmj.n913

Thebo A. L., Drechsel P., Lambin E. F. and Nelson K. L. (2017). A global, spatially-explicit assessment of irrigated croplands influenced by urban wastewater flows. *Environmental Research Letters*, **12**, 074008, https://doi.org/10.1088/1748-9326/aa75d1

Tiwari R. (2008). Occupational health hazards in sewage and sanitary workers. *Indian Journal of Occupational and Environmental Medicine*, **12**, 112–5, https://doi.org/10.4103/0019-5278.44691

Toilet Board Coalition (2019). Scaling up the sanitation economy 2020–2025. Toilet Board Coalition, https://www.toiletboard.org/media/52-Scaling_the_Sanitation_Economy.pdf (accessed in December 2023).

Toilet Board Coalition (2020). Sanitation economy markets: Kenya. Toilet Board Coalition, https://www.toiletboard.org/wp-content/uploads/2021/03/2020-Sanitation-Economy-Markets-Kenya-2020.pdf (accessed in December 2023).

Tsillas V. (2015). Research on water disputes. *Innovative Energy Research*, **4**(3) (omicsonline.org) https://www.omicsonline.org/open-access/research-on-water-disputes-ier-1000124.php?aid=69683, https://doi.org/10.4172/2576-1463.1000124

UN (2014). Every dollar invested in water, sanitation brings four-fold return in costs – UN, https://news.un.org/en/story/2014/11/484032, accessed in February 2024.

UNDESA (2015). https://sdgs.un.org/es/goals/goal6, accessed in January 2024.

UNDSSA – United Nations Department of Social and Social Affairs (2015). Transforming our world: the 2030 agenda for sustainable development. UNDSSA, Geneva, https://sustainabledevelopment.un.org/content/documents/21252030%20Agenda%20for%20Sustainable%20Development%20web.pdf

UN ESCAP – United Nations Economic and Social Commission for Asia and the Pacific (ESCAP), United Nations Human Settlements Program (UN-Habitat) and Asian Institute of Technology (UN ESCAP, UN-Habitat & AIT) (2015). Policy guidance manual on wastewater management with a special emphasis on decentralized wastewater treatment systems. Bangkok, Thailand. **144**. ISBN: 978-974-8257-87-7, https://repository.unescap.org/bitstream/handle/20.500.12870/75/ESCAP-2015-MN-Policy-guidance-manual-on-wastewater-management.pdf?sequence=1&isAllowed=y, accessed in February 2024.

UNGA (2010) resolution A/RES/64/292 available at: https://documents.un.org/doc/undoc/gen/n09/479/35/pdf/n0947935.pdf?token=UdxYkQ7EIg9f380c74&fe=true, consulted June 2024.

UN-Habitat and WHO (2021). Progress on wastewater treatment – global status and acceleration needs for SDG indicator 6.3.1. United Nations Human Settlements Programme (UN-Habitat) and World Health Organization (WHO), Geneva.

UNHRC – United Nations Human Rights Council (2010). Resolution on the human right to safe drinking water and sanitation. UNHRC, Geneva. Resolution A/HRC/RES/15/9.

UNICEF (2019). Guidance on menstrual health and hygiene. United Nations Children's Fund, New York, https://www.unicef.org/cmedia/91341/file/UNICEF-Guidance-menstrual-health-hygiene-2019.pdf, accessed in 21 October 2022.

UNICEF and WHO (2020). State of the world's sanitation: an urgent call to transform sanitation for better health, environments, economies and societies. United Nations Children's Fund (UNICEF) and the World Health Organization, New York, https://www.who.int/publications/i/item/9789240014473

UN-Water (2015a). Water and Sustainable Development. From Vision to Action. Report of the 2015 UN-Water Zaragoza Conference. 68, https://www.unwater.org/sites/default/files/app/uploads/2017/05/WaterandSD_Vision_to_Action-2.pdf, accessed in February 2024.

UN-Water (2015b). African Development Bank, UN, GRID-Arendal, 2020.

UN-Water (2024). Financing water and sanitation, Facts and Figures, https://www.unwater.org/water-facts/financing-water-and-sanitation, accessed in February 2024.

USDA (2024). https://www.usda.gov/oce/energy-and-environment/markets/water-quality, consulted May 2024.

US-EPA (United States Environmental Protection Agency) (2012a). Guidelines for water reuse. EPA/600/R-618. Washington, DC, 643, https://www.epa.gov/sites/default/files/2019-08/documents/2012-guidelines-water-reuse.pdf

US-EPA (2012b). Global Anthropogenic Emissions of Non-CO_2 Greenhouse Gases: 1990–2030 (EPA 430-R-12-006), http://www.epa.gov/climatechange/EPAactivities/economics/nonco2projections.html

Ventola C. L. (2015). Antibiotic resistance crisis, part 1: causes and threats. *International Journal of Medicine in Developing Countries*, **40**(4), 561–564, https://doi.org/10.24911/ijmdc.51-1549060699

Wang X., Li J., Guo T., Zhen B., Kong Q., Y., B., Li Z., Song N., Jin M., Xiao W., Zhu X. M., Gu C. Q., Yin J., Wei W., Yao W., Liu C., Li J. F., Ou G. R., Wang M. N., Fang T. Y., Wang G. J., Qiu Y. H., Wu H. H., Chao F. H. and Li J. W. (2005) Concentration and detection of SARS coronavirus in sewage from Xiao Tang Shan Hospital and the 309th Hospital of the Chinese People's Liberation Army. *Water Science and Technology*, **52**, 213–221, https://doi.org/10.2166/wst.2005.0266

Watt M., Watt S. and Seaton A. (1997). Episode of toxic gas exposure in sewer workers. *Occupational and Environmental Medicine*, **54**, 277–280. oenvmed00088-0061.pdf (nih.gov), https://doi.org/10.1136/oem.54.4.277. PMID: 9166135; PMCID: PMC1128703.

Werneck B., Vieira G. C. and Youssef L. M. (2020). Brazilian new basic sanitation law: the reform and its implication for new investments. Mayer Brown. 3p. https://www.mayerbrown.com/-/media/files/perspectives-events/publications/2020/09/the-legal-reform-of-brazilian-basic-sanitation-act.pdf?rev=66e855d178824d43ae6347bddc078623, accessed in February 2024.

WHO – World Health Organization (2006). Guidelines for the safe use of wastewater, excreta and greywater, Volume 1. World Health Organization. Geneve.114.

WHO – World Health Organization (2018). Guidelines on sanitation and health. World Health Organization, Geneva, 2018. Licence: CC BY-NC-SA 3.0 IGO.

WHO – World Health Organization (2020). Water, sanitation, hygiene and waste management for COVID-19. Interim Guidance. Available online: https://www. WHO/2019-nCoV/IPC_WASH/2020.3, accessed 2 May 2020.

WHO & UNICEF World Health Organization. United Nations Development Program. United Nations Environment. United Nations International Children Emergency Fund (2020). State of the world's sanitation. UNICEF and WHO, New York, 94, https://www.unicef.org/stories/state-worlds-sanitation

WHO (2022). A strong systems and sound investments evidence on and key insights into accelerating progress on sanitation, drinking-water and hygiene, UN-Water Global Analysis and Assessment of Sanitation and Drinking-Water GLAAS 2022 REPORT World Health Organization; 2022. Licence: CC BY-NC-SA 3.0 IGO. https://www.who.int/publications/i/item/9789240065031, accessed in February 2024.

WHO and UNICEF (2021). Progress on household drinking water, sanitation and hygiene 2000–2020. Five years into the SDGs. WHO and UNICEF, New York, https://www. who.int/images/default-source/departments/wash/jmp/jmp21/en_who_wash_social-media_12102021_2.jpg?sfvrsn=be49be8a_36, accessed in February 2024.

WHO/CED/PHE/WSH (2018). Water sanitation and hygiene strategy, 2018–2025.

WHO-HEP, ECH, EHD (2022). World Health Organization; WHO/HEP/ECH/EHD/22.01. Compendium of WHO and other UN guidance on health and environment, 2022 update, https://www.who.int/publications/i/item/WHO-HEP-ECH-EHD-22.01

WHO-UNICEF JMP (2016). Sanitation, Sanitation | JMP (washdata.org), accessed in February 2024.

WHO-UNICEF JMP (2019). Estimates on the use of water, sanitation and hygiene by country, 2000–2017. April 2019. Available online: www.washdata.org, accessed on 10 May 2020.

Wikipedia (2024). https://en.wikipedia.org/wiki/ Sanitation, accessed in January 2024.

Wilson N. J. (2019). 'Seeing water like a state?': indigenous water governance through Yukon first nation self-government agreements. *Geoforum*, **104**, 101–113, https:// doi.org/10.1016/j.geoforum.2019.05.003

Wolf J., Prüss-Ustün A., Cumming O., Bartram J., Bonjour S., Cairncross S., Clasen T., Colford J. M., Curtis V. and De France J. (2014). Systematic Review: Assessing the impact of drinking water and sanitation on diarrhoeal disease in low- and middle-income settings: systematic review and meta-regression. *Tropical Medicine. International Health*, **19**, 928–942, https://doi.org/10.1111/tmi.12331

World Bank (2003). World Development Report 2004: Making Services Work for Poor People, https://hdl.handle.net/10986/5986. License: CC BY 3.0 IGO.

World Bank (2017). Easing the transition to commercial finance for sustainable water and sanitation. World Bank, Washington, DC, https://www.oecd.org/water/Background-Document-OECD-GIZ-Conference-Easing-the-Transition.pdf, accessed in February 2024.

World Bank (2019a). Health, safety and dignity of sanitation workers: an initial assessment. World Bank Group, Washington, DC, https://www.who.int/publications/m/item/health-safety-and-dignity-of-sanitation-workers, accessed in December 2023.

World Bank (2019b). Women in water utilities: breaking barriers. World Bank Group, Washington, DC, chrome extension://efaidnbmnnnibpcajpcglclefindmkaj/, https:// www.ib-net.org/docs/Women%20in%20Water%20Utilities%20Breaking%20 Barriers.pdf, accessed in February 2024.

World Bank, WB (2023a). Sanitation overview: development news, research, data. Available from: https://www.worldbank.org/en/topic/sanitation, accessed in December 2023.

World Bank, WB (2023b). 5 Trends in public–private partnerships in water supply and sanitation, https://ppp.worldbank.org/public-private-partnership/5-trends-public-private-partnerships-water-supply-and-sanitation

World Health Organization, WHO (2006). WHO guidelines for the safe use of wastewater, excreta and greywater, Vol. 1, World Health Organization, France, 114. https://www.who.int/publications/i/item/9241546824, accessed in February 2024.

World Health Organization (2018). Guidelines for sanitation and health. Organización Mundial de la Salud, Ginebra, **2019**. Licence: CC BY-NC-SA 3.0 IGO. ISBN: 978 92 4 151470 5, https://www.who.int/publications/i/item/9789241514705

World Health Organization (WHO) (2021). COVID-19 weekly epidemiological update. 7 March 2021. Available online: https://www.who.int/publications/m/item/weekly-operational-update-on-covid-19 (accessed on 7th June 2021).

World Health Organization (WHO). COVID-19 weekly epidemiological update. 7 March 2021. Available online: https://www.who.int/publications/m/item/weekly-operational-update-on-covid-19, accessed in June 2022.

WSP (2011). Economic impacts of inadequate sanitation in India. Water and Sanitation Programme, The World Bank, http://documents.worldbank.org/curated/en/820131468041640929/Economic-impacts-of-inadequate-sanitation-in-India, accessed in February 2024.

Wu X., Schuyler House R. and Peri R. (2016). Public–private partnerships (PPPs) in water and sanitation in India: lessons from China. *Water Policy*, **18**(S1), 153, https://doi.org/10.2166/wp.2016.010

WWAP, United Nations World Water Assessment Programme (2015). The United Nations world water development report 2015: water for a sustainable world. UNESCO, Paris, https://www.unwater.org/publications/un-world-water-development-report-2015, accessed in February 2024.

WWAP, United Nations World Water Assessment Programme (2017). The United Nations world water development report 2017. Wastewater: The Untapped Resource, Paris. ISBN 978-92-3-100201-4, https://www.unwater.org/publications/un-world-water-development-report-2017

Xue W., Li X., Yang Z. and Wei J. (2022). Are house prices affected by $PM_{2.5}$ pollution? Evidence from Beijing, China. *International Journal of Environmental Research and Public Health*, **19**(14), 8461, https://doi.org/10.3390/ijerph19148461. PMID: 35886314; PMCID: PMC9317985.

Yadav S. S. and Lal R. (2018). Vulnerability of women to climate change in arid and semi-arid regions: the case of India and South Asia. *Journal of Arid Environments*, **149**, 4–17, https://doi.org/10.1016/j.jaridenv.2017.08.001

Yishay A. B., Fraker A., Guiteras R., Palloni G., Shah N. B., Shirrell S. and Wan P. (2017). Microcredit and willingness to pay for environmental quality: evidence from a randomized-controlled trial of finance for sanitation in rural Cambodia. *Journal of Environmental Economics and Management*, **86**, 121–140, https://doi.org/10.1016/j.jeem.2016.11.004

Yuliani E. (2004). Decentralization, deconcentration and devolution: what do they mean? https://www.cifor.org/publications/pdf_files/interlaken/Compilation.pdf, accessed in October 2023.

IWA Publishing's authorised EU representative for General Product
Safety Regulations is Diane D'Arras, 15 rue Duret, 75116 Paris,
France, e-mail: safety@iwap.co.uk.

Printed and bound by CPI Group (UK) Ltd, Croydon, CR0 4YY
13/05/2026
02109648-0001